アントシアニンの科学

―生理機能・製品開発への新展開―

津田 孝範・須田 郁夫・津志田藤二郎　編著

建帛社
KENPAKUSHA

New Aspect of Anthocyanins Science
—Development of Health Benefits and Practical Use—

Edited by

Takanori Tsuda

Ikuo Suda

Tojiro Tsushida

©Takanori Tsuda et al. 2009, Printed in Japan

Published by

KENPAKUSHA Co., Ltd.

2-15 Sengoku 4-chome Bunkyo-ku Tokyo Japan

口絵 i

口絵1　アントシアニジン合成酵素（ANS）遺伝子の発現を抑制したトレニア（p.80）
左から，宿主，花弁全体が白くなった組換え体，一部が白くなった組換え体。

A

B

口絵2　デルフィニジンを蓄積し，花色が青く変化したカーネーション(A)とバラ(B)（p.84）

口絵 ii

口絵 3　アントシアニン系色素色調（口絵 3 ～ 7 p.216）

口絵 4　エルダーベリー

口絵 5　紫トウモロコシ

口絵 6　赤キャベツ

口絵 7　赤ダイコン

口絵 iii

ジョイホワイト　　ベニオトメ　　ジェイレッド　　アヤムラサキ
　　　　　　　　　　　　　（β-カロテンを含む）（アントシアニンを含む）

口絵8　色鮮やかなサツマイモ品種（p.229）

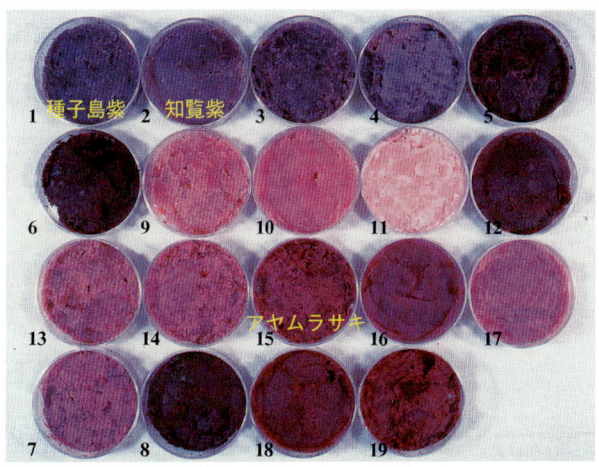

口絵9　紫サツマイモペーストの色調（p.230）

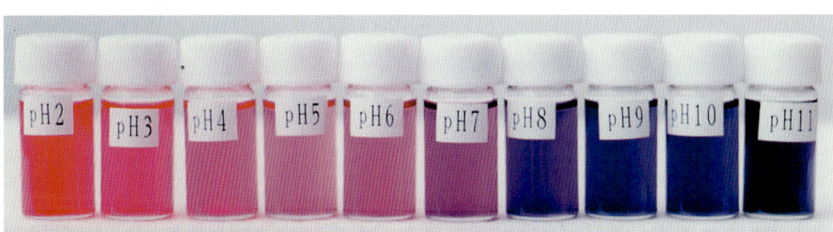

口絵10　紫サツマイモ「アヤムラサキ」の抽出液のpHによる色調変化（p.230）

口絵 iv

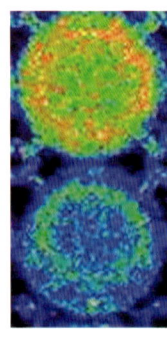

投与前

投与30分後

口絵11　紫サツマイモアントシアニン含有物を投与したラットにおける血中抗酸化能の上昇（p.232）

t-BuOOH／メトヘモグロビン／DTPA／ルミノール／PBS（pH7.4）系における化学発光をCCDカメラ搭載化学発行計測装置でとらえた。
上：投与前，下：投与30分後。青いほど抗酸化活性が高い。

口絵12　紫サツマイモを利用した様々な商品（p.238）

口絵13　紫サツマイモ"アヤムラサキ"醸造酒，市販品「ぱーぷる」（本文p.265）

左下が紫サツマイモのアヤムラサキ。ラベル・パッケージのデザインは崇城大学芸術学部デザイン学科の学生が作製。

インカパープル

キタムラサキ

シャドークィーン

インカレッド

ノーザンルビー
（北海91号）

口絵14　アントシアニン含有馬鈴薯（p.268）

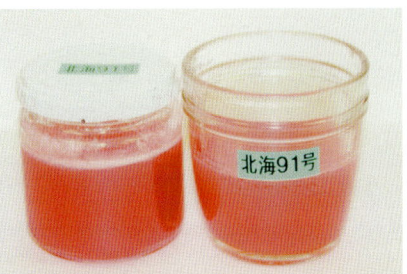

口絵15　馬鈴薯ジャム（p.280）

序　文

　アントシアニンは花弁の色などを構成するフラボノイド系の植物色素で，花などの美しい色調から，私たちの生活を楽しませてくれる。また，食用着色料としても用いられて食卓を飾ってきた。梅漬などの鮮やかな色調はアントシアニンによるもので，先人は古くからこの色素を利用する手立てを知っていた。アントシアニンはフラボノイド系の色素であり，これまでのところ，その利用は天然由来のものに依存している。アントシアニンの研究は，花の色の謎の解明を目的として，その化学構造や性質が明らかにされてきた。これらの成果を基盤として，植物生理学的なアプローチからの新たな知見や，遺伝子工学を利用した花色の改変などへと大きな進展を遂げている。

　一方でアントシアニンは，応用面から食用色素としての利用・安定性などの研究が古くから行われてきた。近年では食品の生理機能の立場から，アントシアニンが生体調節機能や種々の疾病予防に対しての有効性が明らかにされつつある。さらに生体内における代謝・吸収などの基礎的な研究成果が発表され，世界的にも大きな注目を集めている。国内でも日本農芸化学会2008年度大会においてシンポジウム「アントシアニン研究の最前線－化学，生物学から応用への展開まで－」が開催されるなど，注目度が高い。さらに本年9月には国内外のアントシアニンの研究者が集まり，名古屋市において5th International Workshop on Anthocyanins 2009（IWA2009）が開催される。わが国は，アントシアニン研究において基礎研究はもちろん，応用研究でもトップランナーであり，産学官いずれも研究者の層は厚い。

　このような背景を踏まえて，本書ではアントシアニンの統合的な理解のために，基礎的な化学構造から，植物での機能と遺伝子組換え，食品領域においての生理機能や代謝・吸収に関する研究，さらにアントシアニンを活用した食品開発について系統的に整理し，アントシアニンに関する最新の研究動向を論述することを趣旨としている。すなわち，アントシアニン研究に関する基礎から

応用までを幅広く網羅して，最近の研究動向をできるだけわかりやすく解説し，特に複合領域での理解・議論を深め，利用・普及と新たな応用開発に役立つようにまとめている。

　本書が専門分野の研究者のみならず，大学生・大学院生の参考書として，また，植物育種や食品産業界の研究者や技術者の入門書あるいは参考書として活用されることを願っている。また，広くアントシアニンの化学・生命科学のみならず，栄養・食糧にかかわる新たな研究の展開，産学連携のきっかけに貢献するものと期待している。

2009年3月

編著者　津田　孝範
須田　郁夫
津志田藤二郎

目　次

序章　アントシアニン研究の歴史と新展開　　　　　　　　〔津田　孝範〕
　………………………………………………………………… 1

第1編　アントシアニンの化学，植物生化学

第1章　アントシアニンの構造とその性質　　　　　　　〔寺原　典彦〕
　1．アントシアニンの構造 ………………………………………… 9
　2．アントシアニンの性質 ………………………………………… 13
　　(1) アントシアニンの一般的性質　13
　　(2) アシル化アントシアニンの安定性と抗酸化性の検討と応用　15
　　(3) アントシアニンの調製　15
　　(4) アントシアニンの水溶液中での安定性　17
　　(5) アシル化アントシアニンの抗酸化性　21
　　(6) アシル化アントシアニンの安定性および抗酸化性のまとめ　25

第2章　アントシアニンの原料植物と分析法　　　　　　〔熊澤　茂則〕
　1．概　要 ………………………………………………………… 32
　2．原料植物 ……………………………………………………… 33
　　(1) ベリー類　33　　(2) プルーン　35　　(3) ハイビスカス　35
　　(4) アサイー　39　　(5) 紫トウモロコシ　39
　3．分析法 ………………………………………………………… 40
　　(1) 抽出法　40　　(2) 精製法　40　　(3) 定性および定量法　42

第3章　花の色とアントシアニン　　　　　　　　〔吉田　久美・近藤　忠雄〕
　1．はじめに ……………………………………………………… 47
　2．花色の化学研究の歴史 ……………………………………… 48
　3．花色発現研究の新しい手法 ………………………………… 52
　4．メタロアントシアニンによる青色発色 …………………… 54
　5．多アシル化アントシアニンと花色 ………………………… 58
　6．ファジーな成分組成による花色の変化 …………………… 64
　7．アントシアニンの化学合成 ………………………………… 68
　8．おわりに ……………………………………………………… 69

第4章　花の色を変える―遺伝子組換えによる新しい花色の創出―
〔田中　良和〕
1．はじめに ……………………………………………………………… 74
2．フラボノイドおよびアントシアニン生合成経路 ………………… 75
3．導入遺伝子の発現制御 ……………………………………………… 78
4．アントシアニン合成の抑制 ………………………………………… 79
5．ペラルゴニジンまたはシアニジンの蓄積 ………………………… 81
6．デルフィニジンの蓄積 ……………………………………………… 83
7．青いカーネーションの開発とフラボンの花色への効果 ………… 83
8．青いバラの開発 ……………………………………………………… 85
9．今後の課題 …………………………………………………………… 86

第2編　アントシアニンの生理機能研究動向

第5章　酸化ストレス防御因子としてのアントシアニン　〔五十嵐　喜治〕
1．はじめに ……………………………………………………………… 93
2．アントシアニンとラジカル消去 …………………………………… 94
3．パラコート投与・糖尿病由来体内過酸化とアントシアニン …… 96
4．四塩化炭素・ガラクトサミン誘発肝障害とアントシアニン …… 98
5．細胞レベルでのアントシアニンによる酸化制御 ………………… 102

第6章　アントシアニンの視覚改善機能　〔平山　匡男〕
1．食品成分と視覚機能 ………………………………………………… 108
2．視覚のプロセスと機能 ……………………………………………… 109
3．ビルベリーアントシアニンの視覚機能に関する研究 …………… 111
4．カシスアントシアニンの視覚機能に関する研究 ………………… 118
5．今後の研究に向けて ………………………………………………… 128

第7章　アントシアニンとメタボリックシンドローム予防　〔津田　孝範〕
1．はじめに ……………………………………………………………… 132
2．脂肪組織の機能 ……………………………………………………… 133
3．肥満と脂肪組織の炎症 ……………………………………………… 136
4．メタボリックシンドローム予防食品因子としてのアントシアニン研究 … 138
5．おわりに ……………………………………………………………… 148

第8章　アントシアニンとがん予防　〔侯　德興〕
1. はじめに …………………………………………………………… 153
2. 疫学的調査研究 …………………………………………………… 154
3. 実験動物的な研究 ………………………………………………… 155
4. 細胞レベルでの研究 ……………………………………………… 158
5. 分子機構 …………………………………………………………… 161
6. 結び ………………………………………………………………… 170

第9章　アントシアニンの代謝・吸収—最近の知見から—　〔松本　均〕
1. はじめに …………………………………………………………… 179
2. アントシアニンの吸収性 ………………………………………… 179
3. アントシアニンの吸収部位 ……………………………………… 189
4. アントシアニンの組織内分布 …………………………………… 190
5. アントシアニン吸収性に関する食品成分の相互作用 ………… 196
6. まとめ ……………………………………………………………… 202

第3編　アントシアニンの特性を活用した食品加工

第10章　食品着色料としてのアントシアニンの利用と最近の開発動向〔香田　隆俊〕
1. 概要 ………………………………………………………………… 207
2. 食品用着色料としてのアントシアニンの法的規制 …………… 208
3. 着色料アントシアニンの種類と市場性 ………………………… 212
4. 食品用着色料としてのアントシアニンの有用性 ……………… 216
5. アントシアニンの製造法 ………………………………………… 223
6. アントシアニンの安全性 ………………………………………… 224
7. 最近の開発動向 …………………………………………………… 225
8. 今後の課題 ………………………………………………………… 225

第11章　紫サツマイモの機能性と製品開発の動向　〔須田　郁夫〕
1. はじめに …………………………………………………………… 228
2. 食品素材としての特徴 …………………………………………… 228
3. 紫サツマイモに含まれるアントシアニンの特徴 ……………… 229
4. 紫サツマイモの機能性 …………………………………………… 231
5. 紫サツマイモを利用した製品開発に関する動向 ……………… 238
6. おわりに …………………………………………………………… 243

第12章　アントシアニンを活用した醸造酒の開発と商品化　〔大庭　理一郎〕
1. 醸造酒に最適な紫サツマイモの選抜 ……………………………………… 248
2. 紫サツマイモ醸造酒の醸造に及ぼす発酵温度と酵母の検討 ………… 250
3. 醸造酒に適する無蒸煮工程と蒸煮工程の検討 …………………………… 251
4. 生アヤムラサキ醸造酒のアントシアニン退色制御法の検討 ………… 254
5. 米麹を使用した最適仕込み配合の検討 …………………………………… 258
6. 紫サツマイモ醸造酒の商品化試作と保存期間の検討 …………………… 259
7. 紫サツマイモ醸造酒の食品学的生体機能性 ……………………………… 260
8. 紫サツマイモ醸造酒「ぱーぷる」としての商品化 ……………………… 261

第13章　有色馬鈴薯の加工利用技術の開発　〔津久井　亜紀夫〕
1. 馬鈴薯の語源と由来 …………………………………………………………… 267
2. アントシアニン含有馬鈴薯の品種と色素量 ……………………………… 267
3. アントシアニンの構成比率 …………………………………………………… 268
4. 有色馬鈴薯アントシアニンの構造 …………………………………………… 268
5. 有色馬鈴薯の加工利用特性 …………………………………………………… 275
6. おわりに ………………………………………………………………………… 283

終章　アントシアニン研究の将来展望　〔津志田　藤二郎〕
…………………………………………………………………………………………… 286

序章　アントシアニン研究の歴史と新展開

津田　孝範*

1．はじめに

　アントシアニンはフラボノイド系の植物色素の一つである。ブドウやリンゴ，イチゴ，ブルーベリー等の果実，ナス，シソ，マメ種子の美しい赤色や紫色はアントシアニンによるものである。また，花の色も，その多くはアントシアニンを含んでいる。アントシアニンの研究は，これまで化学的な研究が主流であり，花の色の構造と色調，色の発現と安定化についての究明が行われてきた。また，植物のアントシアニン生合成系の遺伝子とその発現制御機構が明らかにされ，園芸面から遺伝子工学的手法による花の色の変換についての研究も行われている。青いバラの開発は記憶に新しい。食品化学分野では，果実類の加工保存中における色調の変化と安定性や天然着色料としての応用に関する研究が行われてきた。アントシアニンは食用色素としてもすでに多くの種類が開発され，実際に食品の着色に用いられている。しかし，生理機能成分としてのアントシアニンの研究は他のフラボノイドと比較すると後発である。その理由としては，アントシアニンが，特殊な構造を持つことに関係している。
　一般にアントシアニンは一部の種類を除き，中性領域では不安定で速やかに分解，退色するため，他のフラボノイド類のような機能を発現するとは考えられてこなかった。しかし，これまで研究の結果から，高機能性の食品因子として国内外で大きな注目が集まるようになり，現在はその認知度の上昇とともに新たな展開を迎えている。

＊中部大学応用生物学部食品栄養科学科

2. アントシアニン研究 ― 過去から現在へ ―

　アントシアニンは，一般には植物中では糖と結合した形（配糖体）として存在し，色素本体である糖以外の部分（アグリコン）は，アントシアニジンと呼ばれる。アントシアニンは，B環の置換基，結合糖の種類と数，アシル基の有無により多くの種類がある。また，その色調は，B環の置換基により異なり，水酸基の数が増加するに従い，深色化し，メトキシル基の存在は浅色化をもたらす。アントシアニンは，強酸性では，フラビリウム型といわれる構造をとり，赤色を呈し，比較的安定であるが，弱酸性，中性領域では，水分子と反応して無色のプソイド塩基に変換し，不安定である。アントシアニンは，穀類，いも類，野菜類，豆類，果実類など，我々が常食している多くの植物に存在しているが，B環に水酸基を2個持つシアニジン系の分布が最も広く，デルフィニジン系がこれについでいる。アントシアニンの含量は，植物や品種により大いに異なり，収穫時期によっても異なる。現在はこのようにアントシアニンに関して基礎的なことは，大学の食品化学などのテキストに当然の事実として書かれているが，あのような美しい色調を見せる本体やその発色機構は謎であった。

　アントシアニンの植物色素としての研究は，ヤグルマギクの青色の花の色素に関する研究に端を発する。やがて日本の研究者により，花色の変異とその化学構造の解明が行われ，さらに植物生理学的なアプローチへと発展している。また，フラボノイドの代謝工学的アプローチとして，アントシアニンの生合成経路が解明され，園芸面でのいわゆる"人工の花色"の創出が可能になっている。

　一方，食品の分野においては，その美しい色調を食用色素として利用することが行われてきた。梅干しの美しい赤色は，赤シソのアントシアニン（マロニルシソニン，シソニン等）による着色である。また，ナスの糠漬は古釘を入れておくと美しい青色のナス漬になる。これは金属イオンがナス表皮のアントシアニン（ナスニン）と結合し，メタロアントシアニンとして安定化することによる。アントシアニンの化学構造はわからなくても，先人がアントシアニンの

性質を巧みに食品へ利用していた良い例であろう。工業的にも多くの植物由来のアントシアニンを含む色素製剤が製造され，食品に色を添えている。さらにブルーベリーをはじめとするベリー類は，国内ではジャムなどの加工品での消費が主流であったが，近年では生果実も利用されるようになり，輸入や国内での生産も増加しつつある。さらに紫サツマイモの認知度の上昇から，"アントシアニン"という名詞が広く知られるようになり，濃い紫色（黒に近い）の色調を持つ素材は，いわゆる"健康に良さそうな"食品として受け入れられるようになっている。

このように植物色素として広く知られてきたアントシアニンであるが，その生理機能は，古くは「第二次大戦中の英軍パイロットがブルーベリージャムを食べると暗所での視力が改善した。」という逸話により始まっている。最近では生理機能に関する科学的根拠について明らかにされつつあり，これに伴い，代謝・吸収に関する研究もLC-MS/MSなどの分析機器の利用により大きな進展を遂げている。

3．アントシアニン研究の新展開 ― 現在から未来へ ―

これまでに述べたようなアントシアニンの研究とその応用の歴史を踏まえて，現在，新たなアプローチがなされている。本書では大まかに次の3点に分類し，それぞれの項目について最新の情報を提供するようにしている。

最初の大項目では，アントシアニンの基礎的な化学と植物生化学的な側面からのアプローチを紹介する（第1編：アントシアニンの化学，植物生化学）。当然のことながら，アントシアニンの研究は，その色と化学構造の解明からスタートしており，機器分析の進歩から高分子のアントシアニンについてもその化学構造が解明されている。まずはこれらの最新情報について触れる（第1章）。このことに関連するが，アントシアニンを含む植物は多く存在しており，天然色素の原料としての必要性から，原料植物の情報と，どのようなアントシアニンがどれだけ含まれるかという分析法の重要性は高い（第2章）。

一方，アントシアニンは，植物生化学，植物生理学的なアプローチから植物細胞内での状態や代謝，生合成の点から詳細に調べられている。第3章，第4章では，このような側面から，花の色とアントシアニンの植物細胞内での挙動，応用面から，フラボノイドの代謝工学，遺伝子工学に基づく花の色の改変について，その研究の一端を紹介する。さらに新たなアプローチとして注目されており，多くの研究において高純度のアントシアニンの供給を可能にするアントシアニンの化学合成のアプローチについても触れている。

　アントシアニンの生理機能研究は，最近，大きく進展し，分子レベルでの作用メカニズムが次々に明らかにされている（第2編；アントシアニンの生理機能研究動向）。その研究動向として，従来から知られている酸化ストレス抑制（第5章）以外に，アントシアニンの生理機能の原点ともいえる視覚改善機能に関する最新情報を提供する（第6章）。ここでは，ブルーベリージャムの摂取と暗所での視力向上に端を発するこの機能について，その検証と作用メカニズムを明らかにする。また，近年の社会情勢から，アントシアニンによるメタボリックシンドロームに対する予防，代替医療への応用の可能性（第7章），がん予防に関する最近の研究（第8章）を示す。一方，生理機能研究で重要視されている項目の一つに代謝・吸収がある。アントシアニンの代謝・吸収については，この10年ほどの間に多くの情報が提供されている。具体的には，配糖体で吸収されることや，生理機能を示すにも関わらず，その吸収が低いことなどが明らかにされてきた。アントシアニンの代謝・吸収に関しては，その分析法に関する問題点も提起されている。第9章では，この点も含め最新の知見を紹介する。

　アントシアニンの生理機能やその鮮やかな色を生かすためには，実際にどのような加工を行うべきか。この点についても大変魅力ある研究が行われている（第3編；アントシアニンの特性を活用した食品加工）。アントシアニンの最も重要な用途は，食品用の着色料としての利用である。現在，多種多様な植物からアントシアニンが抽出され，活用されている。食品への利用には，その色調の調節や安定性など，地味ではあるが重要なテクノロジーを必要とする。第10

章では食用着色料としての開発動向を紹介する。一方，アントシアニンを利用した食品とその商品化のアプローチも盛んである。紫サツマイモはそのさきがけであり，最近では多くの商品が作られ，素材として"紫色のサツマイモ"はすっかり定着した（第11章）。また，アントシアニンの色を活用した例として醸造酒が開発されており，この商品化の成功事例（第12章），さらに新たな食品素材として，アントシアニンを含む馬鈴薯の加工利用を示す（第13章）。

さて，このような研究開発動向を踏まえた上で，アントシアニン研究は今後どのような方向へ向かうのだろうか。また，解決すべき課題，必要とされている点は何か。終章では，まとめと将来展望を示して，アントシアニンに関する研究開発の未来を考える。

4．おわりに

図序−1にこれまでのアントシアニンに関する研究の流れと課題をまとめた。アントシアニン研究は，花の色の謎からその化学構造の解析，植物細胞での存在形態，生合成や代謝研究の一方で，生理機能，食品への活用へ発展してきた。しかしながら，多くの課題も提示されている。現在，アントシアニンは，その生理機能の点から食品中の成分として，大きくクローズアップされているが，植物生化学，生理学の分野での研究も重要であることは，いわずもがなである。わが国はアントシアニン研究のトップランナーであり，世界にひけをとっていない。このレベルを維持しつつ，これからの新展開のために，多種多様な分野の研究者の協調が新しいアントシアニン研究分野を切り開くことができるはずである。本書が"アントシアニンのサイエンス"のますますの発展の一助として活用されることになれば幸いである。

アントシアニン研究 − 過去から現在，そして未来へ

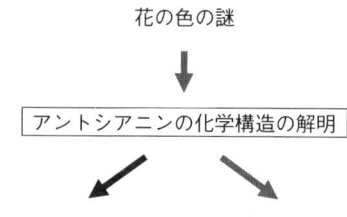

遺伝子工学的手法を用いた花色の改変　　　食用植物色素としての応用，色調の安定性

生理機能性食品因子としてのアントシアニン研究

　　アントシアニンを含む素材としての生理機能
　　アントシアニンを単独で用いた生理機能，作用メカニズム
　　アントシアニンの体内動態

アントシアニンの受容体？
吸収機構
生理機能と体内動態研究のパラドックス
分析法　など

図序−1　アントシアニン研究のこれまでの流れと今後

第1編 アントシアニンの化学，植物生化学

第1章　アントシアニンの構造とその性質
　　　　　　　　　　……………………寺原　典彦

第2章　アントシアニンの原料植物と分析法
　　　　　　　　　　…………………………熊澤　茂則

第3章　花の色とアントシアニン
　　　　　　　　　　………吉田　久美・近藤　忠雄

第4章　花の色を変える
　　　　―遺伝子組換えによる新しい花色の創出―
　　　　　　　　　　……………………田中　良和

第1章　アントシアニンの構造とその性質

寺原　典彦＊

1．アントシアニンの構造

　アントシアニン（Anthocyanin：AN）は広くはポリフェノールに属し，生合成上ジフェニルプロパノイド（$C_6-C_3-C_6$）骨格を有するフラボノイド系植物色素である。ANのアグリコン（アントシアニジン）は図1－1(a)のように主に6種類あるが，植物中では，ほとんど配糖体で存在するため水溶性である[1-9,12]。ANはシダ植物以上の高等植物に広く分布し，現在までに500種類以上ものANが花，果実，野菜，あるいは培養細胞中に見いだされている[10-14]（図1－1(b)に例示する）。

　ANの中には有機酸の結合したアシル化アントシアニン（Acylated anthocyanin：AAN）があり，全体の約45％を占めている[11,12]。特に，芳香族カルボン酸（Aromatic carboxylic acid：AR，図1－9(a)参照）が結合したAANは安定性や機能性などが高いため注目されている。

　ANの中には，共存成分と非共有結合性の複合体を形成しているものもあるため，複合体形成の有無により分類すると，①　モノメリックアントシアニン（非アシル化ANとアシル化AN）（図1－1(b)），②　コンプレックスアントシアニン（コピグメンテーションしたANとメタロAN）[13,14]，③　その他，のように分類される[11]。最近では，赤ワインを中心に二次的に生じた多くの新規色素が見つかってきたので，ここでは「二次生成アントシアニン誘導体」として「③　その他」の分類の中に加え，これを取り上げる[12,15]。

＊南九州大学健康栄養学部食品健康学科

10　第1章　アントシアニンの構造とその性質

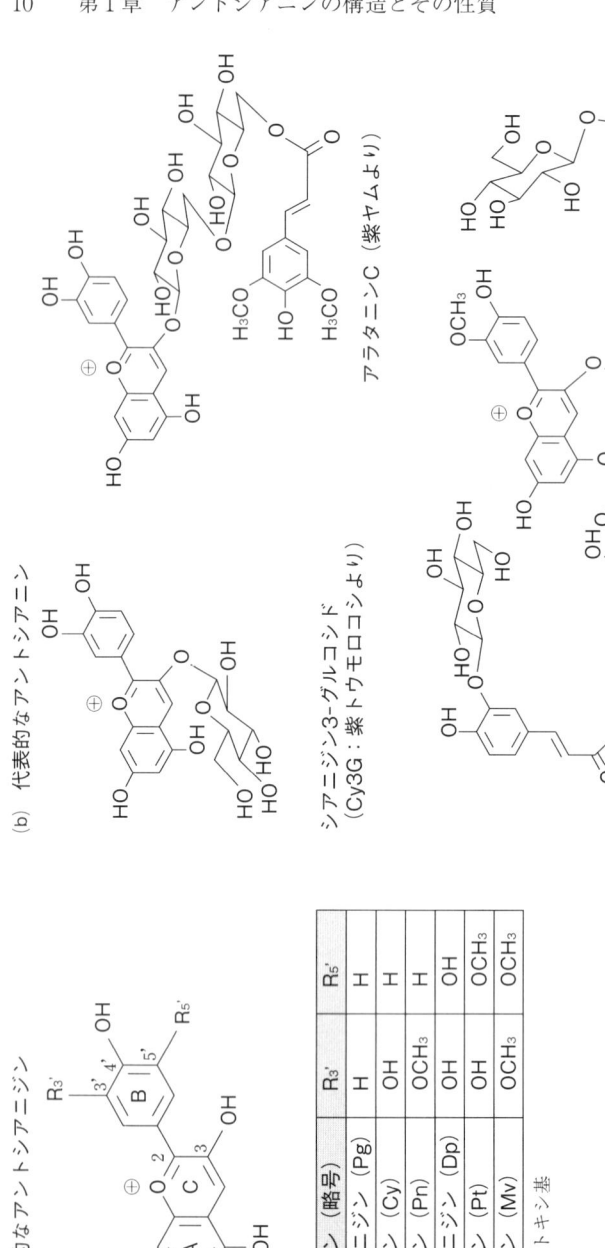

図1-1　アントシアニジンとアントシアニン、西洋アサガオの青花より）（その1）

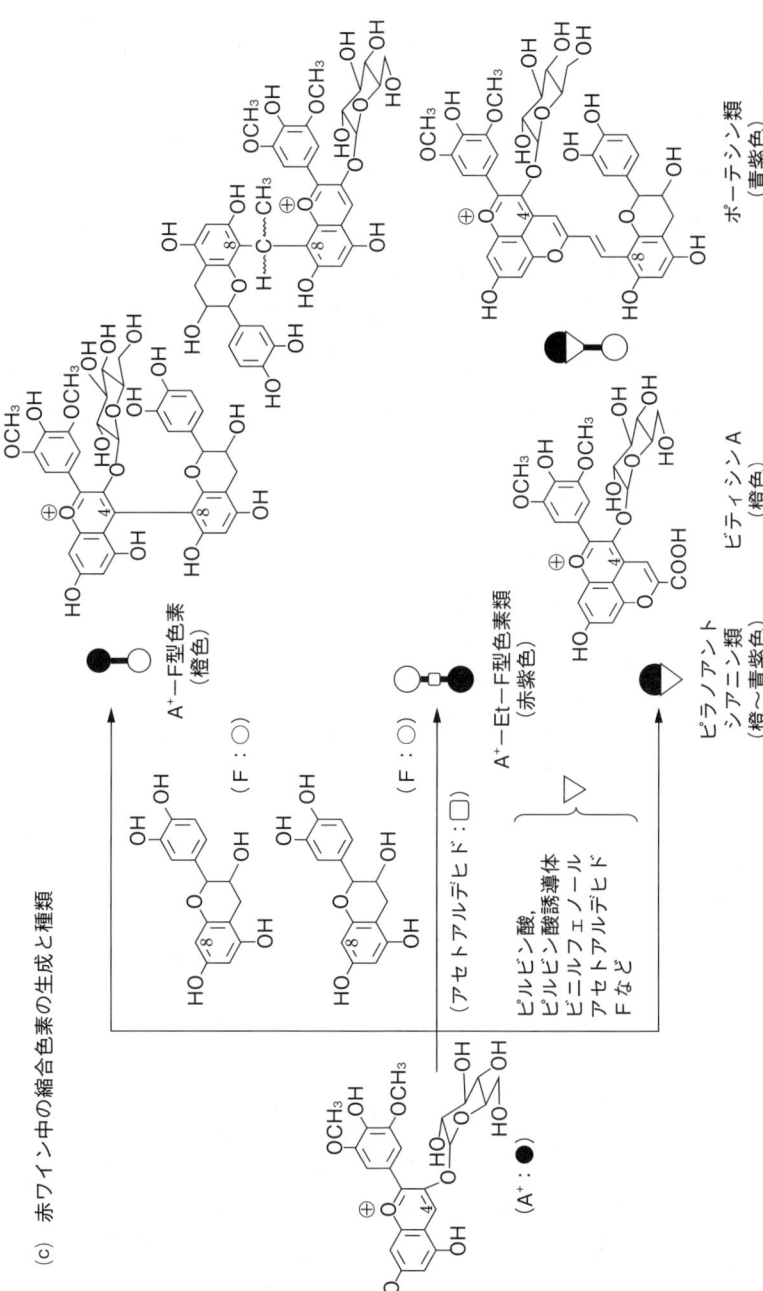

図1-1 アントシアニジンとアントシアニンおよび赤ワイン中の縮合色素（その2）
(A^+：フラビリウムイオン，F：フラバノールまたはニューF塩基，Et：エチル架橋）

(1) 二次生成アントシアニン誘導体

1）赤ワイン関連縮合色素

　赤ワインは赤ブドウ果皮，果汁，種子に含まれているポリフェノールが多量に溶け込んでおり，貯蔵・熟成中に赤から橙赤褐色に徐々に変化し，同時に退色しにくくなってくる。この色調変化と安定化機構の研究を通じて，赤ブドウ由来AN類が共存するANの水和物（シュード塩基B，図1-2），フラバノール（カテキンやタンニン），および酵母の糖分解産物（アセトアルデヒド，ピルビン酸やその誘導体，4-ビニルフェノール類）などと反応して，新たなAN縮合色素類[15-21]が生成することが次第にわかってきた。これらは，さらにより安定なポリマー型色素に縮合していくものと考えられている。図1-1(c)に示すように，主な赤ワイン関連縮合色素は3種類知られている[15]。

　a）A^+-F型色素　　A^+（ANのフラビリウムイオン）のC-4位とF（フラバノールやシュード塩基）のC-8位が直接縮合した色素で，橙色を呈する（図1-1(c)）[15-17]。

　b）A^+-Et-F型色素類　　A^+のC-8位とFのC-8位がアセトアルデヒド由来のエチル架橋を介して縮合した赤紫色の色素である（図1-1(c)）。水溶液の弱酸性pHやワイン製造の際に用いるSO_2には安定であるが，もとの成分に分解しやすい[15-17]。

　c）ピラノアントシアニン類　　ピラノアントシアニン（Pyranoanthocyanin：PyAN）類はA^+のC-4位にピルビン酸（またはピルビン酸誘導体）などが縮合し，C-4／C-5で環化した四環性の色素で，橙色～紫色を呈する。マルビジン3-グルコシドにピルビン酸が縮合したものはPyAN類の基本型と考えられるビティシンAで，ポートワインなどで最初に見いだされた[15, 18-20]。同様に，ビティシンにさらにビニル基を介してFが縮合した，青紫色のポーテシン類が熟成の進んだポートワイン中に認められている[15, 21]（図1-1(c)）。PyAN類は4位置換体であるため，弱酸性pHやSO_2には安定で退色しにくい。

2) その他の二次生成アントシアニン誘導体

フラボノイドやタンニン成分との重合などより高分子化した色素で，分子量や構造が明確でないものがある。大麦の発酵でできた紫色の安定な色素ホルデミン[22]などが代表的である。

2．アントシアニンの性質

(1) アントシアニンの一般的性質

ANは鮮やかな色を持つが，各種の環境条件によって影響を受け，退色・変色や沈殿を起こしやすい。色調の変化に与える因子としては，溶液のpH，温度，濃度，AN自体の構造，およびコピグメント，金属イオン，酵素（ポリフェノー

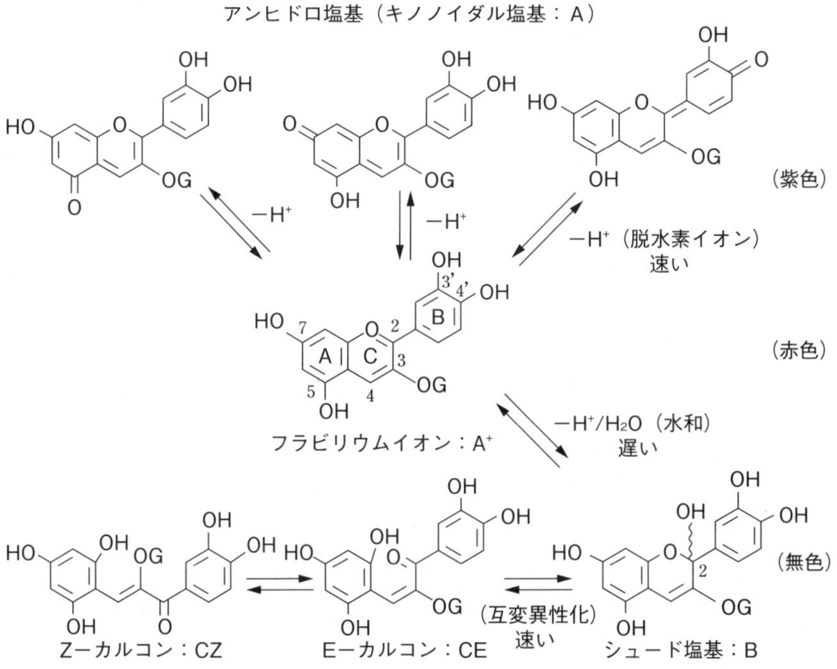

図1-2　シアニジン3-グルコシド（Cy 3-glc）の水溶液中での構造変化
（G：D-グルコース）

ルオキシダーゼ（Polyphenol oxidase : PPO）など），酸素，アスコルビン酸，糖などの共存物との反応がある。

　溶液のpHに関しては，一般に，AN類は弱酸性から中性水溶液中で図1－2のように水和反応を起こし退色しやすいので，飲料などの着色料としては限定的に用いられている[8-11]。例えば，低pH水溶液中で存在するCy 3-glcのフラビリウムイオン（A^+：赤色）は，溶液を弱酸性から中性にすることで，直ちに脱プロトン化を起こし，アンヒドロ塩基（A：紫色）に変化する。A^+やA等の着色分子種はC-2（あるいはC-4）位で比較的ゆっくり水和され無色のシュード塩基（B：無色）に変わり，さらにカルコン類（C：無色）に互変異性化する（図1－2）[5, 23-25]。

　このように，わずかな環境因子や共存成分の違いで微妙な色調の変化をもたらすことより，植物の花などで多彩な色が生じるものと考えられている[24, 25]。一方，天然食用色素としては，退色・変色・沈殿しやすい性質は使用上好ましくないため，その使用が限られてきた。しかし，合成着色料に比べて安全性が高いことや自然な色合いを持つため見直され，紫シソ着色梅漬，赤ワイン，ベリー類のジャム，赤飯など伝統的な利用はもちろんのこと，近年では抽出色素による加工食品の着色の利用が進んでいる[8-11]。

　近年の健康志向に伴い，ANはフェノール性OHの水素原子供与性や，金属イオンとのキレート能性に起因した抗酸化性（Antioxidative activity : AOA）を持ち，生体内酸化ストレスを防止することや，さらにAOAや酵素阻害作用などが元になって生体調節を行う多くの第3次機能性（血糖値上昇抑制，視力改善，抗変異原性，抗腫瘍性，抗ウイルス性，抗血圧上昇，抗炎症，肝臓機能改善，血中コレステロール低下などの作用）[26-38]が明らかにされてきた。このように，ANは天然食用色素（第2次機能性）としてだけではなく生活習慣病（メタボリックシンドローム）を予防する機能性食品因子としても注目されるようになってきた[39-41]。

(2) アシル化アントシアニンの安定性と抗酸化性の検討と応用

ここ20年間に，紫サツマイモ塊根中のYGM（Yamagawa Murasaki）類[41-45]，チョウマメ花中のテルナチン類[46-50]，紫ヤム塊茎中のアラタニン類[51-53]，西洋アサガオの青花中のHBA[54,55]，シネラリア花中のシネラリン類[56,57]，カンパニュラ花中のカンパニン[58]などの安定なAANが知られるようになってきた。これらは2分子あるいはそれ以上のARを持つポリアシル化アントシアニン（PAAN）と呼ばれ，弱酸性あるいは中性水溶液中で一般のANより安定である。これはアグリコンとARとのサンドイッチ型疎水性スタッキングにより水和・退色を阻止するためであると報告されている[23-25]。

これまでに，AN類の応用上重要な性質である安定性[8,11,23-25,59,60]やAOA[26-32]が数多く報告されているが，同一の手法による比較・検討はなされていなかった。そこで，著者らは各種ANの中性水溶液中での安定性とAOAを統一した方法で検討した。これらの結果をもとに，構造−安定性の相関，および構造−AOAの相関を体系的に考察し，特に紫サツマイモとチョウマメのAAN類に着目し，AAN含有素材の機能性食品への応用を展望した。

(3) アントシアニンの調製

植物材料には，AN含有の花，果実，野菜などを選んだ。個々の材料をギ酸や酢酸水溶液などで抽出し，吸着樹脂カラムで精製後，粗色素粉末を得た。さらに，PVPカラム精製，最終的にHPLC分取により精製ANを得ることができた。得られた約60種類のANの平面および立体構造は化学分析と，質量分析（MS）や核磁気共鳴（NMR）などの機器分析で確認・決定した[60,61]。

紫サツマイモ塊根からのYGM類はYGM-0a（Cy3-sop-5-glc）または-0b（Pn3-sop-5-glc）を共通の構造として持っており，Pn系のYGM類がより高濃度に含まれていた。8種の主要YGM-1〜6はカフェ酸（Caf）を共通に持っており，YGM-2と-5b以外はさらに，pHB，Caf，およびFrをそれぞれもう1分子ずつ持ったジアシル体であった（図1−3(a)）。一方，チョウマメ

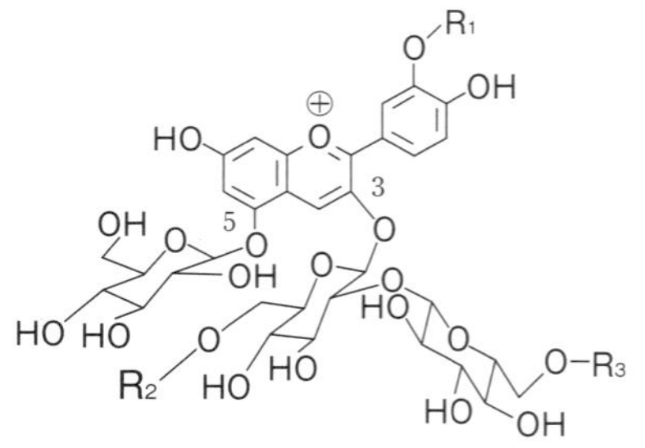

16   第1章 アントシアニンの構造とその性質

(a) YGM類：紫サツマイモ塊根 ANs

YGM	R_1	R_2	R_3
ジアニジン系			
0a	H	H	H
1a	H	Caf	pHB
1b	H	Caf	Caf
2	H	Caf	H
3	H	Caf	Fer
ペオニジン系			
0b	CH_3	H	H
4b	CH_3	Caf	Caf
5a	CH_3	Caf	pHB
5b	CH_3	Caf	H
6	CH_3	Caf	Fer

(b) テルナチン：チョウマメ花 ANs

テルナチン	R
A1	$-pCGpCG, -pCGpCG$
A2	$-pCGpCG, -pCG$
A3	$-pCG, -pCG$
B1	$-pCGpCG, -pCGpC$
B2	$-pCGpC, -pCG$
B3	$-pCGpCG, -pC$
B4	$-pCG, -pC$

テルナチン	R
C1	$-pCGpC, -H$
C3	$-pC, -H$
C4	$-pCG, -H$
C5	$-H, -H$
D1	$-pCGpC, -pCGpC$
D2	$-pCGpC, -pC$
D3	$-pC, -pC$

p：p-クマル酸，G：D-グルコース，
テルナチンC5 = Dp 3-M.glc-3′,5′-diglc；M：マロン酸

pHB：p-ヒドロキシ安息香酸，Caf：カフェ酸，
Fer：フェルラ酸，YGM-0a = Cy 3-sop-5-glc；
YGM-0b = Pn 3-sop-5-glc

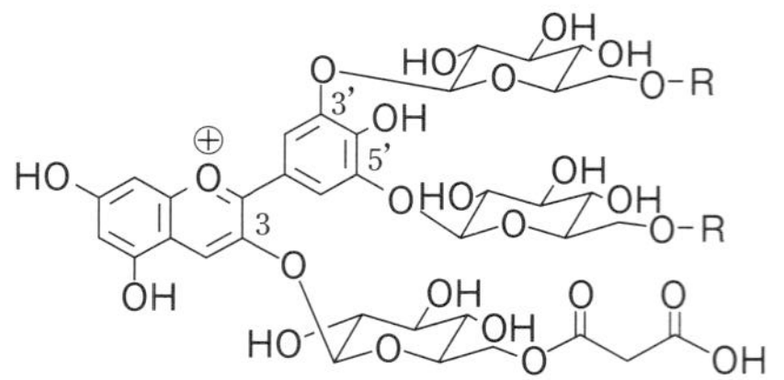

図1-3　紫サツマイモとチョウマメのアシル化アントシアニン

花からのテルナチン類は Dp 3-M.glc-3', 5'-diglc（テルナチンC5：T-C5）を基本骨格とし，3', 5'-側鎖に pC および糖を直鎖状に交互に持つ特異な構造をしていた[46-50]。なお，T-A1 は今まで見いだされた中で最大のPAAN（分子量：Mw2108）であった（図1－3(b)）[46]。

(4) アントシアニンの水溶液中での安定性

1）中性水溶液中でのアントシアニンの安定性の評価

各ANをpH 7.0緩衝液に溶解した試料溶液（50μM）を室温で，暗所に置き吸光度測定により退色度をみた。各ANの安定性は，半減期（色素残存率が初期の50％になる時間，$h_{1/2}$）で評価した[11, 60]。

各ANの安定性は $h_{1/2}$ を Mw に対して対数プロットし，図1－4に要約した。

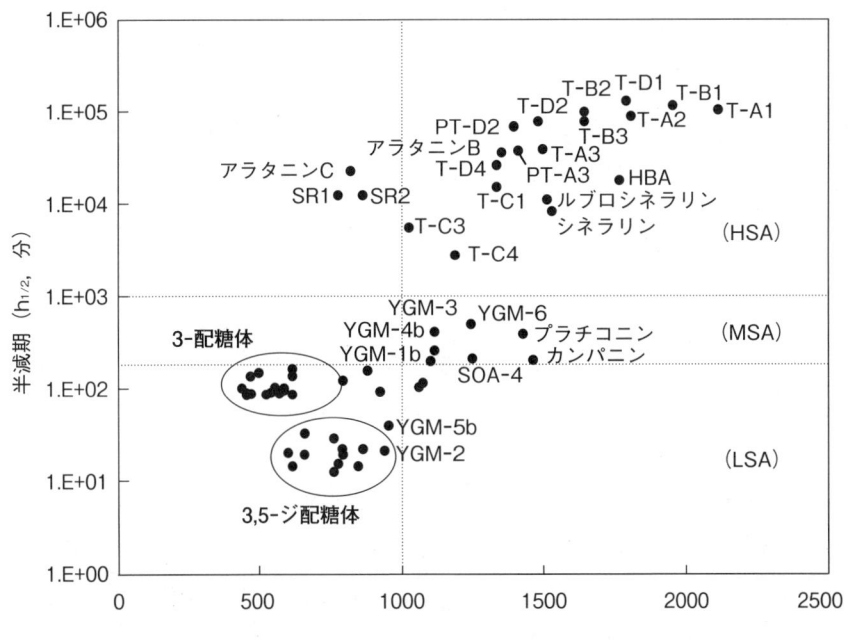

図1－4　アントシアニンの安定性（pH7緩衝液中，室温）

ANの$h_{1/2}$の値は，最も不安定で13分のPg3-sop-5-glcから，最も安定で133,920分（93日）のT-D1まで大きな幅があった。図1−4から，① 安定性は大まかに分子量（Mw）に正の相関を持っていた。これはARを多く持つ安定なAAN類ほど，大きいMwを持つからである。② AN類の安定性は大まかに，高安定（HSA），中安定（MSA），低安定（LSA）ANの3群に分けられた。Mw＞1000のPAANは主にHSA（$h_{1/2}$＞600分，19種類），Mw＜1000は主にLSA（$h_{1/2}$＜200分，30種類），そして残りがMSA（$h_{1/2}$＝200〜600分，7種類）であった。3試料（アラタニンC[53]，およびSR1，SR2[62]）のみはMw＜1000のモノアシル体にもかかわらずHSAであったが，入れ子型のスタッキング安定化をしているものと考えられた[53]。③ LSA同士では，3-配糖体（12種類）が3,5-ジ配糖体（11種類）よりやや安定であった。

2）中性水溶液中でのHSAの安定性

HBAやテルナチン類などのHSAは2〜4分子のARを持つPAAN類で，そのサンドイッチ型分子内スタッキングモデルはプロトン（^{1}H）NMRにおいて，アグリコンC環4位とARの^{1}Hがそれぞれの芳香環の環電流の影響を受け高磁場側にシフトする（環電流効果）ほど接近していることや，アグリコンと側鎖（ARや糖）の^{1}H間のNOEが観察されるほど近くに存在することなどが根拠となっている。このように，多くのHSA類は水溶液中で伸張型ではなく，分子内疎水性スタッキングを起こして会合型で存在していることが判明した（図1−6）。

14種のテルナチン類（図1−5で●）はp-クマル酸（pC）の結合数で4群（$1pC$〜$4pC$テルナチン）に分けることができ，安定性の順序はアシル化の度合い（pC数）に比例した（$4pC＞3pC＞＞2pC＞1pC$）。このように，$3pC$と$4pC$テルナチン類が$1pC$と$2pC$テルナチン類や他のHSAよりかなり高安定である理由は，側鎖中の末端（外側）pCが内側のすでにスタッキングしているpCとスタッキングする"double-stacking：二重スタッキング"機構で説明できるものと考えられた（図1−6）。例えば，T-D2は水溶液中で5'-側鎖で通常（一重）スタッキングを，さらに3'-側鎖で二重スタッキングを起こして強く

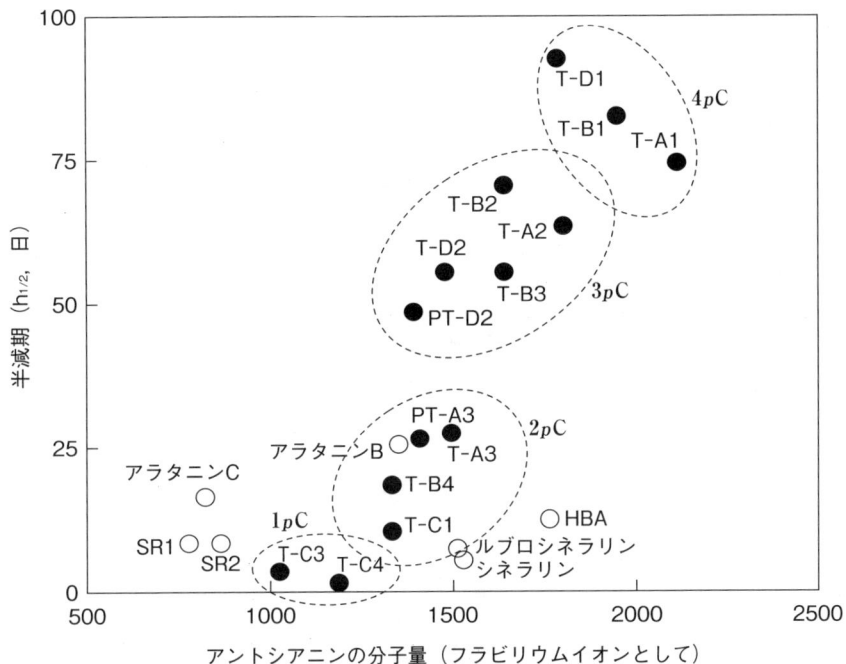

図1－5 高安定アントシアニンの安定性（pH7緩衝液中, 室温）
（pC: p-クマル酸, ●: テルナチン類, ○: 他のアントシアニン）

会合し，C-2位への水和反応による退色を効果的に防止していると考えられた[23-25]（図1-6）。この機構はT-D2のNMRの詳細な解析により，ROE, 結合定数，環電流効果などをもとに決定された立体構造により支持された。さらに，分子モデリング計算でも確認された。他の$3pC$と$4pC$テルナチン類もまた同じ機構による安定化が示唆された[63-65]。

3）中性水溶液中でのMSAおよびLSAの安定性

YGMの$h_{1/2}$-Mwプロットにおいて，4つのジアシル体（YGM-6>-3>-4b>-1b）はMSA，2つのジアシル体（YGM-5aと-1a）と2つのモノアシル体（YGM-2と-5b），非アシル体（YGM-0aと-0b）はLSAであった（図1-7）。ジアシル体の安定性はCaf-Fer-YGM類>Caf-Caf-YGM類>Caf-pHB-YGM類の順なので，ケイ皮酸類（Fer>Caf）は安息香酸類（pHB）より効率的に安定化することが判明した。

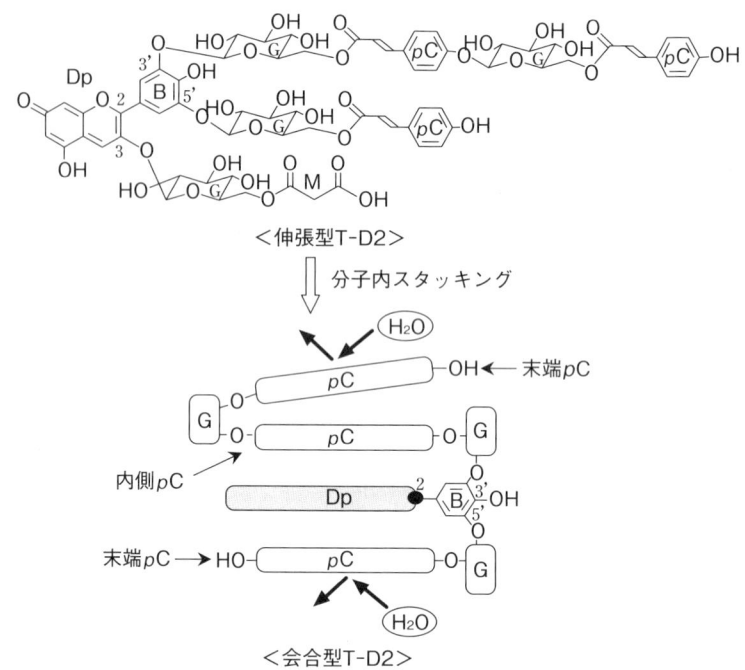

図1－6 テルナチンD2の中性水溶液中での立体構造
（G：D-グルコース，pC：p-クマル酸，Dp：デルフィニジン）

また，モノアシル体と非アシル体の安定性には大差がないので，分子中に1個のみのCafは安定化に寄与していないことがわかる。これは，アグリコンの片面側へのスタッキング（サンドイッチ型ではない）のため，反対面からアグリコン-C-2位への水分子の攻撃を自由に受けるためと考えられる。

結局，AN類の安定性はHSA，MSA，LSAの3つにグループ分けでき，次のような要因が関わっていた。

① ARアシル化は水溶液でANを安定化する。その安定化の効率の程度はARの数（4AR＞3AR＞2AR＞1AR≈非アシル），ARの構造 ｛(ケイ皮酸類，Fer＞Caf) ＞ (安息香酸類，pHB)｝ に影響を受ける。PAAN類はアグリコン部と2分子以上のARとのサンドイッチ型スタッキング機構によって安定化される。特に，テルナチン類のような直鎖状の側鎖中に3分子以上のARを持つ場合は，"二重スタッキング"により極めて安定になると考えられる。一方，

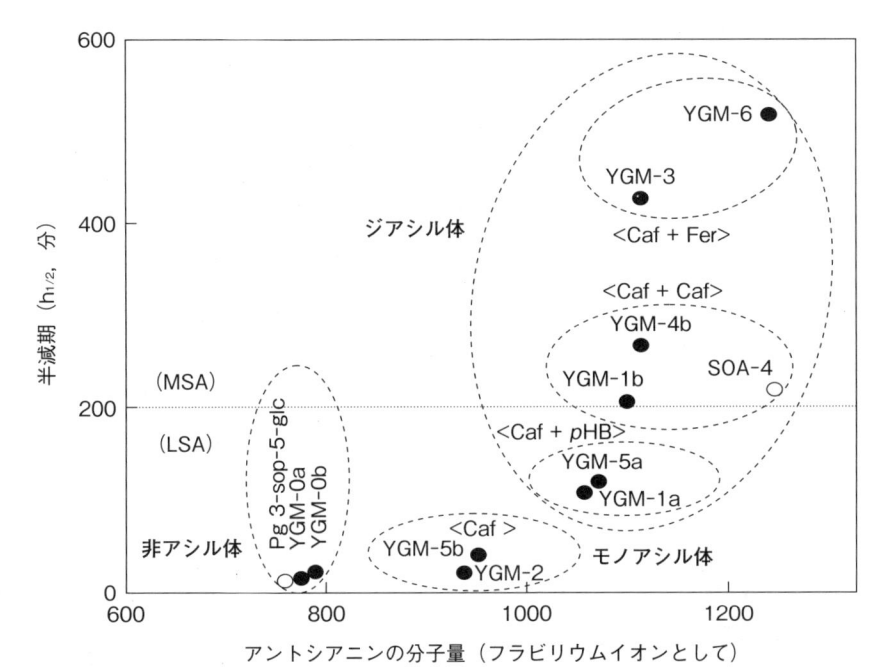

図1－7 中安定および低安定アントシアニンの安定性（pH7緩衝液中，室温）
(Caf：カフェ酸，Fer：フェルラ酸，pHB：p-ヒドロキシ安息香酸，●：YGM類，
○：関連アントシアニン，SOA-4：Pg 3-Caf.(Caf.glc).sop-5-glc)

HBAのように分岐状の側鎖を持つ場合は，たとえ3分子のARを持っていてもスタッキング安定化の効果は低い（T-B1＞HBA）。② 非アシル化ANの場合，配糖化パターンは安定性に影響を与える（3-配糖体＞3,5-ジ配糖体）。③ アグリコンB-環の構造は安定性にわずかに影響する。例えば，YGM類においては，Pn型＞Cy型である。

(5) アシル化アントシアニンの抗酸化性

1) アントシアニン類の抗酸化性の評価

筆者らは簡便な1,1-diphenyl-2-picrylhydrazyl（DPPH）ラジカル消去法を用いて約30種のAN類のAOAを検討した。すなわち，pH7.4で抗酸化性物質のDPPH退色（消去）を吸光度測定により評価するもので[66]，抗酸化活性は残存DPPH量をもとにDPPHラジカル消去能（RS%）で表し，試料のMwに対し

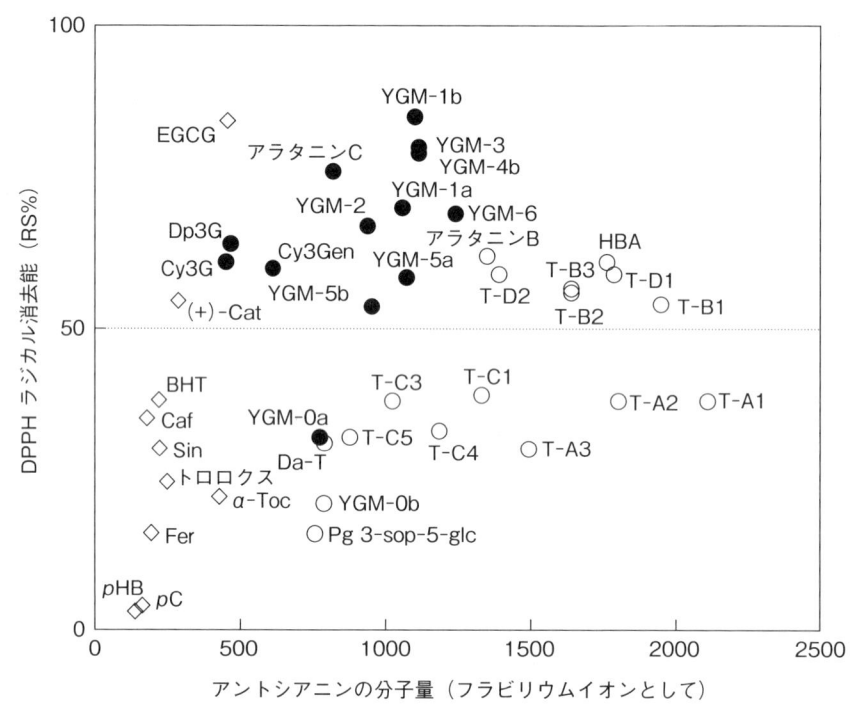

図1-8 アントシアニンおよび関連物質のDPPHラジカル消去能（RS%）
（●：分子内にカテコール構造を持つANs，○：他のANs，◇：標準抗酸化性物質，G：D-グルコース，(+)-Cat：(+)-カテキン，EGCG：エピガロカテキンガレート，BHT：ブチルヒドロキシトルエン，Sin：シナピン酸）

てプロットした。

2）芳香族カルボン酸と非アシル化アントシアニン類の抗酸化性

ARのAOAは高い順にCaf＞Sin＞Fer＞pC≒pHB（図1-8および1-9(a)）であった。ARの中でCafのAOAが高いのは、Cafのみがカテコール構造を有するため、生成ラジカルが多くの共鳴構造を持ち、安定化するためであると考えられる（図1-9(a)）[67]。また、同様のラジカル共鳴安定化により、ケイ皮酸類のほうが安息香酸類のpHBより高いAOAを示したと考えられる。

非アシル化および脱アシル化AN類のAOAの順序は図1-8および図1-9(b)のようになった。Cy 3-glc，Cy 3-gen，Cy 3-sop-5-glc（Dp 3-glcも含む）などのAOAが高い理由は、Cy（Dp，Pt）型ANはアグリコンB-環にカテコー

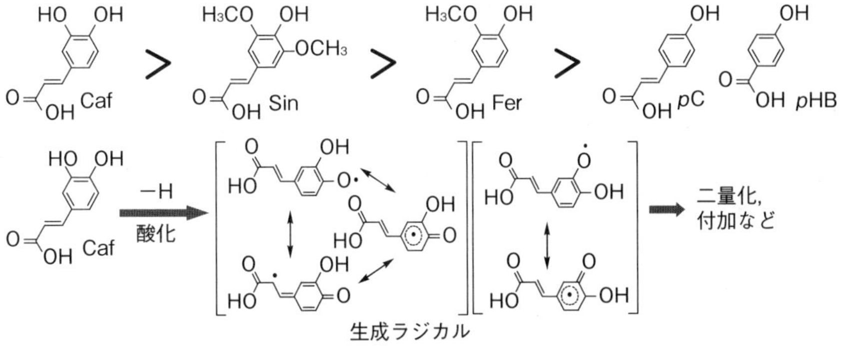

(a) 芳香族カルボン酸の抗酸化性

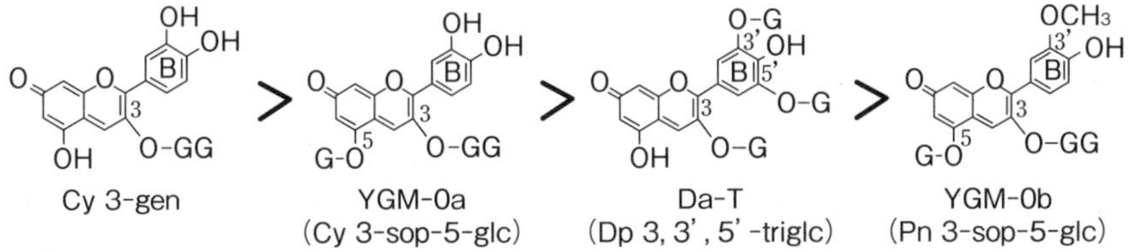

(b) 非および脱アシル化アントシアニンの抗酸化性

図1-9 芳香族カルボン酸，非および脱アシル化アントシアニンの抗酸化性
（G：D-グルコース）

ル構造を持つためと考えられる。そのため，B-環4'位にのみに遊離のOH基を持つタイプのAN ｛デアシルテルナチン（Da-T：Dp 3,3',5'-triglc），PnおよびPg 3-sop-5-glc｝ に比べてAOAが高くなっている（図1-9(b)）。また，3-配糖体（Cy 3-glc, Cy 3-gen）の生成ラジカルがより多くの共鳴体を持つため，AOAが3,5-ジ配糖体（Cy 3-sop-5-glc）より高くなっていると考えられる。

3）アントシアニンの構造と抗酸化活性

AN類のAOAの高さはPg 3-sop-5-glc（≒Fer）とYGM-1b（≒EGCG）の間に位置した（図1-8）。水溶液中での安定性と異なり，ANのAOAはアシル化度（Mw）には単純に相関しなかった。例えば，4pCテルナチン類のT-A1（Mw2108）やT-A2（Mw1800）はCaf（Mw180）に近く，また，2pC化体のT-A3（Mw1492）は非アシル化体のDa-T（Mw789）とほぼ同じであっ

た。22種の高い（RS＞50％）AOAのAN類のうち，5種が非またはモノアシル化体であった。以上のことから，効果的なAOA-増強要因は，やはりB-環や結合アシル基上にカテコール（ピロガロールも含む）構造を持つことであることが確認された（図1－8中の13個の●で示す）。

4）YGM類の構造と抗酸化性

YGM類のAOAの高さはYGM-1b＞YGM-3≒YGM-4b＞YGM-1a≒YGM-6≒YGM-2＞YGM-5a＞YGM-5b＞Caf＞YGM-0a（Cy3S5G）＞YGM-0b（Pn3S5G）＞Fer＞pC≒pHBの順であった（図1－8）。この結果は次のことを示している。① ARアシル化はANのAOAを増強し，そのAOAの高さはアシル化度に比例する。② YGM類のAOAの高さは，およそ脱アシル化ANと結合ARの加算したものとなった。例えば，「YGM-3のAOA」≒「(Cy 3-sop-5-glc＋Caf＋Fer) のAOA」である。③ 脱アシル化AN類で見られたように（図1－9(b)），B-環にカテコール構造を持つCy型YGM-1～2のAOAは，Pn型YGM-4～6より高かった。このように，Cy型YGM類とCaf残基の両方ともAOAを相加的に増強するので，YGM-1b（Cy 3-diCaf.sop-5-glc）が用いた試料の中で最もAOAが高かった。一方，HBAはYGM-4bに，さらにCafが結合した構造をしているが，YGM-4bのAOAより低いのは，Cafのカテコールの部分がすべて糖の結合でふさがっているからである（図1－1(b)）。

5）テルナチン類の構造と抗酸化性

テルナチン類のAOAは（Dp3G）＞T-D1，-D2＞T-B3，-B2≒T-B1＞T-C1≒T-C3≒T-A1，-A2＞T-C4≒T-C5≒Da-T≒T-A3＞pCの順であった（図1－8）。すべてのテルナチンはB-環にカテコール部分を持たないので，Dp 3-glcよりAOAが低かった。テルナチンの中ではD類（T-D1，T-D2≒＞B類（T-B1，T-B2，T-B3）＞A類（T-A1，T-A2，T-A3）＞Da-Tの順であった。また，テルナチンC類はB類とDa-Tの間であった。この結果は次のことを示している。① 3',5'-側鎖の末端pCのみが遊離のOHを持つためAOAを増強し，その度合いは末端pCの数に依存している。したがって，T-D類（2末端pC）＞T-B類（1末端pC）＞T-C類（1または0末端pC）＞T-A類（0末端

pC)となる。② AOAの高さはDa-Tと末端pCを足したものになった。

末端pCのAOA増強効果は水溶液中でのテルナチン類の立体構造に起因していると考えられる。テルナチン類はT-D2のように溶液中で強く会合している（図1－6）ので，側鎖末端のpCは会合色素分子の外側に位置するため，内側pCの数に無関係に末端のpCのみがAOAを増強する。この"埋め込み効果"により明らかに，AR数から期待されるよりもAOAが低くなっている。構造類似のHBAは同じ理由でAOAが減少しているものと思われる。

結局，AN類のAOAは次のように結論される。① AOAの高さは相当する脱アシル化ANとアシル化ARの総和（相加効果）におよそ等しい。② ANのAOAを増強する構造因子は次のようなものが考えられる。ⅰ）ARアシル化はAOAを増強する。ⅱ）Cy（Dp，Pt）のB-環やCafなどの遊離のカテコール構造を持つものはAOAを強く増強する。ⅲ）生成ラジカル体の共鳴構造が多いもののほうがAOAを増強する。③ 3分子あるいはそれ以上のARを連鎖状側鎖中に持つPAAN類の場合，側鎖の末端ARのみがAOAを増強する（図1－6）。④ 配糖化パターンはAOAに影響を与える（3-配糖体＞3，5-ジ配糖体）。

(6) アシル化アントシアニンの安定性および抗酸化性のまとめ

系統的な検討の結果，AAN類中のARは安定性とAOAの増強に大変重要な役割を果たすことが判明した。すなわち，中性水溶液中で，AR-アシル化は発色部を安定化し，その効果はARの数（2分子以上），とARの構造に依存する。すなわち，ケイ皮酸類（Fer＞Caf）が安息香酸類（pHB）より効果的である。すでに報告されているように[23-25]，PAAN類はアグリコン-ARサンドイッチスタッキング機構により安定化されることを確認できたが，テルナチン類に見られるように，直線状側鎖を持つトリまたはテトラアシル化体は"二重スタッキング"により極めて効果的に安定化されるものと考えられた。

ANのAOAはAR-アシル化により相当する非アシル化体より増強される。CyB-環と同様に，CafのようなARのカテコール構造はAOAを効果的に増強

する。AANのAOAの強度は，相当する脱アシル体と結合ARの和にほぼ等しい（相加効果）。ただ，3分子以上のARを直線状側鎖中に持つ会合したテルナチン型PAAN類は見かけよりAOAが低い（相加的ではない）が，これは，"埋め込み効果"により側鎖中の末端ARのみがそのAOAを増強するためと考えられた（図1-6）。

今まで見てきたように，構造を知ることによって，ANのおよその安定性とAOAを予想できることが判明した。例えば，安定性の観点から理想の構造をしているPAANであるチョウマメ花のT-D1は"超安定"であるが，"埋め込み効果"によりAOAは予想ほど高くない。一方，ジカフェオイル化体でカテコール構造を3つ持つ紫サツマイモ塊根のYGM-1bは極めてAOAが高いが，MSAである。

今回の検討で，紫サツマイモ塊根やチョウマメ花ANをはじめ[68,69]，ほとんどのPAAN類を含むHSA類は特別な安定化をしなくても食用色素などに十分に用いうることができ，また，実用的に十分なAOAを持つ可能性を示したので，AANの豊富に含まれている植物は，生活習慣病を予防する高品質の素材・資源として大いに期待される。

文 献

1) 林孝三編：植物色素，養賢堂，1988.
2) Harborne J. B. (ed) : The Flavonoids - Advances in Research since 1980, Chapman and Hall, London, 1988.
3) Macheix J.-J., Fleuriet A., Billot J. : Fruit phenolics, CRC Press, Boca Raton, Florida, 1990.
4) Williams C. A., Grayer R. J. : Anthocyanins and other flavonoids. Nat Prod Rep 2004 ; 21 ; 539-573.
5) Harborne J. B. (ed) : The Flavonoids - Advances in Research since 1986, Chapman and Hall, London, 1994.
6) Shahidi F., Ho C.-T. (ed) : Phenolic Compounds in Foods and Natural Health Products, ACS Symposium Series 909, American Chemical Society, Washington, DC, 2005.

7) Anderson O. M., Markham K. R. (ed) : Flavonoids : Chemistry, Biochemistry and Applications, CRC Press, Boca Raton, Florida, 2006.
8) Markakis P. (ed) : Anthocyanins as Food Colors, Academic Press, New York, 1982.
9) Jackman R. L., Yada R.Y., Tung M. A. et al : Anthocyanins as food colorants - a review. J Food Biochem 1987 ; 11 ; 201 − 247.
10) Mazza G, Miniati E: Anthocyanins in Fruits, Vegetables, and Grains, CRC Press, Boca Raton, Florida, 1993.
11) 大庭理一郎, 五十嵐喜治, 津久井亜紀夫編:アントシアニン －食品の色と健康－, 建帛社, 2000.
12) 植物色素研究会編：植物色素研究法, 大阪公立大学共同出版会（OMUP）, 2004.
13) Kondo T., Yoshida K., Nakagawa A., et al : Structural basis of blue-colour development in flower petals from *Commelina communis*. Nature 1992 ; 358 ; 515−518.
14) Goto T., Tamura H., Kawai T. et al : Chemistry of metalloanthocyanins. Ann New York Acad Sci 1986 ; 471 ; 155−173.
15) Waterhouse A. L., Kennedy J. A. (ed) : Red Wine Color-Exploring The Mysteries. ACS Symposium Series 886, American Chemical Society, Washington DC, 2004.
16) Timberlake C. F., Bridle P., Anthocyanins : Colour augmentation with catechin and aldehyde. J Sci Food Agric 1977 ; 28 ; 539−544.
17) R.-Gonzalo J. C., B.-Haro S., S.-Buelga C. : Detection of compounds formed through the reaction of malvidin 3-monoglucoside and catechin in the presence of acetaldehyde. J Agric Food Chem 1995 ; 43 ; 1444−1449.
18) Fulcrand H., C.-dos-Santos P.J., Sarnimanchado P. et al. : Structure of new anthocyanin-derived wine pigments. J Chem Soc, Perkin Trans. I. 1996 ; 735−739.
19) Bakker J., Bridle P., Honda T. et al : Identification of an anthocyanin occurring in some red wines. Phytochemistry 1997 ; 44 ; 1375−1382.
20) Bakker J., Timberlake C. F. : Isolation, identification, and characterization of new color-stable anthocyanins occurring in some red wines. J Agric Food Chem 1997 ; 45 ; 35−43.
21) Mateus N., Oliveira J., H.-Motta M. et al : New family of bluish pyranoanthocyanins. J Biomed Biotechnol 2004 ; 299−305.
22) Ohba R., Kitok S., Ueda S. : Properties and precursors of hordemin produced

from barley bran by ethanol fermentation. J Ferment Bioeng 1991 ; 75 ; 11 – 14.
23) Goto T., Kondo T. : Structure and molecular stacking of anthocyanins - Flower color variation. Angew Chem Int Ed Engl 1991 ; 30 ; 17 – 33.
24) Brouillard R. : The in vivo expression of anthocyanin colour in plants. Phytochemistry 1983 ; 22 ; 1311 – 1323.
25) Goto T. : Structure, stability and color variation of natural anthocyanins. Prog Chem Organ Nat Prod 1987 ; 52 ; 113 – 158.
26) Cao G. Sofic, E. Sofic, E. et al : Antioxidant and prooxidant behavior of flavonoids : structure- activity relationships. Free Radic Biol Med 1997 ; 22 ; 749 – 760.
27) Noda Y., Kneyuki T., Igarashi K. et al : Antioxidant activity of nasunin, an anthocyanin in eggplant peels. Toxicology 2000 ; 148 ; 119 – 123.
28) Oki T., Masuda M., Furuta S., : Involvement of anthocyanins and other phenolic compounds in radical-scavenging activity of purple-fleshed sweet potato cultivars. J Food Sci 2002 ; 67 ; 1752 – 1756.
29) Kahkonen M. P., Heinonen M.: Antioxidant activity of anthocyanins and their aglycons. J Agric Food Chem 2003 ; 51, 628 – 633.
30) Philpott M., Gould K. S., Lim C. et al : In situ and in vitro antioxidant activity of sweetpotato anthocyanins. J Agric Food Chem 2004 ; 52 ; 1511 – 1513.
31) Huang D., Ou B. Prior R. L. : The chemistry behind antioxidant capacity assays. J Agric Food Chem 2005 ; 53 ; 1841 – 1856.
32) Rahman M. M., Ichiyanagi T., Komiyama T. et al : Superoxide radical- and peroxynitrite-scavenging activity of anthocyanins ; structure-activity relationship and their synergism. Free Radic Res 2006 ; 40 ; 993 – 1002.
33) Matsui T., Ueda T., Oki T. et al : Acylated Anthocyanins. 2. alpha-Glucosidase inhibition by isolated acylated anthocyanins. J. Agric. Food Chem 2001 ; 49 ; 1952 – 1956.
34) Matsui T., Ebuchi S., Kobayashi M., et al : Anti-hyperglycemic effect of diacylated anthocyanin derived from *Ipomoea batatas* cultivar Ayamurasaki can be achieved through the alpha-glucosidase inhibitory action. J Agric Food Chem 2002 ; 50 ; 7244 – 7248.
35) Tsuda T., Horio F., Osawa T. : Dietary cyanidin 3-*O*-beta-D-glucoside increases ex vivo oxidation resistance of serum in rats. Lipids 1998 ; 33 ; 583 – 588.
36) Tsuda T., Horio F., Kitoh J. et al : Protective effects of dietary cyanidin 3-*O*-beta-D-glucoside on liver ischemia-reperfusion injury in rats. Arch Biochem Biophys 1999 ; 368 ; 361 – 366.

37) Hou D. X. : Potential mechanisms of cancer chemoprevention by anthocyanins. Curr Mol Med 2003 ; 3 ; 149−159.
38) Hou D. X., Tong X., Terahara N. et al : Delphinidin 3-sambubioside, a *Hibiscus* anthocyanin, induces apoptosis in human leukemia cells through reactive oxygen species-mediated mitochondrial pathway. Arch Biochem Biophys 2005 ; 440 ; 101−109.
39) 井上正康：活性酸素と医食同源，共立出版，1996.
40) 中村丁次：治療食とは，FOOD Style 21, 1999 ; 3 ; 29−33.
41) Konczak-Islam I., Yoshimoto M., Hou D. X. et al : Potential chemopreventive properties of anthocyanin-rich aqueous extracts from in vitro produced tissue of sweetpotato (*Ipomoea batatas* L.). J Agric Food Chem 2003 ; 51 ; 5916−5922.
42) Shi Z., Bassa I. A., Gabriel S. L. et al : Anthocyanin pigments of sweet potatoes-*Ipomoea batatas*. J Food Sci 1992 ; 57 ; 755−757.
43) Odake K., Terahara N., Saito N. et al : Chemical structures of two anthocyanins from purple sweet potato, *Ipomoea batatas*. Phytochemistry 1992 ; 31 ; 2127−2130.
44) Terahara N., Kato Y., Nakamura M. et al. : Six diacylated anthocyanins from purple sweet potato, *Ipomoea batatas*. Biosci Biotech Biochem 1999 ; 63 ; 1420−1424.
45) Terahara N., Konczak-Islam I., Nakatani M. et al : Anthocyanins in callus induced from purple storage root of *Ipomoea batatas* L. Phytochemistry 2000 ; 54 ; 919−922.
46) Terahara N., Saito N., Toki K. et al : Structure of ternatin A1, the largest ternatin in the major blue anthocyanins from *Clitoria ternatea* flowers. Tetrahedron Lett 1990 ; 31 ; 2921−2924.
47) Kondo T., Ueda M., Goto T. : Structure of ternatin B1, a pentaacylated anthocyanin substituted on the B-ring asymmetrically with two long chains. Tetrahedron 1990 ; 46 ; 4749−4756.
48) Terahara N., Oda M., Matsui T. et al : Five new anthocyanins, ternatins A3, B4, B3, B2, and D2, from *Clitoria ternatea* flowers. J Nat Prod 1996 ; 59 ; 139−144.
49) Terahara N., Toki K., Saito N. et al : Eight new anthocyanins, ternatins C1-C5 and D3 and preternatins A3 and C4 from young *Clitoria ternatea* flowers. J Nat Prod 1998 ; 61 ; 1361−1367.
50) Kazuma K., Noda N., Suzuki M. : Flavonoid composition related to petal color in different lines of *Clitoria ternatea*. Phytochemistry 2003 ; 64 ; 1133−1139.

51) Shoyama Y., Nishioka I., Herath W. et al : Two acylated anthocyanins from *Dioscorea alata*. Phytochemistry 1990 ; 29 ; 1999-3001.
52) Yoshida K., Kondo T., Goto T. : Structures of alatanin A, B and C isolated from edible purple yam *Dioscorea alata*. Tetrahedron Lett 1991 ; 32 ; 5575-5578.
53) Yoshida K., Kondo T., Goto T. : Unusual stable monoacylated anthocyanin from purple yam *Dioscorea alata*. Tetrahedron Lett 1991 ; 32 ; 5579-5580.
54) Kondo T., Kawai T., Imagawa H. et al : Structure confirmation of tris-deacyl Heavenly Blue anthocyanin, an alkaline hydrolysis of Heavenly Blue anthocyanin obtained from flower of morning glory. Tetrahedron Lett 1981 ; 883-886.
55) Kondo T., Kawai T., Tamura H. et al : Structure determination of Heavenly Blue anthocyanin, A complex monomeric anthocyanin from the morning glory *Ipomoea tricolor*, by means of the negative NOE method. Tetrahedron Lett 1987 ; 28 ; 2273-2276.
56) Goto T., Kondo T., Kawai T. : Structure of cinerarin, a tetra-acylated anthocyanin isolated from the blue garden cineraria, *Senecio cruentus*. Tetrahedron Lett 1984 ; 25 ; 6021-6024.
57) Hiraoka A. and Yoshitama K. : Isotachophoresis of anthocyanins. Chem Pharm Bull 1986 ; 34 ; 2252-2260.
58) Terahara N., Toki K., Saito N. et al. : Structures of campanin and rubrocampanin, two novel acylated anthocyanins with *p*-hydroxybenzoic acid from the flowers of bellflower, *Campanula medium* L. J Chem Soc Perkin Trans.-1 1990 ; 3327-3332.
59) Bassa I. A., Francis F. J. : Stability of anthocyanins from sweet potatoes in a model beverage. J Food Sci 1987 ; 52 ; 1753-1754.
60) 寺原典彦:アシル化アントシアニン色素の構造決定と安定性に関する研究,南九大研究報告, 1993 ; 1-132.
61) Terahara N., Honda T., Hayashi M. et al : New anthocyanins from purple pods of pea (*Pisum spp.*). Biosci Biotechnol Biochem 2000 ; 64 ; 2569-2574.
62) Terahara N., Toki K., Honda T. : Acylated anthocyanins from flowers of cineraria, *Senecio cruentus*, red cultivar. Z. Naturfrosch 1993 ; 48c ; 430-435.
63) 依田恵子,春山英幸,桑野晴光ほか:Ternatin D2の溶液中での3次元構造,第28回NMRシンポジウム, 1989 ; 191-194.
64) 桑野晴光,依田恵子,春山英幸ほか:2,3のPolyacylated anthocyaninのNMRによる構造研究,天然色素アントシアニンの化学,生物と応用シンポジウム, 1990 ; 13-24.

65) Yui T., Kawano Y., Terahara N. et al. : Molecular modeling for intramolecular stacking of ternatin, a highly stable anthocyanin. In: The 9th Blatislava Symposium on Saccharides, Smolenic Slovakia, 2000.
66) Yamaguchi T., Takamura H., Matoba T. et al. : HPLC method for evaluation of the free radical-scavenging activity of foods by using 1, 1-diphenyl-2-picrylhydrazyl. Biosci Biotechnol Biochem 1998 ; 62 ; 1201 – 1204.
67) Bors W., Michel C., Stettmaier K. et al. : Antioxidant mechanisms of polyphenolic caffeic acid oligomers, constituents of *Salvia officinalis*. Biol Res 2004 ; 37 ; 301 – 311.
68) Terahara N., Sugita K. : High antioxidative activity of a red vinegar produced by fermentation of purple sweet potato., The 4th International Symposium on Natural Colorants, San Diego, California, 2000.
69) Lowry J. B., Chew L. : On the use of extracted anthocyanin as a food dye. Econ Bot 1974 ; 28 ; 61 – 62.

第2章　アントシアニンの原料植物と分析法

熊澤　茂則*

1.　概　　要

　アントシアニンは，植物界において広く存在する色素であり，アグリコンであるアントシアニジンが糖と結合した配糖体成分のことである。高等植物では普遍的な物質であり，花や果実の色の表現に役立っている。アントシアニジンは，結合する水酸基，メトキシ基の数，あるいは結合の位置によって，ペラルゴニジン，シアニジン，デルフィニジン，ペオニジン，ペチュニジン，マルビジンの6種が主に存在する（図2-1）。さらに，糖の6位の水酸基に有機酸がエステル結合したアシル化アントシアニンも存在する。結合している有機酸は芳香族と脂肪族有機酸に大別される。芳香族有機酸にはケイ皮酸類（カフェ酸，フェルラ酸など）と安息香酸類（p-ヒドロキシ安息香酸，没食子酸など）がある。脂肪族有機酸にはマロン酸や酢酸のほかにシュウ酸，コハク酸，リンゴ酸がある。アントシアニンは他のフラボノイドと比較するとアグリコンや結合糖，有機酸などの種類が限られているが，多様な組み合わせにより，現在までに400種類程度報告されている。

　アントシアニンを含む植物は，いくつかの書籍等にまとめられているが[1-3]，ここでは本書の前書となる『アントシアニン－食品の色と健康－』[1]において詳しく記載されていなかった原料植物に関する概要と，アントシアニンの一般的な分析法について記述する。

---

*静岡県立大学食品栄養科学部栄養学科

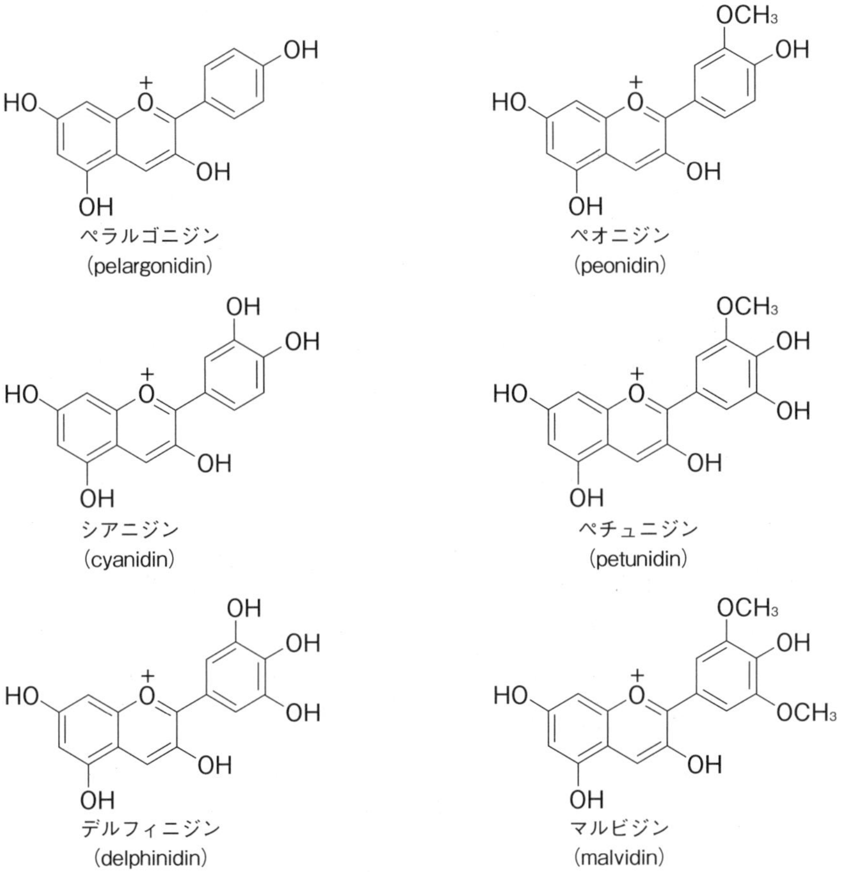

図2−1 植物中で主に存在するアントシアニジン

2. 原料植物

(1) ベリー類

　ベリー果実は，従来，世界中で広く好まれ食されてきた食材である．その種類は多く，世界各地に様々な品種，科のベリー果実が存在する[4]．ベリー果実はビタミンとミネラルの含有量が比較的高いことに加え，ベリー果実の特徴で

ある赤や紫色といった色合いは，これらに多く含まれるポリフェノール成分アントシアニンによるもので，従来食品への色素添加物として利用されるとともに，その機能性に関しての研究が盛んに行われてきた。なかでもツツジ科スノキ属に分類されるビルベリー（学名：*Vaccinium myrtillus* L., 英名：Bilberry）は，ヨーロッパをはじめ，世界中で広く食されている食経験豊富なベリー果実である。

ベリー果実にはビルベリーのほかに，同じツツジ科スノキ属に分類される最もポピュラーな野性種ブルーベリー，別名ローブッシュブルーベリー（学名：*Vaccinium angustifolium*, 英名：Blueberry），クランベリー（学名：*Vaccinium macrocarpon* Ait., 英名：Cranberry），クローベリー（学名：*Vaccinium vitis-idaea*, 英名：Crowberry），ユキノシタ（アジサイ）科スグリ属に分類されるカシス（学名：*Ribes nigrum*, 英名：Blackcurrant），レッドカラント（学名：*Ribes rubrum*, 英名：Redcurrant），バラ科キイチゴ属に分類されるブラックベリー（学名：*Rubus fruticosus*, 英名：Blackberry），ラズベリー（学名：*Rubus idaeus*, 英名：Raspberry），バラ科オランダイチゴ属に分類されるストロベリー（学名：*Fragari ananassa*, 英名：Strawberry），スイカズラ科スイカズラ属のハスカップ（学名：*Lonicera caerulea* L., 英名：Haskaap）や，ニワトコ属に分類されるエルダーベリー（学名：*Sambucus nigra* L., 英名：Elderberry），また，日本においては，古くは養蚕産業が盛んに行われており，蚕の餌として用いられていた桑の実，クワ科クワ属のマルベリー（学名：*Morus nigra*, 英名：Mulberry）などが存在する。果実はそれぞれの科や属ごとに特徴的な形状をしており，ツツジ科やユキノシタ科，スイカズラ科では丸い実が，バラ科，ブドウ科では房状の実が生じる。味は酸味が非常に強く，生食よりもジャムなどに加工して食されることが多い。

ベリー類に含まれるアントシアニンの種類に関しては，ビルベリーやブルーベリー以外は，主色素は数種類で，アシル化されているものは少ない。ビルベリーおよびブルーベリーは約15種類のアントシアニンを含み，シアニジン，デルフィニジン，ペオニジン，マルビジンに，グルコースやガラクトース，アラ

ビノースなどの糖が結合した構造である[2,5]。クローベリーも類似のアントシアニン組成を有しているが，含量比はビルベリーとは異なっている[6]。一方，カシスはDp 3-glc，Dp 3-rut，Cy 3-glc，Cy 3-rutを主要アントシアニンとしており，ブラックベリーやレッドカラントなどのアグリコンはシアニジンのみである[6,7]。図2-2に，これらのベリー類中のアントシアニンのHPLCクロマトグラムを，表2-1にはその成分を示したが，各種ベリー類で成分組成に特徴が認められる。したがって，ベリー類のアントシアニンの機能性についても，原料ベリー類によって異なる[8-9]。

(2) プルーン

学名：*Prunus domestica*
英名：Plum tree, Plum

プルーンとは，バラ科の果樹またはその果実を乾燥した食べ物である。和名はセイヨウスモモといわれる。中心に大きな種を有し，水溶性食物繊維が豊富であるのが特徴的である。通常，半生状のドライフルーツや，ペースト状のプルーンシロップに加工されて食されるが，新鮮なものは生のままでも食べられることがある。産地としては，米国カリフォルニア州が代表的であるが，日本国内においては，長野県，青森県，北海道などで栽培されている。

プルーンに含まれる主要なアントシアニンとしては，Cy 3-glcとCy 3-rutである[10]。これらのアントシアニンは果汁中に43-168 mg/L含まれ，果汁中での安定性や抗酸化活性が研究されている[11]。

(3) ハイビスカス

学名：*Hibiscus sabdariffa* L. var. *sabdariffa*
英名：Roselle, Red sorrel

食用のハイビスカスは，萼（がく）を乾燥させたものであり，ハーブティーとしてよく利用されている。主要なアントシアニンは，Dp 3-samである[12]。ハイビスカスには，クエン酸やリンゴ酸などの有機酸のほか，アスコルビン酸

も多く含まれるため，機能性研究も行われている[13]。食品の応用としては，ハイビスカスの花を砂糖漬にするほか，梅干しの着色などにも利用される。

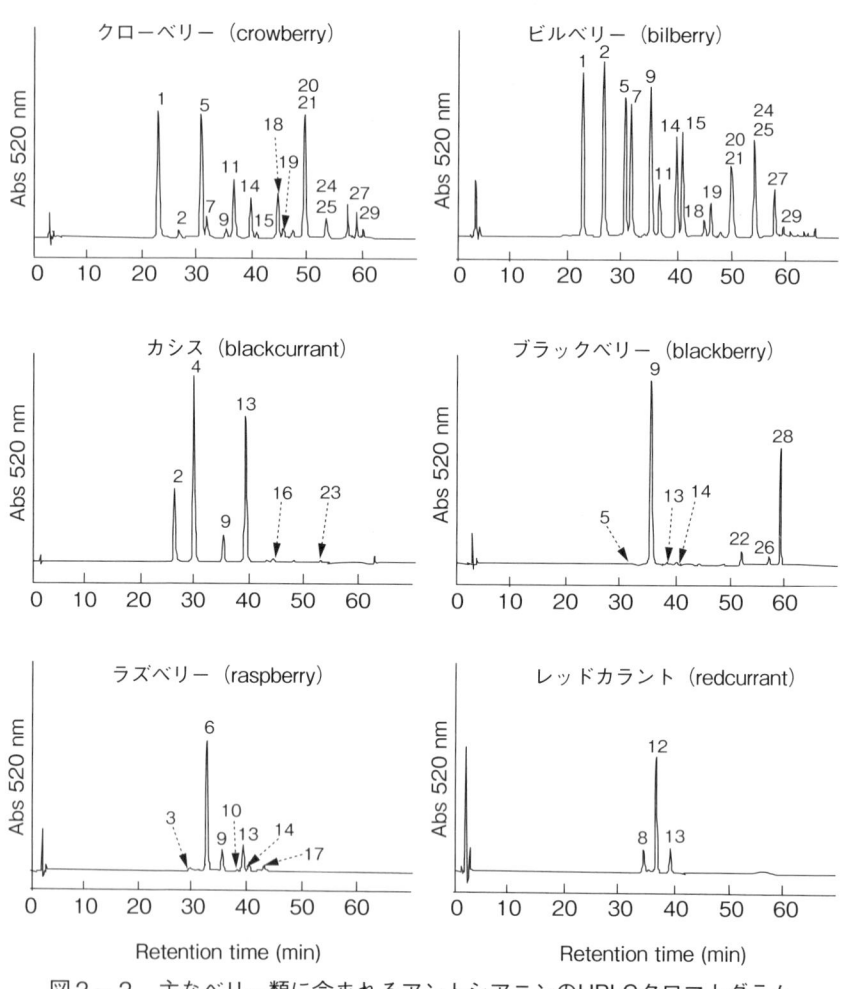

図2-2 主なベリー類に含まれるアントシアニンのHPLCクロマトグラム

表2-1　同定したベリー類のアントシアニン（その1）[6]

ピーク番号	HPLC保持時間（分）	アントシアニン
1	23.1	デルフィニジン 3-ガラクトシド (Delphinidin 3-galactoside)
2	26.8	デルフィニジン 3-グルコシド (Delphinidin 3-glucoside)
3	29.4	シアニジン 3-ソホロシド (Cyanidin 3-sophoroside)
4	29.7	デルフィニジン 3-ルチノシド (Delphinidin 3-rutinoside)
5	31.1	シアニジン 3-ガラクトシド (Cyanidin 3-galactoside)
6	32.0	シアニジン3-ソホロシド-5-ラムノシド (Cyanidin 3-sophoroside-5-rhamnoside)
7	32.1	デルフィニジン 3-アラビノシド (Delphinidin 3-arabinoside)
8	35.0	シアニジン 3-サンブビオシド (Cyanidin 3-sambubioside)
9	35.6	シアニジン 3-グルコシド (Cyanidin 3-glucoside)
10	36.1	シアニジン3-サンブビオシド-5-ラムノシド (Cyanidin 3-sambubioside-5-rhamnoside)
11	37.1	ペチュニジン 3-ガラクトシド (Petunidin 3-galactoside)
12	38.0	シアニジン 3-キシロシルルチノシド (Cyanidin 3-xylosylrutinoside)
13	39.3	シアニジン 3-ルチノシド (Cyanidin 3-rutinoside)
14	40.4	シアニジン 3-アラビノシド (Cyanidin 3-arabinoside)

表2-1 同定したベリー類のアントシアニン（その2）[6]

ピーク番号	HPLC保持時間（分）	アントシアニン
15	41.4	ペチュニジン 3-グルコシド (Petunidin 3-glucoside)
16	43.3	ペチュニジン 3-ルチノシド (Petunidin 3-rutinoside)
17	44.8	ペラルゴニジン 3-ルチノシド (Pelargonidin 3-rutinoside)
18	45.3	ペオニジン 3-ガラクトシド (Peonidin 3-galactoside)
19	46.4	ペチュニジン 3-アラビノシド (Petunidin 3-arabinoside)
20	50.2	ペオニジン 3-グルコシド (Peonidin 3-glucoside)
21	50.2	マルビジン 3-ガラクトシド (Malvidin 3-galactoside)
22	51.9	シアニジン 3-キシロシド (Cyanidin 3-xyloside)
23	53.7	ペオニジン 3-ルチノシド (Peonidin 3-rutinoside)
24	54.7	ペオニジン 3-アラビノシド (Peonidin 3-arabinoside)
25	54.7	マルビジン 3-グルコシド (Malvidin 3-glucoside)
26	57.1	シアニジン3-(6''-マロノイル)グルコシド (Cyanidin 3-(6''-malonoyl) glucoside)
27	58.3	マルビジン 3-アラビノシド (Malvidin 3-arabinoside)
28	59.1	シアニジン 3-ジオキサロイルグルコシド (Cyanidin 3-dioxaloylglucoside)

(4) アサイー

学名：*Euterpe oleracea*
英名：Assai Palm

　アサイーとは，ブラジルのアマゾンに古くから自生するヤシ科の植物アサイーに生る実のことである。果実の形がブルーベリーに似ていることから，アサイーベリーと呼ばれることもあるが，アサイーはヤシの実の一種であるため，ベリー類ではない。ブラジルのアマゾン現地では種を除いたアサイーの実をすりつぶして主食として食べており，近年，ブラジルの他の地域や米国においてサプリメントやジュースに混ぜたりして利用されるようになってきた。アサイーには鉄，カルシウム，カリウムなどのミネラルのほか，多くの脂肪酸や繊維質が含まれ，栄養価が高いことからエナジーフルーツとしても注目されている[14, 15]。また，高い抗酸化性を有することも報告されている。アサイーに含まれる主要なアントシアニンは，Cy 3-glcとCy 3-rutであるが，ヒト試験の結果，アサイーに含まれるアントシアニンは体内に吸収されることと，アサイー摂取後は，血中の抗酸化能が上昇することが確認されている[16]。

(5) 紫トウモロコシ

学名：*Zea mays* LINNE
英名：Purple corn

　トウモロコシは中南米が原産地で，一属一種であるが，様々な品種がある。紫トウモロコシは古くから南米の産地で栽培されているものであり，数千年前から原住民が食用にしている。ペルーで広く飲用されているチチャモラーダ（Chicha Morada）という赤色の飲料は，このトウモロコシを水煮した汁を布ごしし，砂糖やパイナップルやリンゴなどの果物を加えたものである。よく冷やして飲まれており，酸性で発色された鮮やかな色が特徴である。

　この紫トウモロコシに含まれる主要なアントシアニンはCy 3-glcである[2]。紫トウモロコシ色素については大腸がんや乳がんの発生を有意に抑制すること

がラットを用いた動物実験により確認されている[17, 18]。

3. 分 析 法

(1) 抽 出 法

　アントシアニンは，酸性下で安定となるため，一般的には酸性溶媒で抽出する。非アシル化アントシアニンや芳香族有機酸が結合しているアシル化アントシアニンは，1％塩酸―メタノールなどの溶媒を用いることもあるが，脂肪族有機酸が結合しているアシル化アントシアニンは塩酸などの強酸により脱アシル化されることがある。そのため，1％トリフルオロ酢酸（TFA）または5％ギ酸―メタノール，5％ギ酸―50％メタノールなどの抽出溶媒を用いることが多い。通常，ホモジナイズした抽出対象とする試料に抽出溶媒を数倍量添加し，冷暗所にて一晩程度放置する。

　特に未知のアントシアニンを抽出する場合は，事前に抽出溶媒の検討を行うことが重要である。その際，アシル化アントシアニンにおいては，エステル結合している有機酸が抽出溶媒や温度によって脱離して構造変化が起こっていないことを，TLCなどによって確認することも必要である。

(2) 精 製 法

1) 粗精製法

　抽出したアントシアニンは，合成吸着樹脂を用いて粗精製を行う。合成吸着樹脂はアンバーライトXAD7（オルガノ製）またはダイヤイオンHP-20（三菱化学製）などがよく使用される。これらの合成吸着樹脂は，あらかじめ樹脂量の2～3倍量のメタノールまたはエタノールを加えて1～2時間放置後，純水を加えて洗浄を繰り返し，アルコールを完全に除いたあと，使用する。こうして純水で膨潤させた樹脂をガラスカラムに充填する。その後，抽出したアントシアニン溶液をカラム上部から通してアントシアニンを樹脂に吸着させ，純水

を流して樹脂に未吸着の成分を洗い流す。吸着したアントシアニンは，1％TFA－メタノール，5％ギ酸－エタノールなどの溶媒で溶出し，エバポレーターで減圧濃縮し，凍結乾燥を行うことで粗アントシアニン色素粉末を得ることができる。

2）分画と精製

a）ゲルろ過カラムクロマトグラフィー　セファデックスLH-20（ファルマシア社製）はアントシアニンの分画，精製によく用いられている。この樹脂は吸着的な性質も有しており，効果的に用いることができる。一般には，メタノールまたはエタノールに膨潤させた樹脂をカラムに充填させ，粗精製したアントシアニン色素をカラムの上部に添加し，色素を溶出する。分離した色素のバンドを分取し，各バンドのフラクションをエバポレーターで減圧濃縮し，凍結乾燥を行うことで精製色素粉末を得ることができる。

b）薄層クロマトグラフィー（TLC）　TLCによってアントシアニンを精製する場合，Kieselgel-G（Merck製）などの担体を塗布したプレートに粗精製アントシアニン粉末を溶解させた試料溶液を線状に塗抹する。様々な展開溶媒が提唱されているので（表2－2），分画前に予備検討をしておくとよい[19]。展開は暗所で行い，アントシアニン色素のバンドをスパチュラなどで削り取る。削り取ったバンドは，1％TFA－メタノールなどの溶媒で色素を抽出し，ガラスフィルターで吸引ろ過する。その後，ろ液に20倍量のジエチルエーテルを加えて冷暗所で色素を沈殿させる方法も提案されている[19]。

表2－2　アントシアニンの薄層クロマトグラフィー用展開溶媒[19]

	展開溶媒組成
アントシアニジン用	酢酸/濃塩酸/水（30：3：10）
	ギ酸/濃塩酸/水（5：2：3）
	n-ブタノール/酢酸/水（4：1：5，上層）
	n-ブタノール/2M 塩酸（1：1，上層）
	酢酸/濃塩酸/水（5：1：5）
アントシアニン用	n-ブタノール/酢酸/水（4：1：5，上層）
	n-ブタノール/酢酸/水（4：1：2）
	n-ブタノール/2M 塩酸（1：1，上層）
	酢酸/濃塩酸/水（15：3：82）
	酢酸/水（98：2）

c）高速液体クロマトグラフィー（HPLC）　粗精製したアントシアニン粉末を0.5%TFA溶液などに溶解させ，0.2～0.45μmのセルロースアセテートフィルターに通して，HPLC用分取試料とする。HPLCでの分取は，通常の市販の逆相のODSカラムを用いるが，内径20mm程度のものが，一度に多量の試料の分離ができるので使いやすい。溶離液として，0.1%のTFAまたはギ酸を添加したアセトニトリル/水系を用いるが，酸濃度を上げたほうが良好な分離を示すことが多い（例えば0.5%TFA）。その場合には，カプセルパックACR（資生堂製）などの酸に耐性の高いカラムを用いる必要がある。そして，520nm前後の可視吸収で色素をモニターして目的ピークを分取し，エバポレーターで減圧濃縮し，凍結乾燥を行うことで精製色素粉末を得ることができる。

(3) 定性および定量法

1）TLCおよびHPLCによる定性

　アントシアニンの標準品が入手可能な場合，精製したアントシアニン色素をTLCのRf値またはHPLCの保持時間と比較することにより，定性分析が可能である。TLCの展開溶媒は表2-2を参照願いたい。確実に定性するためには，1種類の展開溶媒だけを用いるのではなく，複数の展開溶媒を用いることが望ましい。

　HPLC分析の場合，市販の逆相ODSカラムを用いる。溶離液は0.1%～0.5%のTFAまたはギ酸を添加したアセトニトリル/水系，あるいはメタノール/水系を用いる。アントシアニンは520nm前後でモニター可能であるが，フォトダイオードアレイ検出器（PDA検出器）があれば，多波長での検出ができるので，ピークの同定には非常に大きな威力を発揮する。

2）核磁気共鳴（NMR）および質量分析（MS）による定性

　現在，有機化合物の構造解析を行う際，核磁気共鳴（NMR）と質量分析（MS）はなくてはならない分析法になっている。アントシアニンの構造解析を目的とした場合にも当然用いられている。

3. 分析法　43

　アントシアニンをNMR測定する場合，重メタノール溶液で1％程度のTFA-dあるいはDClで酸性にした溶媒がよく用いられる．TFAを用いた場合，それ由来のNMRシグナルも得られるので注意が必要である．特に，C－Fのカップリングが大きいので，^{13}C-NMRスペクトルでは，116 ppm付近に$^1J_{CF}$＝284 Hz，159 ppm付近に$^2J_{CF}$＝42 Hzの四重線がそれぞれ現れる．また，時間が経つと，CF$_3$COOCD$_3$が生成し，CF$_3$は＋0.6 ppm，C＝Oは＋1.1 ppmシフトした位置に同じ形の四重線が，CD$_3$は＋5.4 ppmの位置に重メタノールのCD$_3$（49 ppm）と同じ形のシグナルが出る．また，マロニル基を有するアントシアニンの場合，そのメチレンシグナルはサンプル調製直後には，δ_H 3.3およびδ_C 42 ppm付近に現れるが，徐々に溶媒中の重水素と交換してシグナルが消失する．

　アントシアニンの質量分析（MS）は，もともと化合物自体が正電荷を持っているため（分子量は奇数になる），FAB（Fast Atom Bombardment）やESI（Electro Spray Ionization）で測定すると，M$^+$が検出される．また，グリコシド結合のところで，開裂したフラグメントイオンが得られる[20]．図2－3に，アシル化アントシアニン（マロニルアオバニン：malonylawobanin）のフラグメントイオンの例を示した．この化合物の場合，分子イオンピーク（M$^+$）としてm/z 859が，フラグメントイオンとしては，malonyl Glcが脱離したm/z 611，p-coumaroyl Glcが脱離したm/z 551が観測される．また，両方のグリコ

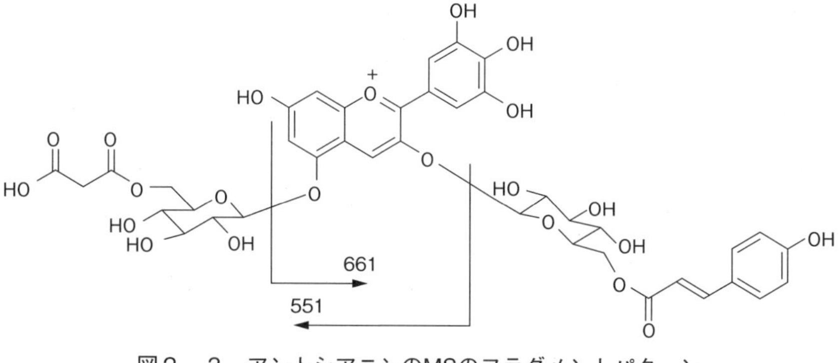

図2－3　アントシアニンのMSのフラグメントパターン

シド結合のところで開裂したアグリコンの m/z 303のフラグメントイオンも観測される。

3）加水分解による定性

この方法は，およその確認はできるが確実な定性分析には向いていない。実際には精製アントシアニンを1 mol/Lの塩酸に溶解し，湯浴上で1時間加熱加水分解し，アグリコン，糖，有機酸に分解する。アグリコンは有機溶媒に転溶させ，糖は水層より分離し，TLCによって標準品と比較する。

4）定量法

アントシアニンを含む抽出溶液は，赤や紫などの色を呈するので，抽出溶液を分光光度計によって500～530 nmでの吸光度を測定することで，アントシアニン濃度を調べることができる。しかし，大部分の植物試料は単一のアントシアニンとして含まれているのではなく，複数のアントシアニンを含む場合が多いので，その場合は個々のアントシアニン濃度を知ることはできない。したがって，個別のアントシアニンに関する定量分析値を得るには，一般にはHPLCを用いて定量分析を行う。

HPLCによる定量分析を行うには，標準品が必要である。標準品は，市販のアントアシニンまたは単離，精製して純品とした化合物を用い，検量線を作成する。定量対象とする試料は，検量線作成の場合と同様の条件で分析する。その場合，定量対象とする化合物のピークは他ピークと重なることがなく，良好な分離を示していることが必要である。そして，標準品のHPLCクロマトグラムの面積値と比較して計算し，定量値を得る。

近年，MSによる定量分析も可能になってきた。MSを用いて定量する場合，通常，三連四重極型の装置を用いる。この場合も標準品が必要である。標準品の分子イオンピークまたはフラグメントピーク量と比較することで，対象とするアントシアニンの定量値を求める。

文 献

1) 寺原典彦, 太田英明, 吉玉国二郎：アントシアニンの性質. アントシアニン-食品の色と健康-（大庭理一郎, 五十嵐喜治, 津久井亜紀夫編), 建帛社, 2000, p1-38.
2) 中林敏郎：アントシアニン類. 食品の変色の化学（木村進, 中林敏郎, 加藤博通編), 光琳, 1995, p18-29.
3) 三浦周行：アントシアニン. 新・食品分析法（日本食品科学工学会, 新・食品分析法編集委員会編), 光琳, 1996, p653-660.
4) 津久井亜紀夫, 林一也：アントシアニンの原料および食品加工利用. アントシアニン-食品の色と健康-（大庭理一郎, 五十嵐喜治, 津久井亜紀夫編), 建帛社, 2000, p88-92.
5) Lätti A.K., Riihinen K.R., Kainulainen P.S.: Analysis of anthocyanin variation in wild populations of Bilberry (*Vaccinium myrtillus* L.) in Finland J Agric Food Chem 2008 ; 56 ; 190-196.
6) Ogawa K., Sakakibara H., Iwata R. et al : Anthocyanin composition and Antioxidant activity of the Crowberry (*Empetrum nigrum*) and other berries. J Agric Food Chem 2008 ; 56 ; 4457-4462.
7) Määttä K. R., Kamal-Eldin A., Törrönen A. R.: High-performance liquid chromatography (HPLC) analysis of phenolic compounds in berries with diode array and electrospray ionization mass spectrometric (MS) detection : *Ribes* species. J Agric Food Chem 2003 ; 51 ; 6736-6744.
8) Zafra-Stone S., Yasmin T., Bagchi M. et al : Berry antocyanins as novel antioxidants in human health and disease prevention. Mol Nutr Food Res 2007 ; 51 ; 675-683.
9) Seeram N. P.: Berry fruits : compositional elements, biochemical activities, and the impact of their intake on human health, performance, and disease. J Agric Food Chem 2008 ; 56 ; 627-629.
10) Wu X., Prior R. L.: Systematic identification and characterization of anthocyanins by HPLC-ESI-MS/MS in common food in the United States : fruits and berries. J Agric Food Chem 2005 ; 53 ; 2589-2599.
11) Will F., Dietrich H.: Optimised processing technique for colour- and cloud-stable plum juices and stability of bioactive substances. Eur Food Res Technol 2006 ; 223 ; 419-425.
12) Sukwattanasinit T., Burana-Osot J., Sotanaphun U.: Spectrophotometric method

for quantitative determination of total anthocyanins and quality characteristics of roselle (*Hibiscus sabdariffa*). Planta Med 2007 ; 73 ; 1517−1522.
13) Ali B.H., Ai Wabel N., Blunden G. : Phytochemical, pharmacological and toxicological aspects of *Hibiscus sabdariffa* L. : a review. Phytother Res 2005 ; 19 ; 369−375.
14) Del Pozo-Insfran D., Brenes C.H., Talcott S.T. : Phytochemical composition and pigment stability of Açai (*Euterpe oleracea* Mart.). J Agric Food Chem 2004 ; 52 ; 1539−1545.
15) Schauss A.G., Wu X., Prior R.L. et al : Phytochemical and nutrient composition of the freeze-dried amazonian palm berry, *Euterpe oleracea* Mart. (açai). J Agric Food Chem 2006 ; 54 ; 8598−8603.
16) Mertens-Talcott S.U., Rios J., Jilma-Stohlawetz P. et al : Pharmacokinetics of antocyanins and antioxidant effects after the consumption of ahthocyanin-rich acai juice and pulp (*Euterpe oleracea* Mart.) in human healthy volunteers. J. Agric Food Chem 2008 ; 56 ; 7796−7802.
17) Hagiwara A., Miyashita K., Nakanishi T. et al : Pronounced inhibition by a natural anthocyanin, purple corn color, of 2-amino-1-methyl-6-phenylimidazo [4, 5-b] pyridine (PHIP) associated colorectal carcinogenesis in male F344 rats pretreated with 1, 2-dimethylhydrazine. Cancer Lett 2001 ; 171 ; 17−25.
18) Fukamachi K., Imada T., Ohshima Y. et al : Purple corn color suppresses Ras protein level and inhibits 7, 12-dimethylbenz [a] anthracene-induced mammary carcinogenesis in the rat. Cancer Sci 2008 ; 99 ; 1841−1846.
19) 津久井亜紀夫：アントシアニン（アントシアニジン類）．新・食品分析法（Ⅱ）（日本食品科学工学会，食品分析研究会編），光琳，2006，p99−110.
20) Flamini R. : Mass Spectrometry in grape and wine chemistry. Part 1 : polyphenols. Mass Spectrom Rev 2003 ; 22 ; 218−250.

第3章　花の色とアントシアニン

吉田　久美[*]
近藤　忠雄[*]

1．はじめに

　花色は，植物の示す様々な現象のうちで人間にとって最も印象的なものの一つといえよう。実際の花色本来の機能としては，虫や鳥類を魅きつけて花粉を媒介させ次世代を残すことである。さらに最近の研究からその生物機能は，虫媒などにとどまらず，むしろ，移動することのできない植物が強い紫外光に耐えて生存し，かつ子孫を残すための紫外線防御機能，様々なストレス（低温，乾燥，病害虫など）に対応するための抗酸化性機能と考えられることも明らかになってきた。

　花色を担う化学物質としては，花色素とも別称されるアントシアニン類（青色のという語源を持つ）が最も代表的なものである。それ以外にもマリーゴールドやバラなどの黄色から橙色を発色するカロテノイド類，赤から赤紫色を示す，ブーゲンビリアやマツバボタンの色素であるベタレイン類がある。著者らは，花色発現の化学的根拠を明らかにして，生きた花弁の中でどのような仕組みにより色が発色するか，それにはどんな生物機能性が備わっているかについて研究を進めている。本章では，花色素アントシアニンによる発色機構の化学的解明研究の最近の進歩について述べる。色素としては，最も多彩な発色を示すアントシアニンに絞って，まず，花の色の研究がどのように行われてきたのか，次いで，現在の花色研究の手法を紹介した後，青色の花色を中心に，その発色機構の詳細を記述する。

---

[*]名古屋大学大学院情報科学研究科

2. 花色の化学研究の歴史

前述のように，色は直截的に五感に訴える生命現象である上，色素は，染料や着色料としても有用なため，近代の有機化学研究の始まった早い時期より研究対象とされてきた。花色素アントシアニンも，19世紀後半以降20世紀半ばに到る間に，活発に化学研究が行われ，発色のほとんどは解明されたものと一時期思われていた。アントシアニンは，水溶性で加熱に対しても中性pH条件下でも不安定なため，当時は染料・着色料としての用途はほとんどなかった。しかし，多彩な色を発色するという性質から，当時の著名な化学者らがこぞって研究対象とした。その結果，アントシアニンが，アントシアニジンと呼称される発色団を持つ一群の配糖化分子であることが明らかになった。天然に存在するアントシアニジンは，3, 5, 7, 4'-テトラ-O-ヒドロキシ-2-フェニルベンゾピリリウムを基本構造として持ち，そのB環部位にヒドロキシル基やメトキシ基が0〜2個置換されている（図3−1）。天然に存在する主要な発色団は，置換様式のわずかに異なるたった6種類である[1−4]。そして，植物中のアントシアニンは必ず配糖化されており，糖は通常，発色団上のヒドロキシル基に結合する。この糖鎖はさらに配糖化，あるいはアシル化されている場合もある。糖は，グルコースだけでなく，ガラクトース，ラムノース，アラビノース，キシロースなどと多岐にわたる。有機酸は，芳香族酸のとしては，p-クマル酸やカフェ酸などのケイ皮酸誘導体とp-ヒドロキシ安息香酸，飽和脂肪酸誘導体としては，酢酸，マロン酸，コハク酸，リンゴ酸などがある。

しかし，構造の類似したわずか6種類の発色団から赤から紫さらに青色までの多彩な色（吸収波長にして500 nmから600 nmを超える光を吸収する）が発色する機構については，大いなる疑問とされた。しかも，花弁を搾って得た色素液は速やかに退色してしまい，なぜ，生きた花びらでは安定であるのかについても，不思議なこととされた。そして，当時から現在まで，この2つの疑問に対して，様々な説が提唱され，かつ，実証されてきた。ただし，未だ，すべ

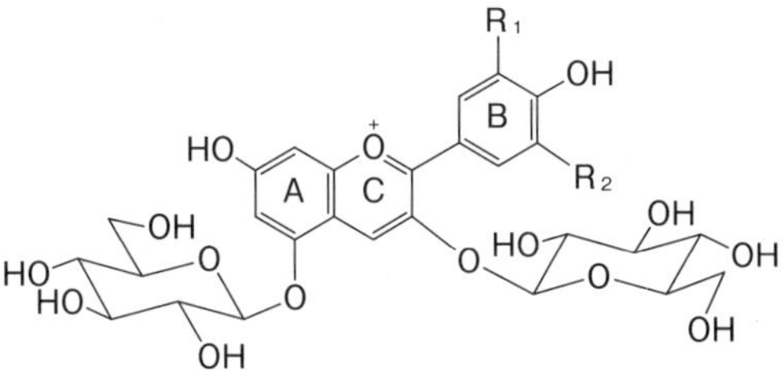

2. 花色の化学研究の歴史　49

R₁	R₂	発色団	アントシアニン
H	H	ペラルゴニジン	ペラルゴニン
OH	H	シアニジン	シアニン
OCH₃	H	ペオニジン	ペオニン
OH	OH	デルフィニジン	デルフィン
OCH₃	OH	ペチュニジン	ペチュニン
OCH₃	OCH₃	マルビジン	マルビン

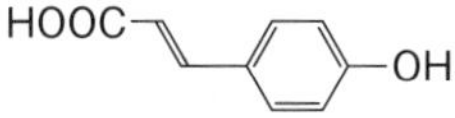

p-クマル酸

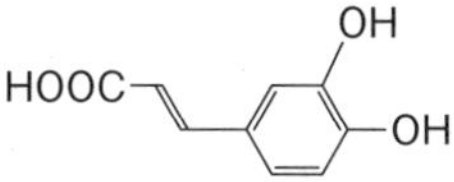

カフェ酸

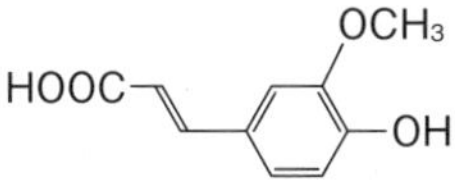

フェルラ酸

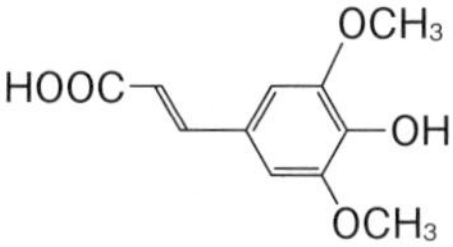

シナピン酸

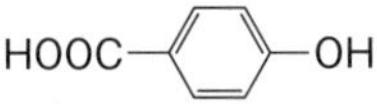

p-ヒドロキシ安息香酸

マロン酸

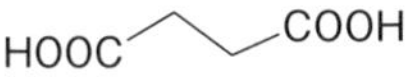

コハク酸

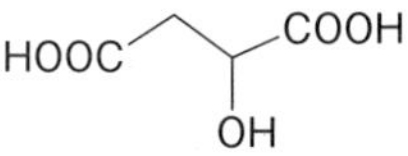

リンゴ酸

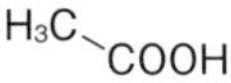

酢酸

図3－1　天然に存在するアントシアニンの発色団の構造
　　　　発色団とB環の置換様式および糖鎖に結合する有機酸の種類を示した。

ての花の色について，解明し尽くさているわけではない。

　花色研究の興味はほとんどこの2つの問題の解明に尽きるともいえ，20世紀の初めから現在に至るまで多くの説が提唱されてきた。最も古くは，先述したWillstätterが提唱したpH説である[5]。彼は，青色のヤグルマギク花弁の色素と赤いバラ花弁の色素がいずれも同じシアニンであること，さらに，取り出したシアニンを酸性水溶液とすると赤色，塩基性水溶液では青色とpHにより色を変化させることを観察して，青色の花の細胞は塩基性，赤色の花の細胞は酸性であると考えた[5]。実際に，アントシアニンは，溶液のpHによって分子構造を変化させ，赤から，紫，青色と連続的にその色を変える（図3-2）[1,2,6-8]。しかし，青色花色が細胞のアルカリ性によるとの点について，柴田桂太，柴田雄次らが反論した。植物生理学の立場から「生きた花の細胞液が塩基性になることはあり得ない」と考えたためである。そして，青色発色は，アントシアニンが金属錯体となったためとする説を提出した[9]。これは，ケルセチンを金属マグネシウムで還元して得たアントシアニン溶液が青色となること，これがアントシアニンのMg錯体であると考えたことを根拠とする。その後，pH説と金属

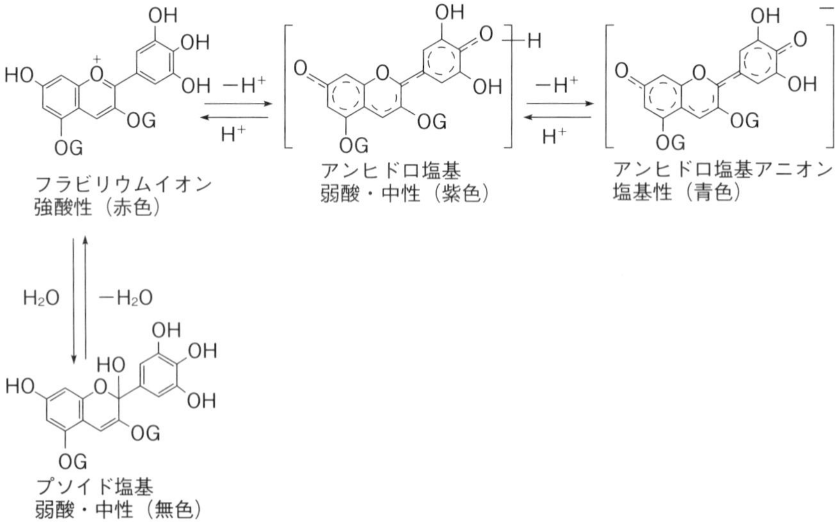

図3-2　アントシアニンのpHによる色と構造の変化
Gはグルコースを示す。

錯体説との間の論争は数十年以上続いた。

　一方，1920年代から30年代にかけて，Robinsonらが，アントシアニンモノグルコシド，ジグルコシド類のほとんどを合成し，その構造を確定した[10-12]。さらに無色の植物成分（フラボノール類，糖，アミノ酸など）が細胞内に共存することにより，アントシアニンの発色を変化させ，また，安定化させるとする助色素説（コピグメント説）を提唱した[13]。日本では，金属錯体による青色花色発現の実証を目指した研究が継続された。これは，ツユクサ花弁色素コンメリニンがメタロアントシアニン（自己組織化超分子金属錯体色素）であることの発見と，多数の植物色素の調査と構造解明につながった[1]。この時点で，化学研究は一応の完成をみたと認識された。すなわち，単純な色素についてはほとんどの構造が確定した。一方，複雑な構造の多アシル化アントシアニンや超分子金属錯体色素のメタロアントシアニンの研究は，技術上の問題で未だ実施不可能であった。

　その中で1970年代以降，Asenらは，独自に研究を展開し，アントシアニンの吸光度に濃度依存性を見いだし，色素の自己会合による安定化説を提出した[14]。また，Brouillardらのグループは，アントシアニンのpHによる構造変化の速度論的研究を行い，図3-2に示すように，すべての分子種が平衡下にあり，水和退色反応は，フラビリウムイオンを経由して起きることを明らかにした[15]。斎藤らは，いくつかの青色の花の色素が，分子内コピグメンテーションにより安定化されていると提案した[16]。

　その後の研究の大きな進展は，1970年代後半に起きた。現在では常法となっているNMR，MS，HPLCを利用した化学構造研究が，複雑なアントシアニンに適用され始めた。1978年には，アントシアニンの^{1}H-NMRによる構造決定が行われ[2]，分解反応によらない構造決定が可能となった[2]。アントシアニンの分析や精製が，HPLCの利用で高感度，高分離能で可能となった。これらの研究手法の発達により，1990年代までには，色素の分析，単離，構造決定（フラビリウムイオン型での）の手法についての問題点はほぼ解決され，アントシアニンの構造報告は飛躍的に増加した。後藤，近藤らのグループは，従来提唱

されてきた．自己会合，コピグメンテーション，そして分子内コピグメンテーションのいずれも，芳香環同士の疎水相互作用に基づく分子会合の概念で説明できることと，このような会合体の形成によって，アントシアニンの発色団が水和退色反応から護られ，色を安定に保つことができると考えた．このメカニズムを分子内に有し，その上金属錯体の形成による青色発色を実現している色素として，1992年にコンメリニンのX線結晶構造が解明された[17]．さらに，これに続き，ヤグルマギクの花弁色素の構造と発色機構も明らかになった[18]．また，多量の純粋な色素の単離が可能となったことから，機能性研究が格段に進んだ．現在では，これらの単離・構造決定法が化学のみならず，植物学，遺伝学，食品学，医・薬学などアントシアニンを研究対象にするすべての分野で，世界標準として用いられている．

3. 花色発現研究の新しい手法[7,8]

　アントシアニン水溶液の色は，一般的には，B環上のヒドロキシル基やメトキシ基といった置換基の数の増加とともに長波長シフトし，青色化する．しかし，これは同じpH条件下における比較であり，この理由だけから花の色が赤から，紫，青色へと連続的に変化することを説明できない．実際，B環の3'位と5'位がヒドロキシル化されたデルフィニジンは中性水溶液中で紫色を示す．
　従来の化学研究は，花弁組織全部を強酸性条件で抽出して単離・精製と構造決定が行われてきた．したがって，得られた色素はすべて，フラビリウムイオン型の赤色の分子種である．これに対し林らは，花から中性条件下で色素を抽出し，これを「ジェニュインアントシアニン」と称した[1]．この色素の分析を行うことにより，共存する発色に必要な成分の特定がはかられた．しかし，他成分の混入なども起こり，明確な分析結果は得られなかった．
　花弁組織を観察すると，アントシアニンは組織すべての細胞に存在することはまれで，ほとんどの場合，着色しているのはその一部である．通常花弁では向軸側，背軸側の両表層細胞だけが着色する（図3-3）．また，まれにアジ

サイ（花のように見える部分は実はガク片）のように2層目に色素細胞が分布する例がある。いずれの場合もアントシアニンはこの着色した細胞の液胞内に局在する。アントシアニンを蓄積する成熟した細胞では，液胞が細胞体積のほとんどを占め，ほぼ細胞全体が着色しているように見える。

　従来の花色素の研究は，色素の組織内分布を考慮せずに行われてきた。しかし，近年の分析技術の向上によりミクロ化は格段に進んだ。同時に，一細胞科学や一分子可視化技術などの進展により，平均値としてではなく，個々の細胞の機能解明という方向性が明確に打ち出されてきた。この視点に立つ，in vivo 花色発現機構の解明が実行できる時代になった。これは図3-3のような手順で行う方法である。まず，花弁組織をセルラーゼとペクチナーゼで処理し，着色細胞の色を損なうことなくプロトプラスト化する。調製した細胞群から，1つの細胞を選択して，その細胞の色を測定する。現在，これは，光束を10μm以下にした顕微分光分析により可能である。その後，選択した細胞は，液胞pH測定や化学分析用に用いる。液胞pH（液胞内水素イオン濃度）やその他の各種イオンの濃度は，Felleらが開発した細胞内微小電極法により測定でき

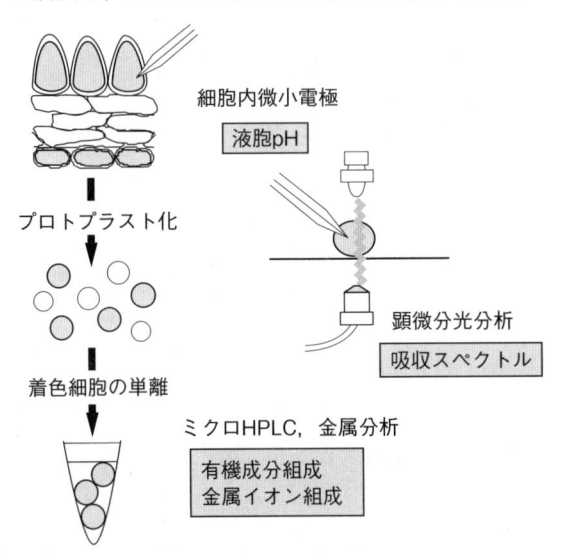

図3-3　花弁組織の構造模式図と細胞内天然物化学（一細胞分析）による花色発現研究

る。先端口径が 1 μm 以下の二重管式の pH 電極を作成し，片方に KCl 水溶液，もう一方にプロトンイオノフォア充填して，膜電位と pH が測定できる。実質的には先述のように，液胞が体積のほぼ全体を占めるため，液胞 pH 値が得られる。着色細胞内の無機・有機成分の分析は，様々なミクロ HPLC システムにより可能である。アントシアニンや助色素類の液胞内濃度はかなり高く，10 mM 程度のため，内径 0.1〜0.15 mm の逆送カラムを用いれば，定量分析が可能である。無機イオン成分については，今後はキャピラリー電気泳動-質量分析などの手法でも可能となるであろう。

　こうして得られた液胞内の成分とその環境条件のデータをもとにアントシアニンと金属イオンや助色素類を試験管内で混合して，花の色の再現が可能か否かを調べる。得られた再構築色素は，各種の機器分析手段により，細胞内と同じかどうかを検証する。この細胞分析と試験管内化学合成の組み合わせによって，花色の発現機構の解明ができる。

4．メタロアントシアニンによる青色発色

　メタロアントシアニンとは，1957年に林孝三が提唱した概念である[1, 19]。多くの青色の花の分析を続けた結果，林らは，青色のツユクサ（*Commelina communis*）花弁から中性のまま色素を取り出して結晶化することに成功し，これをコンメリニンと命名するとともにアントシアニン以外にフラボンとマグネシウムを含むことを明らかにした[19]。そして，この複合型の色素をメタロアントシアニンと呼んだ。メタロアントシアニンは，共有結合でできあがった分子ではないため，水で希釈すると会合が解けてばらばらになる。単分子状態になったアントシアニンは，すぐさま水和されて退色するため，化学研究は難航した。その後，メタロアントシアニンが，構成成分を混合することで独りでに組み上がる（再構築可能）ことや，その組成がアントシアニン 6 分子，フラボン 6 分子と金属イオン 2 原子であることが，後藤らの研究で明らかになった。そして，1992年にコンメリニンのX線結晶構造解析に成功し，精密化学構造の

4. メタロアントシアニンによる青色発色   55

解明と青色発色機構の解明がなされた[17]。

その後,ヤグルマギク色素プロトシアニンのX線結晶構造も提出され[20],現在では,メタロアントシアニンにより青色を発色する花は,5種類知られている。

(1) ツユクサ花弁の発色

メタロアントシアニンは一般に,水にしか溶けない一方で薄めると速やかに分解する。ツユクサの栽培品種であるオオボウシバナ花弁の青色色素は,この化学的性質を巧みに利用して,現在でも高級な手描き友禅の下絵を描くための染料として用いられる。一方,この性質は,花弁から純粋な色素を取り出すことを非常に困難にする。そこで,花弁に含まれる成分を単離・構造決定し,これらを混合することによる青色の再現を行うという研究手法がとられ,初めて,構成成分が特定された。

ツユクサ花弁には,ほぼ1種類の,アントシアニン成分としてマロニルアオバニン(図3-4)[21],1種類の配糖化フラボンのフラボコンメリンが存在し,微量アントシアニンとして,マロニルシスアオバニンが検出された。主アントシアニンと主フラボンを様々な金属イオンと混合してコンメリニンの再構築が

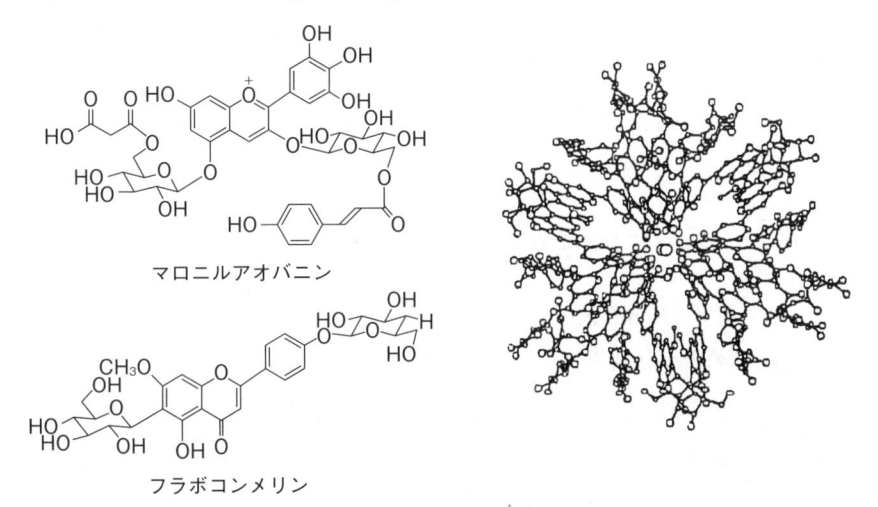

図3-4 ツユクサ青色花弁色素コンメリニンの構成成分(左)とX線結晶構造解析により解明された精密立体分子構造(右)

試みられた結果,マロニルアオバニン-フラボコンメリン-マグネシウムイオンの組み合わせにより,花弁と同じ青色の色素が得られた。さらに,カドミウムイオン,マンガンイオン,亜鉛イオンなどを加えた場合にも,若干吸収波長が異なるものの,同様の会合分子が得られた。これらはいずれも,HPLC,核磁気共鳴スペクトル,円二色性など様々な化学機器分析手段により,アントシアニン分子6個,フラボン分子6個および金属イオン2原子から構成されることが明らかになった。質量分析では,従来の高エネルギーイオン化法ではコンメリニンのような会合分子はばらばらになってしまうのに対し,エレクトロスプレーイオン化法の適用により,超分子のままでの分子量測定が可能となった[22]。

コンメリニンの精密化学構造は,単結晶を用いたX線結晶構造解析により,最初はカドミウム型のコンメリニンで,次いで天然のマグネシウム型のコンメリニンで明らかになった[17]。

コンメリニンにおいては,マロニルアオバニンの母核B環の3'位,4'位のヒドロキシル基がマグネシウムイオンと錯体形成してアンヒドロ塩基アニオン型となっており,ここに初めて,金属錯体形成による青色発色機構が実証された。さらに,この構造は,分子内に存在する強固な3種類の分子会合(アントシアニン同士の左旋的自己会合,フラボン同士の左旋的自己会合およびアントシアニンとフラボンの右旋的コピグメンテーション)により安定化され,分子内部はほとんど隙間のないほどに芳香環同士が会合し,外側を親水性基が取り囲む精密構造が判明した。

(2) ヤグルマギク花弁の発色

ヤグルマギク(*Centaurea cyanus*)の青色花弁色素プロトシアニンは,最初にpH説提唱の実験材料となった色素である。この色素についても,ツユクサで用いられたと同様の手法で,まず構成成分が決定された。構成アントシアニンは,Willstätterが報告したシアニンではなく,コハク酸が一残基結合した構造であった[23]。さらに,フラボン成分もマロニル化されており,両成分の構造が訂正された[23]。金属イオンは,3価鉄イオンと2価マグネシウムイオン1原

子ずつと決定された。様々な2価，3価の金属イオンを用いたプロトシアニン様超分子の形成実験により，常磁性の3価金属イオンを1原子持つ錯体だけが青色を呈することがわかった[24]。反磁性のAl^{3+}とMg^{2+}から形成された錯体やZn^{2+}だけから形成した超分子は紫色しか示さなかったが，超分子の構造自体はほぼ同一と考えられた[24]。

そこで，Al^{3+}-Mg^{2+}型の再構築プロトシアニンを用いて，核磁気共鳴スペクトル解析による，会合様式の解析がなされた。ほぼコンメリニンと同様の超分子であることが明らかになった。プロトシアニンの構成アントシアニンは，ツユクサのアントシアニンと比べ，B環上のヒドロキシル基が一残基少ないシアニジンである。そして，この発色団は，常磁性金属イオンと錯体形成して初めて，青色発色する。650 nmの吸収帯は，LMCT（リガンド＝アントシアニジンから金属イオン＝3価鉄イオン への電荷移動）によるものである[24]。

その後，プロトシアニンについてもX線結晶構造解析が行われ，ほぼコンメリニンと同様の構造を取ることが実証された[20]。

(3) その他の花におけるメタロアントシアニン類

青色花弁からのメタロアントシアニンの探索により，現在までに青色サルビア（*Salvia patens*）のプロトデルフィン[25]，別種の青色サルビア（*Salvia uliginosa*）のシアノサルビアニン[26]，および青色ネモフィラ（*Nomephila menziesii*）のネモフィリンがこのような超分子色素であることが明らかになった。いずれも，アントシアニン，フラボン，金属イオンの構成比が6：6：2の化学両論量的超分子である。これらのメタロアントシアニンは，構成成分をある条件下で混合するだけで，集合して超分子構造を構築する。しかも，その際には極めて厳密なキラル構造認識がなされ，適合する分子だけが選び取られる。一方で，この超分子を構築する分子間力，原子間力のそれぞれは疎水結合，配位結合，水素結合と弱い。したがって，水溶液を希釈するだけで，各成分は解離してしまう。

このキラル会合は，アントシアニンとフラボンに存在する糖のキラリティに

発生源を持つ。メタロアントシアニンを構成するフラボンは，そのすべてが分子の両端に糖を結合した構造を持つ。これらの糖の6員環がつくる平面は，フラボン骨格とはほぼ直角になると安定であることが計算化学から支持される。この三次元構造を取ったときに，糖同士がぶつかり合わないように，かつ，フラボン環同士が疎水相互作用により面対面に近接して重なるように会合した結果が，ねじれた，左旋的な自己会合といえる。さらに，このキラル会合は，L-グルコースを結合させたフラボンの化学合成と超分子の再構築実験により確認された[27]。

5. 多アシル化アントシアニンと花色

アントシアニンの中には，弱酸性から中性の希薄水溶液中でも，非常に安定に色を保つものがある。青色花弁に多く見いだされるこのようなアントシアニンが，いずれも分子内に複数個の芳香族有機酸を持つことから，分子内会合による安定化機構が推定された（図3-5）[2, 6-8]。このような色素を多アシル化アントシアニンと呼ぶ。1980年代以降，高極性物質の質量分析法の開拓と高分解能NMRの発展によって，多アシル化アントシアニンの直接の構造決定が可能となった。現在では，分子量2,000以上の色素についても，容易に分子量決定が可能で，様々な一次元，二次元の核磁気共鳴スペクトル測定を組み合わせることにより，母核と糖の結合，糖とアシル基の結合を一義的に決定できる。その上，距離や結合角の情報を得て計算機支援コンフォーメーション解析を実行することにより，多アシル化アントシアニンの芳香族酸残基が分子内会合した高次構造も明らかになった。

(1) リンドウ花弁の色素

リンドウ（*Gentiana grandiflorum*）の青色花弁色素ゲンチオデルフィン[29]はpH6の緩衝液中でも青色を呈し，1日後も青色は保たれる。また，その発色に金属イオンは全く関与しない。発色団はデルフィニジンで，カフェ酸を2

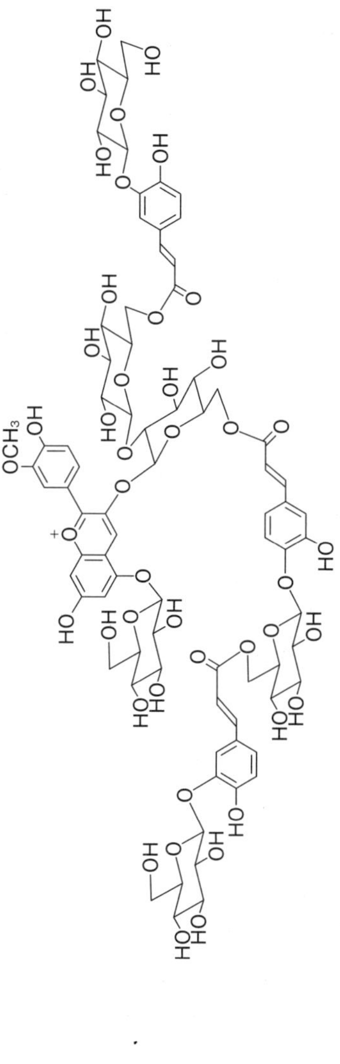

5. 多アシル化アントシアニンと花色　59

ヘブンリーブルーアントシアニン（空色西洋アサガオ）

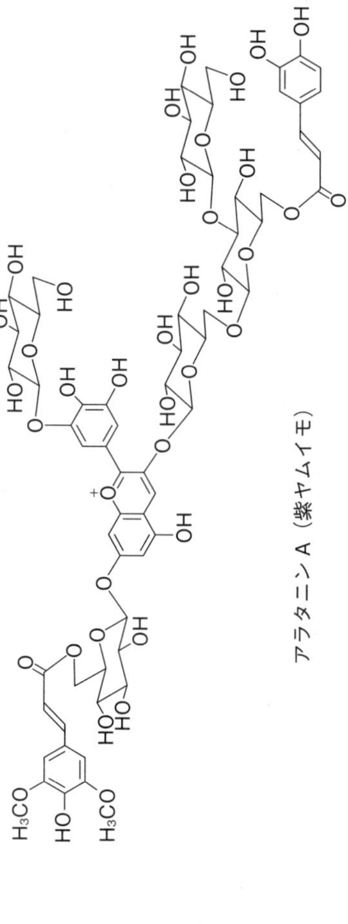

アラタニン A（紫ヤムイモ）

図3-5　多アシル化アントシアニン類の構造とその分子内会合構造（その1）

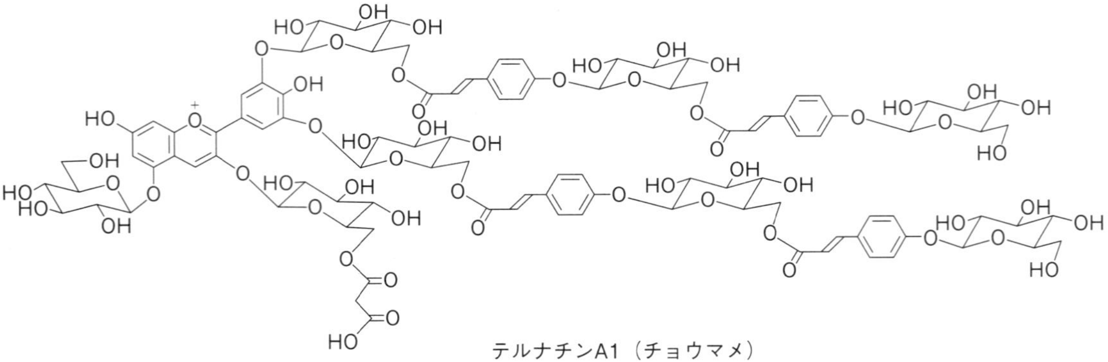

60　第3章　花の色とアントシアニン

テルナチンA1（チョウマメ）

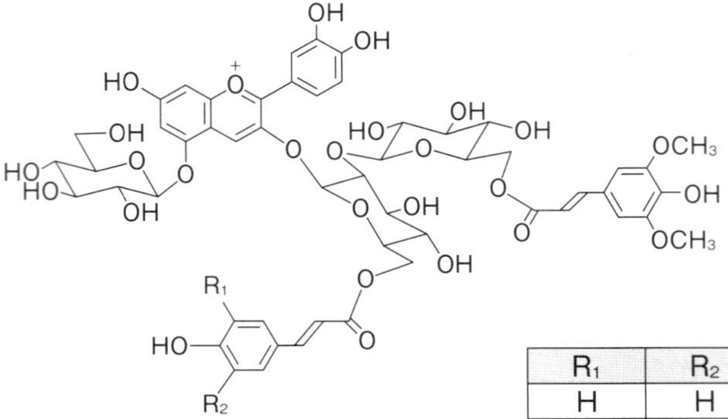

ルブロブラシン（紫キャベツ）

R_1	R_2
H	H
H	OCH_3
OCH_3	OCH_3
OCH_3	OCH_3

図3－5　多アシル化アントシアニン類の構造とその分子内会合構造（その2）

残基含む。カフェ酸化カルボニル炭素を介したつながりをHMBC測定により決定することができ[29]、母核プロトンとカフェ酸のプロトン間の遠隔NOE解析を行うことにより、両残基間の距離情報が得られた。さらに、糖の6位の結合定数よりC5-C6間の二面角のデータを導き出すことができる上、母核に結合した糖は、特定の母核プロトンと強いNOEが観測され、グリコシル結合が自由回転するのでなく、一定のコンフォーメーションを取ることも示唆される。これらの情報を束縛条件としてコンフォーメーションの最適化を行うことにより、強酸性メタノール溶液下ではあるものの、芳香族有機酸が発色団に分子内会合した構造が初めて得られた。2つあるカフェ酸のうち、B環上のグルコースに結合した側だけが母核に分子内会合する（図3-6）[29]。さらに、この2

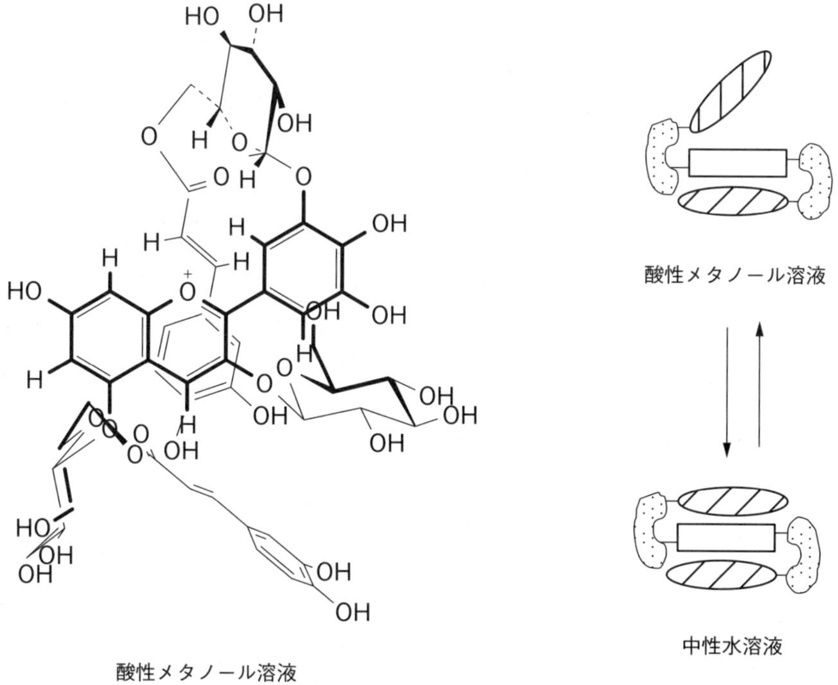

酸性メタノール溶液

中性水溶液

図3-6 ゲンチオデルフィンの酸性メタノール中の分子内会合構造
B環上のグルコースの結合したカフェ酸が母核に対し裏側から会合している。5位グルコース上のカフェ酸は母核と会合しない。しかし、中性水溶液中では、両カフェ酸が分子内会合しているものと推定される。

つのカフェ酸残基の会合の強さと青色化への寄与は異なることが，部分加水分解したモノデアシルゲンチオデルフィンを用いた実験により明らかになった[30]。B環の糖に結合したカフェ酸は，5位の糖のカフェ酸よりも寄与が大きい。しかし，いずれのモノデアシル体も，ジアシル体であるゲンチオデルフィンよりも安定性は低く，中性水溶液中での青色発色と安定化には両方のカフェ酸が必要であった。

(2) チョウマメ花弁の色素

チョウマメ（*Clitoria ternatea*）は東南アジア原産とされる植物で，青色の花を付ける。日本では観賞用に栽培されるが，東南アジアや中東などでは米を着色するなどの食用着色料として利用されている。この花弁色素は，極めて安定で，現在知られる多アシル化アントシアニンの中でも，最も安定な部類に入る[31—33]。この花弁には，多種類の多アシル化アントシアニンが含まれ，いずれも，発色団はデルフィニジンで，B環の3'位，5'位にグルコースと1つおきにp-クマル酸が結合し，最大で6残基の芳香族アシル基を有する。

構造決定は上記と同様に，様々な二次元NMRを駆使して行われ[31]，3'位と5'位のアシル基含有側鎖が対照，非対照いずれも含め，6種類の色素の化学構造が報告された。安定性も調査されており，側鎖が長いほど安定であることがわかっている[32, 33]。

(3) 空色西洋アサガオ花弁の発色

空色西洋アサガオ（*Ipomoea tricolor* cv. Heavenly Blue）の花弁にも，多アシル化アントシアニンのヘブンリーブルーアントシアニン（HBA）が含まれる（図3－5）[34]。この色素の発色団は他の例で多いデルフィニジンではなく，ペオニジンである。6残基のグルコースと3残基のカフェ酸を持つ。このアサガオのツボミは赤紫色で，咲くと空色に変化し，しぼむと再び赤紫色となる。しかし，いずれの時期の花弁にもHBAだけしか検出されない。したがって，色素の構造変化以外の要因の存在が示唆されていた。

開花花弁の搾汁はすぐに紫色に変わるため，この方法での pH 測定は不可能であった。花弁組織は他の花と同様に表と裏の表層の一層だけが着色していたため，細胞内微小電極法による着色液胞の直接 pH 測定が行われた（図3－7）。成熟した花弁細胞は，中心液胞が体積のほとんど（95％以上）を占めるため，花弁細胞に微小電極を挿入すると先端は必ず液胞内へ入る。この手法により，赤紫色のつぼみの液胞 pH は 6.6 で，開いて空色になると 7.7 へと上昇することが実証された[35]。生じたアンヒドロ塩基アニオン型の発色団は，カフェ酸の分子内会合により安定化される。こうして，アサガオの花色は液胞 pH の変化により変わることが明らかとなり，20世紀の初めにWillstätterらが提唱した pH 説の証明となった。

通常は弱酸性とされる植物の液胞 pH が，空色アサガオ花弁では，異常といえる弱アルカリ性まで上昇する。中間の無色海綿状組織の液胞は pH 6.0 とごく普通の値であり，着色細胞だけに，pH 上昇の機能が備わっていることがわかった。現在，これは，液胞膜上のナトリウム－プロトン対向輸送体（NXH1）の働きにより[36]細胞質のカリウムイオンと液胞内のプロトンとが交換されるため

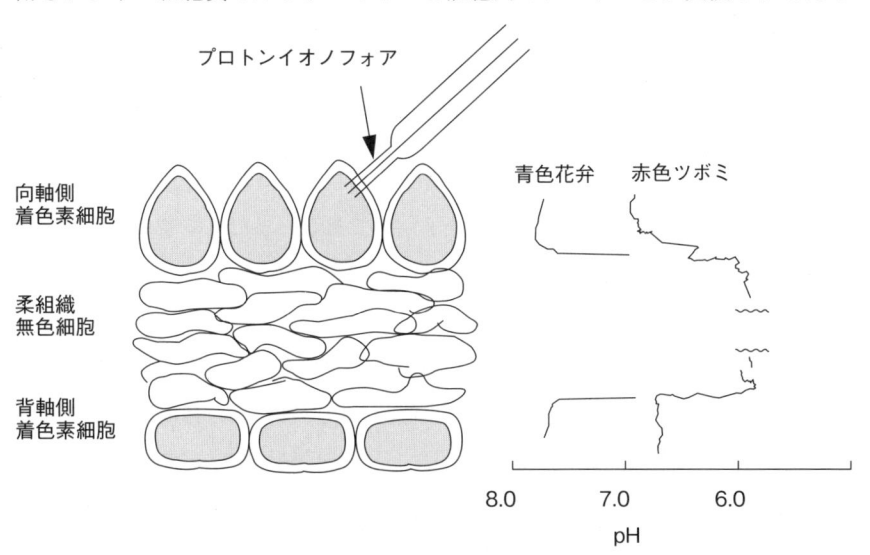

図3－7　細胞内微小電極法によるアサガオ花弁の液胞pH測定〔左〕と得られた3相のpH変化プロファイル〔右〕

であり，K$^+$の蓄積により浸透圧上昇と細胞の伸長成長が起き花は空色に咲くこともわかってきた。

(4) その他の多アシル化アントシアニン類

多アシル化アントシアニンは現在，100以上の構造が報告されている。従来，多アシル化アントシアニンは発色団の上下から，分子内の芳香族有機酸残基が会合しているとされる。リンドウ，チョウマメ，空色西洋アサガオなどの花弁色素は円二色性を測定すると，いずれもメタロアントシアニンとは異なり，全く励起子型のコットンを示さない。花弁の円二色性を測定しても同様である。しかし，最近，青色花弁から単離された多アシル化アントシアニンでありながら，可視部の吸収帯に強い励起子型の負あるいは正のコットン効果を示す色素が単離されてきた。ファセリア (*Phacelia campanurlaria*)[37]，アメリカンブルー (*Evolvulus polosus*)[37]，オオイヌノフグリ (*Veronica persica*) などである。今後，これらの花弁色素の細胞内環境が明らかになれば，高次構造と発色機構の解明がさらに進むものと考えられる。

6. ファジーな成分組成による花色の変化

前述のメタロアントシアニンは，アントシアニン，フラボン，金属イオンの3成分の構成比が厳密に定まった超分子色素である。また，多アシル化アントシアニンは，最近，色素同士の自己会合を示唆するデータもあるものの，一般的には単分子で安定に存在するとされる。しかし，大多数の花色はむしろ，アントシアニンと助色素類や金属イオンの構成比の定まらないファジーな色素複合体が担うものと考えられる。そして，液胞の中では，その存在比率によって連続的に会合状態や錯体の形成が変化して，発色に影響を与えているのではないかと推測される。しかし，このような機構による花色発現の解明は，メタロアントシアニンや多アシル化アントシアニンの場合よりもさらに困難といえる。最近，アジサイの発色と青いケシの発色がこのようなファジーな錯体－分子会

(1) アジサイの花色変異

アジサイ（*Hydrangea macrophylla*）の花色は変わりやすいことがよく知られる。原種の花色は青色で，酸性土壌に耐性の植物として知られる[38, 39]。19世紀より様々な化学的，生物学的研究が行われてきたが，いまだにその全貌は明らかになっていない。アジサイの花色において，最も興味深いことは，全く同じ成分から赤，紫，青色の花が咲くことである（図3−8）[40]。通常，赤い花と青い花では発色団が異なるが，アジサイはいずれの花色でもアントシアニンはデルフィニジン3-グルコシド（Dp3G）だけが含まれ，助色素もキナ酸誘導体のクロロゲン酸（3CQ），ネオクロロゲン酸（5CQ），5-p-クマロイルキナ酸

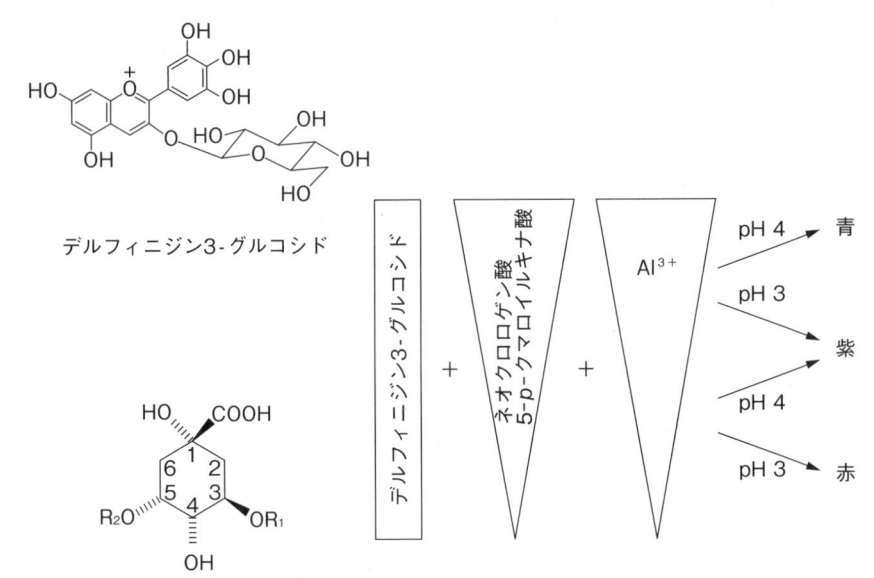

クロロゲン酸：R_1＝カフェ酸，R_2＝H
ネオクロロゲン酸：R_1＝H，R_2＝カフェ酸
5-p-クマロイルキナ酸：R_1＝H，R_2＝p-クマル酸

図3−8　アジサイ萼片の成分〔上〕と構成成分からの萼片の色の再現〔下〕
アジサイには，一種類のアントシアニンと主に三種の助色素（キナ酸エステル）が含まれる。さらにAl^{3+}も存在する。これらの成分の構成比とpHを変えることにより，試験官内でアジサイの青，紫および赤色を再現することができた。

(5pCQ) が花色と無関係に含まれる[41]。青色のアジサイはアルミニウム含量が多いとされるが，もともと，アジサイがアルミニウム耐性の植物である上，従来の分析は，萼片全体を用いていたために，色素に対する当量は不明であった。

アジサイの着色細胞は二層目にある。そのため，プロトプラスト化すると，有色，無色の細胞の混合物が得られる。さらに紫色の花の組織は，様々な色の細胞がモザイク状となっており，これを酵素処理すると，無色，赤，紫，青色細胞の混合物を与える。これを解明するためには，一細胞での液胞内成分の解明が必要である。そこで，前述のマイクロマニピュレーション技術と微量分析法を組み合わせた分析が行われた。これにより，細胞の色と液胞pHを相関させるデータが得られた[42]。アジサイの液胞pHは細胞の色が青いほど高くなることが明らかになった。さらに，青色細胞では，ネオクロロゲン酸（5-caffeoylquinic acid），5-p-クマロイルキナ酸（5-p-coumaroylquinic acid）の含有量が高いと同時に色素に対するアルミニウムの当量比も高いことがわかった。それに対し，赤色細胞ではクロロゲン酸（3-caffeoylquinic acid）が多く，アルミニウムはほとんど含まれないことが明らかになった。このことは，試験管内でこれらの成分をそれぞれのpH条件下で混合する実験の結果ともよく一致した（図3-8）。以上から，液胞pH，助色素の組成と当量，Al^{3+}の当量の微妙なバランスにより，アジサイの花色は変異すると結論される。

(2) 青いケシ花弁の発色

ヒマラヤの青いケシ（*Meconopsis grandis*）の花弁は，吸収極大波長が650 nm付近と，既報の青色花弁の中でも最も長波長に吸収体を持つ。この花色の最大の特徴は，含まれる発色団として，一般的に青色の花に多いデルフィニジンではなく，シアニジン母核を持つことである[43]。

この花の発色機構についても，細胞内天然物化学の手法が適用された。細胞内微小電極法による液胞pH測定では，約5といわゆる普通の植物液胞の値を示した。プロトプラストを得て，成分分析をすると，2種のアントシアニン（シアニジン3-サンブビオシド-7-グルコシド **1** とクマロイル体 **2**），2種の配

糖化フラボノール（ケンフェロール3-ゲンチオビオシド **3**，ケンフェロール 3-グルコシルガラクトシド **4**），およびFe^{3+}, Mg^{2+}が検出された。これらを様々な組み合わせで混合することによる，花弁の青色の再現実験を行った結果，青色発色に鉄イオンとフラボノール成分の両者が必須であるとわかった[44]。成分比 **2**：**3**：Mg^{2+}：Fe^{3+} = 1：2：5：1/6で混合すると，花と全く同じ青色を与えた。しかし，フラボノール配糖体が1当量しかない場合や，Fe^{3+}の非存在下では，溶液は紫色となった。一方，過剰量のFe^{3+}を加えると青黒い溶液を与え，やはり青色は再現されなかった。ケシの青色は，成分が絶妙な比率で液胞内に含まれたときだけに発色することがわかった。発色団にFe^{3+}とMg^{2+}とが錯体形成し，その上下からフラボノール配糖体が助色素として分子間会合した超分子構造が推測される。さらに，4,000mを越える高地でしか咲かない理由や，栽培してもなかなか青色が発色しにくい理由も，この会合錯体がさほど安定ではないことにあるものと考えられる。

(3) 赤色花弁の発色機構

　いずれのアントシアニンも，通常の液胞pHの値である弱酸性から中性（5～6）の水溶液にすると，単独では赤紫～紫色を呈する。発色団がペラルゴニジンの場合，同じpHにしてもより短波長に吸収体を持つ。しかし，アジサイ以外にも赤色の花は多数存在し，それらの赤色発色も，厳密には解明されていなかった。サザンカは，535 nm付近に吸収極大を持つ赤い花で，アントシアニンはシアニジン3-グルコシドおよび，シアニジン3-(6-*O*-*p*-クマロイル) グルコシドである。花弁の搾汁は紫色で放置すると茶褐色に変色した。細胞内電極法で液胞pHを測定したところ，約3とかなり酸性であることが明らかになった。一方，*in vitro*での再現実験によっても，アントシアニンに花弁に含まれるケンフェロール3-ラムノシド，ケルセチン3-ラムノシドをpH3で混合すると長波長シフトとともに安定化効果も示すことがわかった。また，赤バラの色素のほとんどはシアニンであるが，この液胞pHも比較的低く，いずれも4以下であった。一般的にコピグメント効果は酸性条件下の方が強いとする報告が

あり，ほとんどの赤色の花は，酸性の液胞内に，比較的単純な構造のアントシアニンが助色素効果を持つ配糖化フラボノール類やタンニン類などと共存して安定化されているものと考えられる。

7. アントシアニンの化学合成

　天然物化学研究の展開に，合成化学は欠かせない。しかし，アントシアニンの合成研究となると，Robinsonらの1920～30年代の研究以降，目立った展開がない状況であった。しかも，アシル化アントシアニンは，安定性の観点からも高く評価され，生物機能性の大いに期待される色素群であるものの，未だ全合成が達成されていない。これまでの合成法は2つに大別される。1つは，Robinsonらのアルドール縮合によるものである[10-12]。彼らは，フロログルシノール誘導体（A環部）とアセトフェノン誘導体（B環部）をアルドール縮合させてアントシアニジン環を構築した。ここで糖をあらかじめ結合したA環部，B環部を用いることで，ほぼすべてのアントシアニジン3-グルコシド，および3,5-ジグルコシドという単純なアントシアニン類の合成を達成している。しかし，アセチル保護基の除去に強いアルカリ条件を用いている上，B環部分の酸化度，すなわち，発色団がペラルゴニジンかシアニジンかデルフィニジンかで収率は大きく異なり，酸化度の高いアントシアニンほど低収率である[10-12]。もう一方は，フラボンやフラボノールを金属で還元する方法である。これも，古くは柴田桂太，柴田雄次らがケルセチンをマグネシウムで還元して青色溶液を報告しているように，20世紀初めから行われてきた経路である。フラボノールからアントシアニンへと一段階で変換できるため，その後もいくつかの報告がある[9, 45]。しかし，配糖化フラボノールの合成自体が実は困難な課題である。特に，フェノール性ヒドロキシル基への配糖化反応は決して容易ではない。したがって，天然に存在する基質を用いる以外に方策はなく，しかもこの還元反応の収率も30％程度と決して高くなかった。

　アントシアニンの生合成経路は，前半部分のアントシアニジン環まではすで

に解明されている。教科書にも載り，構造遺伝子もすべて明らかになっている。初めての有色物質であるアントシアニジンは，ロイコアントシアニジンから酸化酵素のアントシアニン合成酵素（ANS）により変換される[3,4]。しかし，この生合成経路を模した経路による合成はほとんど研究されてこなかった。

ここ数年，新しい経路によるアントシアニンの合成研究が報告された。ロイコ体は実は非常に不安定で，これを触媒する酵素のANSの活性の検出自体も困難である。その上，化学合成されたロイコ体を酸化反応に供しても，極くわずかしかアントシアニンを与えなかった。そこで，ロイコ体を脱水してロイコ体等価体のフラベノール体へと誘導し，これを酸化したところ，効率良くアントシアニンへと変換されることがわかった。この経路で初めて，シアニジン3-グルコシドの合成が報告された（図3-9）[46]。

一方，配糖化フラボノール類の金属還元についても，実は，2段階還元が進んだフラベノール体を経て，空気酸化によりアントシアニンへと変換される反応経路を取ることが新たにわかった。この方法を用いて，初めてのアシル化アントシアニン（ペラルゴニジン3-O-(6-O-アセチル)グルコシド）の合成も達成された。今後，両経路のさらなる研究展開により，種々の非天然型も含むアントシアニン類が容易に，高効率で合成されるものと期待できる。

8. おわりに

21世紀を迎えた今，花色の化学はさらに一歩踏み出して，一細胞内の天然物化学研究の素材として，また，ゲノムだけでは支配されない生命現象を研究する材料として，ますます広い分野とのつながり，融合が始まっている。化学を生命科学解明の強力なツールとして用いることのできる時代がやってきたように考える。花色を化学する研究はこれからも，予想もしない展開を見せることと期待している。

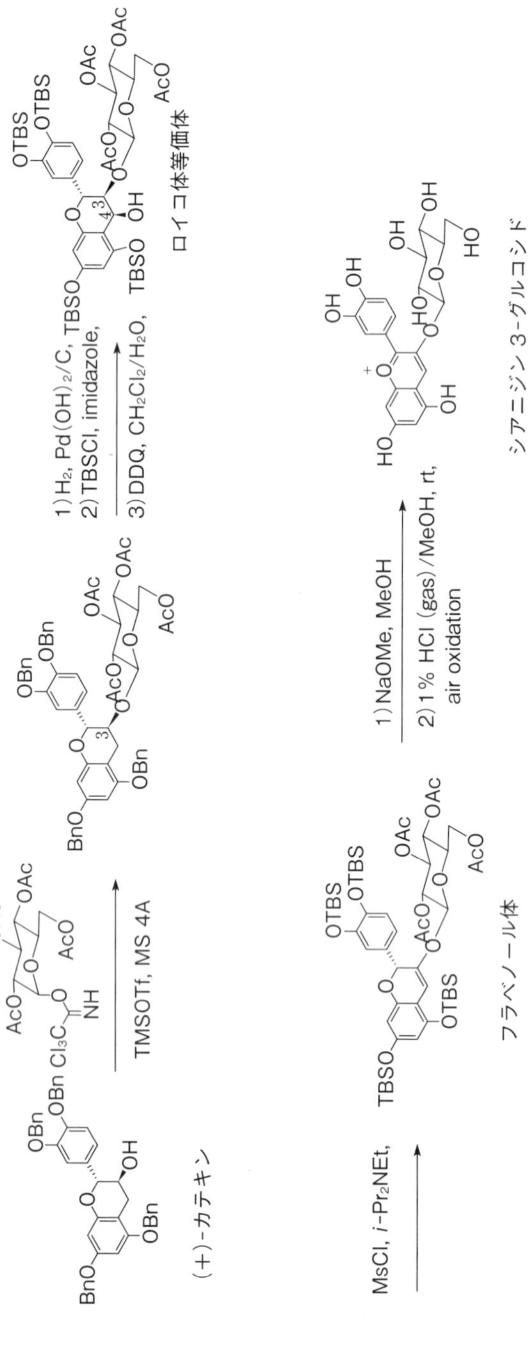

図3-9 生合成を模したアントシアニンの化学合成の経路

文　献

1) 林孝三編，増訂「植物色素」，養賢堂，1988.
2) Goto T., Kondo T. : Structure and Molecular Stacking of Anthocyanins -Flower Color Variation. Angew Chem Int Ed Engl 1991 ; 30 ; 17-33.
3) J. B. Harborne (ed), "The Flavonoids, Advances in Research since 1986" Chapman & Hall, London, 1994.
4) Andersen O.M., Monica J. : The athocyanins. In Flavonoids, Chemistry, Biochemistry and applications (Anderson, O.M., Markham, K.R., eds). Boca Raton : CRC Press, 2006, pp. 471-551.
5) Willsättter R., Everest A. E. : Justis Leabig's Annalen der Chemie 1913 ; 401 ; 189-232.
6) 近藤忠雄，吉田久美：花の色はなぜ多彩で安定か－アントシアニンの花色発現機構．化学と生物 1995 ; 33 ; 91-99.
7) 近藤忠雄，吉田久美：「アサガオやアジサイの色はなぜ変わるのか？」．現代化学 2002 ; No376 ; 25-31.
8) 吉田久美：アントシアニンによる花色発現．バイオサイエンスとインダストリー 2002 ; 60 ; 9-10, 27-30.
9) Shibata K., Shibata Y., Kashiwagi I. : Studies on anthocyanins : Color variation in anthocyanins. J Amer Chem Soc 1919 ; 41 ; 208-220.
10) Robertson A., Robinson R. : J Chem Soc 1927 ; 242-247.
11) Murakami S., Robertson A., Robinson R. : J Chem Soc 1931 ; 2665-2671.
12) Robinson R. : Ber 1934 ; 67A ; 85-105.
13) Robinson R., Robinson G.M. : Biochemical Journal 1931 ; 25 ; 1687-1705.
14) Asen S., R. N. Stewart Norris K., H. : Co-pigmentation of Anthocyanins in plant tissues and its effect on color. Phytochemistry 1972 ; 11 ; 1139-1144.
15) Brouillard R., Delaporte B. J. : Am Chem Soc 1977 ; 99 ; 8461-8468.
16) Saito N., Osawa Y., Hayashi K. : Phytochemistry 1971 ; 10 : 445-447.
17) Kondo T., Yoshida K., Nakagawa A., Kawai T., Tamura H., Goto T. : Nature 1992 ; 358 ; 515-518.
18) Kondo T., Ueda M., Tamura H., Yoshida K., Isobe M., Goto T. : Angewandte Chemie 1994 ; 33 ; 978-979.
19) Hayashi K., Abe Y., Mitsui S. : Proc Japan Acad 1958 ; 34 ; 373-378.
20) Shiono M., Matsugaki N., Takeda K. : Nature 2005 ; 436 ; 791.
21) Goto T., Kondo T., Tamura H., Takase. : Tetrahedron Lett 1983 ; 24 ; 4863-4866.

22) Kondo T., Ueda M., Yoshida K., Titani K., Isobe M., Goto T. : J Amer Chem Soc 1994 ; 116 ; 7457 – 7458.
23) Tamura H., Kondo T., Kato Y., Goto T. : Tetrahedron Lett 1983 ; 24 ; 5749 – 5752.
24) Kondo T., Ueda M., Isobe M., Goto T. : Tetrahedron Letters 1998 ; 39 ; 8307 – 8310.
25) Takeda K., Yanagisawa M., Kifune T., Kinoshita T., Timberlake C. F. : Phytochemistry 1994 ; 35 ; 1167 – 1169.
26) Mori M., Kondo T., Yoshida K. : Phytochemistry 2008 ; 69 ; 3151 – 3158.
27) Kondo T., Oyama K., Yoshida K. : Angew Chem 2001 ; 40 ; 894 – 897.
28) Goto T., Kondo T., Tamura H., Imagawa H., Iino A., Takeda K. : Tetrahedron Lett 1982 ; 23 ; 3695 – 3698.
29) Yoshida K., Kondo T., Goto T. : Tetrahedron 1992 ; 48 ; 4313 – 4326.
30) Yoshida K., Toyama Y., Kameda K. and Kondo T. : Phytochemistry 2000 ; 54 ; 85 – 92.
31) Kondo T., Ueda M., Goto T. : Tetrahedron 1990 ; 46 ; 4749 – 4756.
32) Terahara N., Saito N., Honda T., Toki K., Osajima Y. : Tetrahedron Lett 1990 ; 31 ; 2921 – 2924.
33) Terahara N., Saito N., Honda T., Toki K., Osajima Y. : Heterocycles 1990 ; 31 ; 1773 – 1776.
34) Kondo T., Kawai T., Tamura H., Goto T. : Tetrahedron Letters 1987 ; 28 ; 2273 – 2276.
35) Yoshida K., Kondo T., Okazaki Y., Katou K. : Cause of Blue Petal Colour. Nature 1995 ; 373 ; 291.
36) Yoshida K., Kawachi M., Mori M., Maeshima M., Kondo M., Nishimura M., Kondo T. : Plant Cell Physiol 2005 ; 46 ; 407 – 415.
37) Mori M., Kondo T., Toki K., Yoshida K. : Phytochemistry 2006 ; 67 ; 622 – 629.
38) Chenery E. M. : Jour Roy Hort Soc 1937 ; 62 ; 604 – 320.
39) Allen R. C., Boyce D.C. : Thompson Institute 1943 ; 13 ; 221 – 242.
40) Hayashi K., Abe Y. : Misc Rep Res Inst Nat Resour 1953 ; 29 ; 1 – 8.
41) Asen S., Siegelman H. W., Stuart N. W. : Proc Am Soc Hort Sci 1957 ; 69 ; 561 – 569.
42) Yoshida K., Toyama-Kato Y., Kameda K., Kondo T. : Plant Cell Physiol 2003 ; 44 ; 262 – 268.
43) Takeda K., Yamaguchi S., Iwata K., Tsujino Y., Fujimori T., Husain S.Z. :

Phytochemistry : 1996 ; 43 ; 863−865.
44) Yoshida K., Kitahara S., Ito D., Kondo T. : Phytochemistry 2006 ; 67 ; 992−998.
45) Elhabiri M., Figueiredo P., Fougerousse A., Brouillard R. : Tetrahedron Lett 1995 ; 6 ; 4611−4614.
46) Kondo T., Oyama K., Nakamura S., Yamakawa D., Tokuno K., Yoshida K. : Org Lett 2006 ; 8 ; 3609−3612.

第4章　花の色を変える
－遺伝子組換えによる新しい花色の創出－

田中　良和*

1. はじめに

　農耕が始まって以来，優れた品種を作り出すために品種改良が行われていた。その結果，野生の植物からは想像できないような大きな実や花をつけ，自然にはない色の花を咲かせる植物（例えば，濃い黄色の栽培種のバラ（*Rosa hybrida*））が作出されている。近年では，遺伝子組換えという新しい品種改良の手法が開発され，植物が持つ遺伝子を直接，人為的に改変できるようになった。遺伝子組換え技術を利用すると，種の壁を乗り越え，多様な生物の遺伝子を品種改良に利用できるため，今までの技術では達成できなかった新しい品種を作り出すことができる。

　一方で遺伝子組換えによる品種改良を実現するためには，①　形質を変えるために必要な遺伝子の取得，②　目的の植物に遺伝子を導入して元の植物に戻す方法（形質転換系）の確立，③　導入した遺伝子が目的の植物の中で安定にうまく機能するための発現制御といった研究開発が必要となる。さらに，遺伝子組換え植物の商業化には花であっても，政府の認可が必要で，「遺伝子組換え生物等の使用等の規制による生物の多様性の確保に関する法律（カルタヘナ法）」に基づき，生物多様性影響評価の実施と国内生産や販売に必要な認可の取得が必要である。後述する遺伝子組換えカーネーション，バラについても認可が出されている。

　アントシアニンや花色の化学に関しては第3章を参照頂きたい。また，生合成経路や遺伝子組換えによる花の色を変えた研究については前版[1]にもまとめ

＊サントリー（株）R&D推進部植物科学研究所長

られているので，ここでは最近の進歩を中心に紹介したい。

2. フラボノイドおよびアントシアニン生合成経路

アントシアニンはフラボノイドと総称される植物二次代謝物に属する有色の化合物である。アントシアニンと花の色の関わる重要な生合成反応の中には，色のないフラボノイドの段階で起こるものがある（例えば，B環の水酸化）。遺伝子組換えにより花の色を変えるには，フラボノイドの生合成経路を人為的に改変することが必要である。そのためには，フラボノイドの生合成経路を理解すること，生合成に関わる遺伝子を取得することが欠かせない。フラボノイドの主要な生合成経路は，植物種間で共通であり，生合成に関わる主要な酵素の構造遺伝子は花卉植物を含む多くの植物から単離されており，これらの遺伝子の転写を制御する転写因子に関してもよく研究されている[2,3]。これらを利用して花の色を変える研究も行われている[4]。

アントシアニジンに到るまでの生合成経路を図4-1に示した。生合成経路は種子植物間で共通である。アントシアニジンは，糖，アシル基，メチル基により種特異的に多様な修飾を受ける。主要なアントシアニジンとしては，ペラルゴニジン，シアニジン，ペオニジン，デルフィニジン，ペチュニジン，マルビジンがあるが，このうちペオニジン（3'-メチルシアニジン）はシアニジンから，ペチュニジン（3'-メチルデルフィニジン），マルビジン（3',5'-ジメチルデルフィニジン）はデルフィニジンから生合成される。メチル化はアントシアニジンが配糖化されてから起こると考えられる。アントシアニンやフラボノイド配糖体は液胞に輸送され，蓄積される。

アントシアニンのB環の水酸基の数は花の色に大きな影響を与える。その水酸基の数を決めるのが，フラボノイド3'-水酸化酵素（F3'H）とフラボノイド3',5'-水酸化酵素（F3'5'H）である[5]。F3'H活性があるとシアニジン型アントシアニンが，F3'5'H活性があるとデルフィニジン型アントシアニンが合成される。デルフィニジン型アントシアニンはシアニジン型アントシアニンより

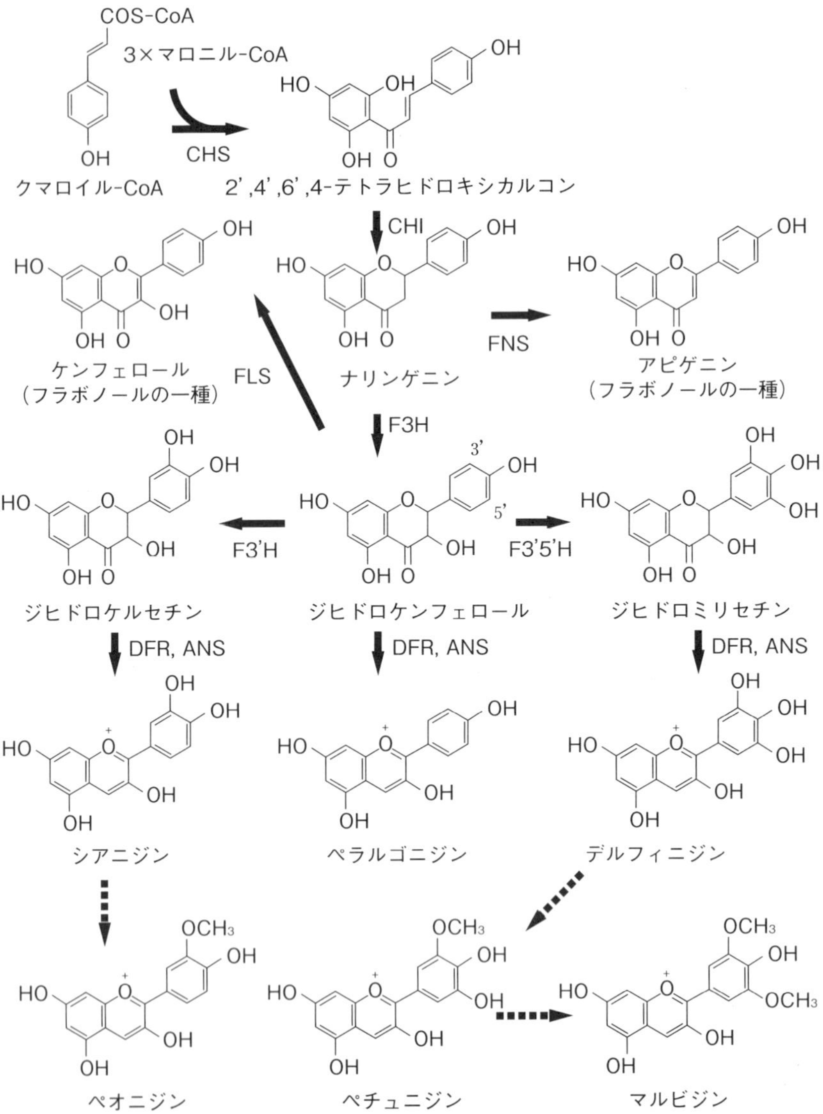

図4-1 フラボノイド生合成経路の一部：アントシアニジンの3位が配糖体とされた後は，種によって特異的な糖やアシル基による修飾を受ける。

CHS：カルコン合成酵素，CHI：カルコン異性化酵素，F3H：フラバノン3-水酸化酵素，FLS：フラボノール合成酵素，FNS：フラボン合成酵素，F3'H：フラボノイド3'-水酸化酵素，F3'5'H：フラボノイド3',5'-水酸化酵素，DFR：ジヒドロフラボノール4-還元酵素，ANS：アントシアニジン合成酵素

も一般に青いため，F3'5'Hは青い花を作るために重要な酵素である。デルフィニジン型アントシアニンを合成しないカーネーションやバラにはF3'5'Hがないと考えられる。

　F3'HとF3'5'Hは，基質特性が広く，ジヒドロフラボノール，フラバノン，フラボノール，フラボンのB環の水酸化反応を触媒する。両者はチトクロームP450型モノオキシゲナーゼで，それぞれ，P450スーパーファミリーの中のCYP75BとCYP75Aに分類され，アミノ酸配列に基づく系統樹からは，両者は種子植物が出現する以前に，遺伝子重複により生じたと考えられた[5]。興味深いことに，キク科のF3'5'Hは，CYP75Aではなく，CYP75Bに属していたことから，キク科植物は進化の過程で，CYP75A型のF3'5'H遺伝子を失ったが，比較的最近になってF3'H遺伝子が重複し進化することでCYP75B型のF3'5'H遺伝子が生じたと考えられる[6]。

　アントシアニンの修飾の多様性がアントシアニンの構造と色の多様性に寄与している。ほとんどの場合，アントシアニジンの3位の水酸基に糖（多くの場合グルコース）が付加する反応がアントシアニジン3-糖転移酵素（A3GT）により触媒される。ところが，バラ花弁ではまず5位に糖が転移し，この反応を触媒する酵素（アントシアニジン5,3-糖転移酵素）が3位にも糖を転移することが示された[7]。また，一部の品種の花弁[8]やバラの培養細胞[9]ではA3GTが機能し，シアニジン3-グルコシドが蓄積する。このような配糖化の使い分けの生物学的な意義は不明である。

　モデル植物のアラビドプシスは，ゲノム構造が解読されており，トランスクリプトーム，メタボローム解析も進んでいる。アラビドプシスにアントシアニンの生合成を制御している*Myb*様転写因子*PAP1*を導入すると，植物体全体でアントシアニンの蓄積が見られるようになる。この際に転写レベルが上昇している構造遺伝子が網羅的に同定されている[10]。既知のフラボノイド，アントシアニン生合成に関わる遺伝子のほかに，いくつかの糖転移酵素，アシル基転移酵素の遺伝子の転写レベルが上昇していた。これらの遺伝子の機能解析をすることにより，アラビドプシスのアントシアニン（cyanidin 3-*O*-[2"-*O*-(6"'

-O-(sinapoyl) xylosyl)6″-O-(p-O-(glucosyl)-p-coumaroyl) glucoside], 5-O-(6‴-O-malonyl) glucosideなど) やフラボノール (kaempferol 3-O-glucoside 7-O-rhamnoside など) の生合成に関わる酵素遺伝子の全貌が明らかとなった[11-13]。網羅的解析手法が代謝経路やそれに関わる酵素・遺伝子の解明に有効であることを示す好例[14] である。

　アシル基にはカフェ酸，クマル酸などの芳香族アシル基とマロン酸などの脂肪族アシル基があり，芳香族アシル基が結合することによりアントシアニンはやや青色化する。特に複数の芳香族アシル基が結合したアントシアニンは，ポリアシル化アントシアニンと呼ばれ，安定な青い色を呈する。リンドウ，サイネリア，チョウマメなどはポリアシル化アントシアニンを含む植物である。アシル基の転移はアシルCoAを基質とするBAHD型アシル基転移酵素[15] が以前から知られていた。最近になって，チョウマメのカフェオイル基転移酵素[16]，アラビドプシスのシナポイル基転移酵素[17]，カーネーションのマリル基転移酵素[18] は，いずれもアシルグルコースを基質とするアシル基転移酵素で，セリンカルボキシペプチダーゼ様のアミノ酸配列を持つことが報告された。植物は様々な酵素遺伝子をリクルートして，多彩な構造のアントシアニンを合成していることがわかる。

3．導入遺伝子の発現制御

　細胞の中では，遺伝子の転写，タンパク質の翻訳・修飾，分解が厳密に制御されている。花の色を変えるために導入する遺伝子が目的の色の変化をもたらすにもこのような厳密な制御ができれば理想的ではあるが，現状では転写の段階を工夫することで対応することが多い。遺伝子組換え実験では，いくつもの独立した系統（同じ導入遺伝子を持つがその遺伝子が入った染色体上の位置が異なる）が得られるので，どの程度，導入遺伝子がうまく機能するかは，系統ごとに異なる。したがって，たくさんの遺伝子組換え系統を作製し，その中から表現型がよいものを選抜する必要がある。

外来遺伝子を目的の植物で発現させるためには適切なプロモーターを選ぶことが重要である。構成的な（植物の全身で常に機能する）プロモーターの代表であるカリフラワーモザイクウイルス 35S（CaMV35S）プロモーターやそのエンハンサー配列を繰り返した El2 35S プロモーターは，多くの植物で良好に機能し，構造遺伝子の発現に用いることができる。トレニア，ペチュニア，バラ，カーネーションなどにおいてもこれらは機能し，フラボノイド生合成遺伝子を発現させ，花の色を改変するためにも有効である。しかしながら，リンドウでは CaMV35S プロモーターはメチル化により修飾され，プロモーターとしての機能を失う（この現象をサイレンシングと呼ぶ）[19]。フラボノイド生合成に関わる遺伝子はフラボノイドが高濃度で蓄積する花弁の上皮細胞で強く発現する。これらの酵素遺伝子のプロモーターを用いると，花弁特異的に遺伝子を転写させることができる。例えば，キンギョソウやペチュニアのカルコン合成酵素遺伝子のプロモーターが花色を変化させるために用いられている。

翻訳効率を高める配列として，例えば，タバコアルコールデヒドロゲナーゼの 5' 非翻訳領域の 100bp ほどの配列がある。この配列をプロモーターと構造遺伝子の間に挿入すると，そのタンパク質の発現レベルが数十倍にも上昇することが示された[20]。この配列は，トレニアやキクといった花卉植物でも有効であった[21]。

4. アントシアニン合成の抑制

外来の遺伝子を導入するだけでは，内在性の代謝経路との競合があるため，目的の化合物を十分な量蓄積することができず，満足のいく表現型を得られないことが多い。植物が持つ内在性の遺伝子の発現を抑制することは，アントシアニンの生合成経路を改変し，花の色を変えるためにも，重要である。突然変異により目的の遺伝子が機能を失うこともあるが，現状では，転写後の抑制方法（post transcriptional gene silencing）により抑制することが通常である。転写後の抑制方法としては，アンチセンス法，センス法，比較的最近使われる

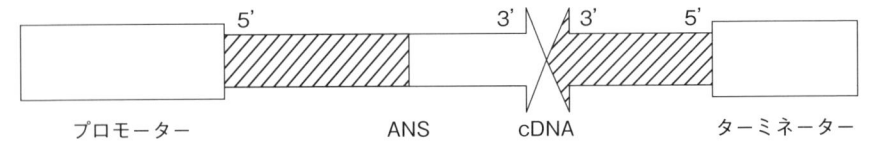

図4-2 アントシアニジン合成酵素(ANS)遺伝子の発現を抑制したトレニア
アントシアニジン合成酵素をRNAi法により抑制するために作製したベクターの一部の模式図。植物細胞の中で斜線部が二本鎖RNAを形成し、これがアントシアニジン合成酵素遺伝子のmRNAの分解を招く。

ようになったRNAi法[22]がある。

トレニア(*Torenia hybrida*または*Torenia fournieri*)は形質転換効率が高いことからモデル植物として利用されている[23]。青いトレニアにおいて、アントシアニジン合成酵素をこれら3つの方法で抑制したところ、アンチセンス法、センス法では花の色が白くなったものはほとんど得られなかったが、RNAi法(図4-2)を用いると50%の個体が白くなり、中央が十字に白くなった系統も得られた。(巻頭口絵1参照)[24]。これら約50系統を遺伝子組換え用温室で栽培し、安定に白い花を咲かせる系統を選抜した。ところが、これらを野外で栽培すると生育が悪かったり、花の色がもとに戻ったりする。目的の遺伝子の発現を転写後の遺伝子抑制に頼る場合は、形質が不安定になりがちであり、目的遺伝子を不可逆的に取り除く方法の開発が待たれる。相同組換えによる遺伝子のノックアウトは、高等植物では、イネやアラビドプシスで報告されているが[25]、まだ多くの植物に適応できる技術ではない。また、キクやバラなどの倍数性の高い花卉植物においてすべての遺伝子座を置換するのは容易ではないだろう。

リンドウのカルコン合成酵素(CHS)の発現をカルコン合成酵素を抑制(具体的には、*Agrobacterium rhizogenes*の*rol C*プロモーターによるCHSの二本鎖RNAの転写)すると、20系統中14系統が白くなり、3系統が色が薄くなったかバイカラーとなった[26]。この変化の頻度はアンチセンス法(CaMV35Sプロモーターを使用)で抑制した場合[27]より高かった。一方、ANSを同様にRNAi法で抑制した場合は、色が薄くなった系統は得られたが、白くなった系統は得られなかった[26]。

5. ペラルゴニジンまたはシアニジンの蓄積

　植物の中にはペラルゴニジンを蓄積しない植物もあり，このような植物にはオレンジ色や鮮やかな赤の品種がない。蓄積しない理由は，① B環を水酸化する反応が効率よく起こるため（キクなど），② その植物のDFRがジヒドロケンフェロール（DHK）を還元できないため（ペチュニア，シンビジウムなど）のいずれかであると思われる。野生バラにはペラルゴニジンを蓄積する種はあまりないが[28]，栽培種のバラには大量のペラルゴニジンを蓄積し，オレンジから鮮やかな赤色を示す品種がある。このような品種は品種改良の過程でF3'H遺伝子が機能を失った系統を選抜することにより作られたと考えられる。キクでもF3'H遺伝子が機能を失えばペラルゴニジンが蓄積することがF3'H阻害剤を用いた実験で示されてはいる[29]が，市販されている品種にはペラルゴニジンが検出されることはまれで，シアニジンのみを蓄積する場合がほとんどである。

　構成的なプロモーターに連結したトウモロコシDFR（ペチュニアのDFRとは異なりDHKを基質として利用できるDFR）遺伝子をペチュニア（F3'5'H，F3'H，フラボノール合成酵素（FLS）が欠損している変異系統）に導入すると，ペラルゴニジンが蓄積し，花色がオレンジ色になった[30]。RNAi法を利用すると，遺伝子が欠損している植物を使わなくても，人為的にF3'5'H，F3'H，FLS遺伝子などを抑制することも可能である。シアニジンを蓄積している（すなわちF3'Hが機能している）ペチュニアでペラルゴニジンを蓄積させるために，F3'H遺伝子の発現を抑制し，かつ，DHKを還元できるバラのDFRの遺伝子を発現させた[31]。このペチュニアでは，ペラルゴニジンが総アントシアニジンの80〜90％となり，色もオレンジ色になるが，同時にフラボノール量とDHKの量が増加していた。図4-1からわかるように，ジヒドロフラボノールはFLSの基質でもあるので，フラボノールが合成されるとアントシアニン量が減少してしまう。より濃いオレンジ色にするためには，FLS遺伝子の発現

をあわせて抑制する，導入するDFRの発現を強化するといった手法により，蓄積されるペラルゴニジン量を増加させるのがよいだろう．

　また，タバコ（シアニジン型アントシアニンを蓄積）においては，F3'HとFLSのキメラ遺伝子の二本鎖RNAを転写させることにより両遺伝子の発現を抑制し，同時にガーベラのDFRを発現することにより，本来タバコが蓄積できないペラルゴニジンに由来する赤い花が得られた[32]．また，キク科のオステオスペルマムはデルフィニジンを生産し，そのDFRがDHKを還元できないために，ペラルゴニジンを蓄積しない．F3'5'H遺伝子の発現を抑制し，ガーベラのDFR遺伝子を発現することにより，ペラルゴニジンの蓄積が観察された[33]．

　リンドウ（デルフィニジン型アントシアニンを主に含み，少量のシアニジン型アントシアニンを含む）のF3'5'H遺伝子の発現をRNAi法により抑制すると，前者の量が減少し，そのかわりに後者の量が増加した組換えリンドウが得られた．花色は青から紫色に変化した[26]．この場合はまだデルフィニジン型アントシアニンがかなり残っている．F3'5'H遺伝子の発現を完全に抑制し，シアニジン型アントシアニン合成に関与するDFR以下の酵素活性を強化すれば，シアニジン型アントシアニン量が増え，赤味が濃くなると思われる．なお，ピンク色のリンドウ2系統においては，F3'5'H遺伝子にトランスポゾンが挿入されることにより，F3'5'Hの機能を失った結果，シアニジン型アントシアニンだけが合成されることが示されている[34]．

　トレニア品種サマーウェーブは青い花を咲かせる．アントシアニンとしてはデルフィニジン型アントシアニンが80％ほどで残りは20％ほどである．F3'5'H遺伝子の発現を抑制すると，デルフィニジン量が減少し，花色は淡いピンク色になる[35]．この組換えトレニアに，構成的プロモーターに連結したトレニアのF3'H遺伝子を導入すると，シアニジン量が上昇し，ピンク色は濃くなる[36]．F3'5'HとF3'Hの両方の遺伝子を抑制し，同時にゼラニウムやバラのDFR遺伝子を導入するとペラルゴニジンを蓄積し，花色はかなり赤くなる．

　以上に述べた手法を適応すれば，ペラルゴニジンを蓄積する赤いリンドウ，アイリスができる日が来るかもしれない．現段階では目的のアントシアニンを

合成させることができるが，それを大量に蓄積させることは必ずしも容易ではない。導入した代謝経路と内在性の経路の競合（基質の取り合い，発現のタイミング，酵素間のインタラクションなど）やアントシアニンの輸送経路も考慮すべきと思われるが，まだよく理解されていないことも多い。

6．デルフィニジンの蓄積

青い花は，様々な工夫を凝らして花の色を青くしている（第3章参照）。青い花を作る方策はいろいろあるが，遺伝子組換えによりこれを実現するためには，B環の水酸化によりデルフィニジンを生産するという手法が，① 花色への効果が大きいこと，② 水酸基の数は単一の酵素（F3'5'H）が触媒する単純な酵素反応により決まることから，最も現実的な手法だと考えられた。切り花として代表的な，バラ，キク，カーネーション，ユリ，ガーベラ（これらで切り花市場の売上げの60％程度を占める）には，デルフィニジン合成に必要なF3'5'Hがないため，青や紫の品種がない。これらの種でF3'5'H遺伝子を発現できれば新しい色の花ができることが期待される。

7．青いカーネーションの開発とフラボンの花色への効果

ペチュニアF3'5'H遺伝子を，赤いカーネーション（ペラルゴニジンを蓄積）に導入するとデルフィニジンも合成されるが，ペラルゴニジンも合成される。これは，導入遺伝子由来であるF3'5'Hがカーネーションの DFR との基質（DHK）の取り合いに完全には打ち勝てないためであると推察された。そこで，白いカーネーション品種の中からノザン法により DFR 遺伝子だけが欠損している品種を探した。この品種にペチュニアF3'5'H遺伝子とペチュニアのDFR（ペチュニアの DFR はジヒドロミリセチンを効率よく還元し，DHKを還元しないというデルフィニジンを生産に適した基質特異性を持つ）遺伝子を導入したところ，デルフィニジンが効率よく生合成され，ほぼデルフィニジ

ンのみを含む青紫色のカーネーションを得ることができた[37]。内在性経路との競争を回避する工夫が重要であることを示している。

　F3'5'H遺伝子の起源植物や，使用するプロモーター，宿主のカーネーションの品種によって，合成されるデルフィニジンの量と花色はまちまちである。また，総アントシアニン中のデルフィニジンの割合が100%になっても見た目にあまり青く見えない品種もあった。現在計6品種（スプレー品種2種，スタンダード品種4種）が販売されている（巻頭口絵2参照）。スプレー品種とスタンダード品種はそれぞれ同じ宿主に由来するが，両者の色合いを比較すると，スプレー品種の方が青く見える。蓄積しているアントシアニンはデルフィニジン型（delphinidin 3,5-diglucoside-6''-O-4,6-O-1-cyclic-malyl diester など）で差はなかった。フラボノールは両品種に含まれていたが，スプレー品種のみにフラボン（apigenin 6-C-glucosyl-7-O-glucoside-6-malyl ester）が含まれていた。試験管内の再構成実験ではこのフラボンにコピグメント効果が認められ[37]，青さの違いはこのフラボンの有無によると思われる。また，カーネーションのDFR以下の合成酵素は，本来カーネーションが生産しないジヒドロミリセチンおよびその誘導体でも基質として認識し蓄積できることもわかった。

　フラボンが強いコピグメント効果を示すことはハナショウブ（この場合のフラボンはイソビテキシン）[38]などで示されている。フラボンを合成する経路とアントシアニンを合成する経路は同じ化合物（ナリンゲニンなどのフラバノン）に由来するため，例えば，フラボン合成酵素遺伝子をペチュニア（フラボンは本来合成しない）で発現させると，アントシアニン量が減少して花の色が薄くなる[31]。この場合は蓄積したフラボン量があまり多くないせいか明瞭な青色化は観察されなかった。一方，トレニア品種サマーウェーブブルー（アントシアニンの数倍量のフラボンを蓄積する）においてフラボン合成酵素遺伝子の発現を抑制したところ，フラボンだけでなく意外にもアントシアニン量も減少した[36]。この理由は不明であるが，フラボノイドの生合成全体を制御する何らかのフィードバック機構があるのかもしれない。

8. 青いバラの開発

　バラにおいても前述のカーネーションと同様，デルフィニジンを生産することで花の色を青くすることできるはずである。カーネーションとは異なり，バラではDFR遺伝子が欠損している品種やフラボンを生産している品種を見つけることができなかった。また，液胞のpHがカーネーションよりやや低いと考えられた。多くのバラの品種から，フラボノール（フラボンほどではないがコピグメント効果が期待できる）が含まれ，液胞pHが相対的に高いなどの条件を満たす品種を選抜した。これらにパンジー由来のF3'5'H遺伝子を導入したところ，いくつかの品種においてデルフィニジンが総アントシアニジンの90–95％になり，かつ色が従来のバラにはない青紫色に変化した遺伝子組換えバラが得られた（巻頭口絵2参照）[39]。アントシアニンとしてはデルフィニジン3, 5-ジグルコシドが主であった。これらのうちの2系統について，カルタヘナ法に基づく審査の結果，国内で栽培しても生物多様性に影響しないと認められ，生産，販売の認可が出された。

　デルフィニジン含有率をさらに上げ，色ももう少し青い遺伝子組換えバラは以下のように作られた。バラが持つシアニジンやペラルゴニジンを合成する代謝経路と導入したF3'5'Hとの競争を防ぐために，バラのDFR遺伝子の発現をRNAi法で抑制し，同時にパンジーのF3'5'H遺伝子とアイリスのDFRの遺伝子を過剰発現した。この場合，デルフィニジンの割合がほぼ100％となった。これを花粉親とした後代のバラにもデルフィニジン100％という形質は引き継がれた[39]。この性質を交配育種プログラムに取り入れれば，バラがデルフィニジンという新しいアントシアニジンを合成できるようになるわけで，何十年後には，栽培バラの花色はずいぶん多彩になっていることが期待される。

　上述の青いバラはアントシアニジンのみを改変したもので，花色は青紫色である。自然界には，もっと青い花は多い。さらに，アントシアニンのポリアシル化，フラボンの合成，液胞pHの上昇などがバラの花弁で実現できれば，リ

ンドウ，アイリス，サイネリアのような青い色のバラができると期待される。

9．今後の課題

　フラボノイドの生合成は遺伝子や酵素のレベルで理解されるようになったが，上に述べたように，目的の色を得るためには，多くの遺伝子の発現を制御することにより様々な要因を目的の植物で再構成する必要がある。現段階では，多くの遺伝子を異種植物においてうまく発現させることはたやすいことでなく，技術的なブレークスルーが必要である。

　また，フラボノイドなどの二次代謝物は植物の生命活動には不可欠ではないとされてきたが，最近ではフラボノールがオーキシンの輸送の制御に関わり植物の生長を制御していること[40]，一部のフラボノイドは核にも存在し遺伝子発現制御に関係している可能性があること[41]，さらにはフラボノールの配糖体の糖部分の構造が変化するだけで植物の生長などに異常が生じること[42]などが報告されている。フラボノイドは考えられていた以上に重要な生理的役割を担っているのかもしれない。そうすると，フラボノイドの生合成経路を人為的に操作し花の色を変えるためには，花弁でのみ特異的に改変するなどの精緻な工夫を施す必要があるだろう。

文　献

1) 大庭理一郎，五十嵐喜治，津久井亜紀夫：アントシアニン．建帛社，2000.
2) Tanaka Y., Sasaki N., Ohmiya A. : Plant pigments for coloration : Anthocyanins, betalains and carotenoids. Plant J 2008 ; 54 ; 733-749.
3) Grotewold E. : The genetics and biochemistry of floral pigments. Annu Rev Plant Biol 2006 ; 57 ; 761-780.
4) Tanaka Y., Ohmiya A. : Seeing is believing : Engineering anthocyanin and carotenoid biosynthetic pathways. Curr Opin Biotechnol 2008 ; 19 ; 190-197.
5) Tanaka Y. : Flower colour and cytochromes P450. Phyochemistry Reviews 2006 ; 5 ; 283-291.
6) Seitz C., Eder C., Deiml B. et al : Cloning, functional identification and sequence

analysis of flavonopid 3'-hydroxylase and flavonoid 3, 5'-hydroxylase cDNA reveals independent evolution of flavonoid 3', 5'-hydroxylase in the Asteraceae family. Plant Mol Biol 2006 ; 61 ; 365 – 381.

7) Ogata J., Kanno Y., Itoh Y. et al : Plant biochemistry : anthocyanin biosynthesis in roses. Nature 2005 ; 435 ; 757 – 758.

8) Mizutani M., Katsumoto Y., Fukui Y. et al : An anthocyanidin or flavonol 3-glucosyltransferase gene from rose. Plant Cell Physiolol. 2007 ; 48 ; s221.

9) Hennayake CK., Takagi S., Nishimura K. et al : Differential expression of anthocyanin biosynthesis genes in suspension culture cells of *Rosa hybrida* cv. Charleston. Plant Biotechnol 2006 ; 23 ; 379 – 385.

10) Tohge T., Nishiyama Y., Hirai M.Y. et al : Functional genomics by integrated analysis of metabolome and transcriptome of *Arabidopsis* plants overexpressing an *MYB* transcriptional factor. Plant J 2005 ; 42 ; 218 – 235.

11) Yonekura-Sakakibara K., Tohge T., Niida R. et al : Identification of a flavonol 7-*O*-rhamnosyltransferase gene determining flavonoid pattern in Arabidopsis by transcriptome coexpression analysis and reverse genetics. J Biol Chem 2007 ; 282 ; 14932 – 14941.

12) Luo J., Nishiyama Y., Fuell C. et al : Convergent evolution in the BAHD family of acyl transferases : identification and characterization of anthocyanin acyl transferases from *Arabidopsis thaliana*. Plant J 2007 ; 50 ; 678 – 695.

13) Yonekura-Sakakibara K., Tohge T., Matsuda F. et al : Comprehensive Flavonol Profiling and Transcriptome Coexpression Analysis Leading to Decoding Gene-Metabolite Correlations in Arabidopsis. Plant Cell 2008 : 20 ; 2160 – 2176.

14) Saito K., Hirai MY., Yonekura-Sakakibara K. : Decoding genes with coexpression networks and metabolomics - 'Majority report by precogs.'. Trends Plant Sci 2008 ; 13 ; 36 – 43.

15) D'Auria J.C. : Acyltransferases in plants; a good time to be BAHD. Curr Opin Plant Biol 2006 ; 9 ; 331 – 340.

16) Noda N., Kazuma K., Sasaki T. et al : Molecular cloning of 1-*O*-acetylglucose dependent anthocyanin aromatic acyltransferase in ternation biosynthesis of butterfly pea (*Clitoria ternatea*). Plant Cell Physiol. 2006 ; 47 ; s109.

17) Fraser C.M., Thompson M.G., Shirley A.M. et al : Related Arabidopsis serine carboxypeptidase-like sinapoylglucose acyltransferases display distinct but overlapping substrate specificities. Plant Physiol 2007 ; 144 ; 1986 – 1999.

18) Abe Y., Tera M., Sasaki N. et al : Detection of 1-*O*-malonylglucose : pelargonidin

3-O-glucose-6"-O-malonyltransferase activity in carnation (*Dianthus caryophyllus*). Biochem Biophys Res Commun 2008 ; 373 ; 473-477.
19) Mishiba K., Nishihara M., Nakatsuka T. et al : Consistent transcriptional silencing of 35S-driven transgenes in gentian. Plant J 2005 ; 44 ; 541-556.
20) Satoh J., Kato K., Shinmyo A. : The 5'-untranslated region of the tobacco alcohol dehydrogenase gene functions as an effective translational enhancer in plant. J Biosci Bioeng 2004 ; 98 ; 1-8.
21) Aida R., Narumi T., Ohtsubo N. et al : Improved translation efficiency in chrysanthemum and torenia with a translational enhancer derived from the tobacco alcohol dehydrogenase gene. Plant Biotechnol 2008 ; 25 ; 69-75.
22) Waterhouse P.M., Graham M.W., Wang M,B : Virus resistance and gene silencing in plants can be induced by simultaneous expression of sense and antisense RNA. Proc Natl Acad Sci USA 1998 ; 95 ; 13959-13964.
23) Aida R. : *Torenia fournieri* (torenia) as a model plant for transgenic studies. Plant Biotechnol 2008 ; 25 ; 541-545.
24) Nakamura N., Fukuchi-Mizutani M., Suzuki K. et al : RNAi suppression of the anthocyanidin synthase gene in *Torenia hybrida* yields white flowers with higher frequency and better stability than antisense and sense suppression. Plant Biotechnol 2006 ; 23 ; 13-18.
25) Terada R., Iida S. : Gene targeting by homologous recombination as a biotechnological tool for rice functional genomics. Plant Physiol 2007 ; 144 ; 846.
26) Nakatsuka T., Mishiba K., Abe Y. et al : Flower color modification of gentian plants by RNAi-mediated gene silencing. Plant Biotechnol 2008 ; 25 ; 61-68.
27) Nishihara M., Nakatsuka T., Hosokawa K. et al : Dominant inheritance of white-flowered and herbicide-resistant traits in transgenic gentian plants. Plant Biotechnol 2006 ; 23 ; 25-31.
28) Mikanagi Y., Saito N., Yokoi M. et al : Anthocyanins in flowers of genus *Rosa*, sections Cinnamomeae (=*Rosa*), Chineneses, Gallicanae and some modern garden roses. Biochemical Systematics Ecology 2000 ; 28 ; 887-902.
29) Schwinn K.E., Markham K.R., Given N.K. : Floral flavonoids and the potential for pelargonidin biosynthesis in commercial chrysanthemum cultivars. Phytochemisitry 1994 ; 35 ; 145-150.
30) Meyer P., Heidemann I., Forkmann G. et al : A new petunia flower colour generated by transformation of a mutant with a maize gene. Nature 1987 ; 330 ; 677-678.

31) Tsuda S., Fukui Y., Nakamura N. et al : Flower color modification of *Petunia hybrida* commercial varieties by metabolic engineering. Plant Biotechnol. 2004 ; 21 ; 377–386.
32) Nakatsuka T., Abe Y., Kakizaki Y. et al : Production of red-flowered plants by genetic engineering of multiple flavonoid biosynthetic genes. Plant Cell Rep. 2007 ; 26 ; 1951–1959.
33) Seitz C., Vitten M., Steinbach P. et al : Redirection of anthocyanin synthesis in *Osteospermum hybrida* by a two-enzyme manipulation strategy. Phytochemistry 2007 ; 68 ; 824–833.
34) Nakatsuka T., Nishihara M., Mishiba K. et al : Two different transposable elements inserted in flavonoid 3', 5'-hydroxylase gene contribute to pink flower coloration in *Gentiana scabra*. Mol Genet Genomics 2006 ; 275 ; 231–241.
35) Suzuki K., Xue H., Tanaka Y. et al : Flower color modifications of *Torenia hybrida* by cosuppression of anthocyanin biosynthesis genes. Molecular Breeding 2000 ; 6 ; 239–246.
36) Ueyama U., Suzuki K., Fukuchi-Mizutani M. et al : Molecular and biochemical characterization of torenia flavonoid 3'-hydroxylase and flavone synthase II and modification of flower color by modulating the expression of these genes. Plant Science 2002 ; 163 ; 253–263.
37) Fukui Y., Tanaka Y., Kusumi T. et al : A rationale for the shift in colour towards blue in transgenic carnation flowers expressing the flavonoid 3', 5'-hydroxylase gene. Phytochemistry 2003 ; 63 ; 15–23.
38) Yabuya T., Nakamura M., Iwashina T. et al : Anthocyanin-flavone copigmentation in bluish purple flowers of Japanese garden iris (Iris ensata Thunb.) Euphytica 1997 ; 98 ; 163–167.
39) Katsumoto Y., Mizutani M., Fukui Y. et al : Engineering of the rose flavonoid biosynthetic pathway successfully generated blue-hued flowers accumulating delphinidin. Plant Cell Physiol 2007 ; 48 ; 1589–1600.
40) Peer W.A., Murphy A.S. : Flavonoids and auxin transport : modulators or regulators? Trends Plant Sci 2007 ; 12 ; 556–563.
41) Saslowsky D.E., Warek U., Winkel B.S. : Nuclear localization of flavonoid enzymes in Arabidopsis. J Biol Chem 2005 ; 280 ; 23735–23740.
42) Ringli C., Bigler L., Kuhn B.M. et al : The modified flavonol glycosylation profile in the Arabidopsis rol1 mutants results in alterations in plant growth and cell shape formation. Plant Cell 2008 ; 20 ; 1470–1481.

第2編
アントシアニンの生理機能研究動向

第5章　酸化ストレス防御因子としてのアントシアニン
　　　　……………………五十嵐 喜治

第6章　アントシアニンの視覚改善機能
　　　　……………………平山 匡男

第7章　アントシアニンと
　　　　メタボリックシンドローム予防
　　　　……………………津田 孝範

第8章　アントシアニンとがん予防
　　　　……………………侯 德興

第9章　アントシアニンの代謝・吸収
　　　　－最近の知見から－
　　　　……………………松本　均

第5章 酸化ストレス防御因子としての アントシアニン

五十嵐 喜治*

1. はじめに

　フェノール性水酸基を有するアントシアニンは他のフェノール化合物と同様，in vitroではラジカル消去・抗酸化作用を示す。しかしながら，これらの機能から期待できる動物個体レベルでの酸化ストレス制御機能については，個々のアントシアニンを単一成分として大量に取得しにくいこともあって，必ずしも十分な研究が行われてない。最近ではアントシアニンの動物における機能を考えるにあたって重要な，その腸管腔からの吸収と特性について多くの知見が得られるようになった反面[1-3]，その体内酸化ストレス制御については明確な結果を得ている例が比較的少ない。最近ではビルベリーアントシアニン，カシスアントシアニンを含むアントシアニン混合物のヒトでの摂取に伴う転写因子の制御を介した炎症誘発性因子（Pro-inflammatory mediator）の抑制[4]，マウスでの酸化的腎障害に対するビルベリーの抑制効果[5]，ラットでの四塩化炭素による脳内酸化ストレスに対する予防[6]，2型糖尿病モデル動物あるいは糖尿病作成動物における酸化の亢進に対する予防効果などがin vivoにおける実験として報告されている[7]。一方，アントシアニンが各種培養細胞において示す機能については数多く報告されるようになった。アントシアニンによる第2相酵素の誘導による酸化ストレス誘発性アポトーシスの制御[8]，マクロファージにおけるiNOS，COXの発現に対する抑制[9]，ヒト腫瘍細胞の分化抑制[10]，抗生物質によって心筋細胞から放出される活性酸素種の消去[11]，ペルオキシラジカルが引き起こすアポトーシスの阻害[12]，神経細胞における活性酸素

*山形大学農学部生物資源学科

種生成の抑制とアポトーシスの阻害[13]などが報告されている。本章ではこれらのいくつかについて紹介する。

2. アントシアニンとラジカル消去

アントシアニンの生理機能の発現にはそのラジカル消去・抗酸化作用が密接に関わっていることが推察されている。*in vitro*において低密度リポタンパク質（LDL）をシアニジン（Cy）存在下，銅触媒によって酸化を行うと脂質の酸化に基づくヘキサナールの生成が抑制されることが明らかとなり，アントシアニンのラジカル消去・抗酸化作用と生理機能との関連が強く推察されるようになった[14]（図5-1）。ナスの主要色素ナスニンのラジカル消去活性をESR（電

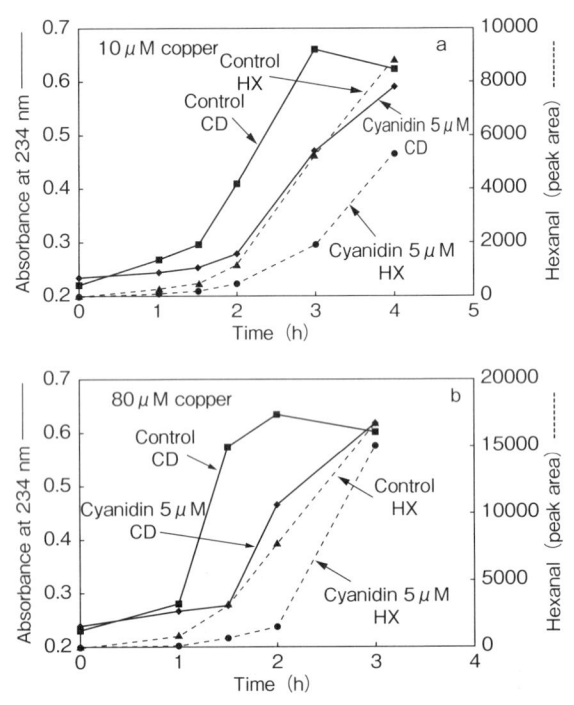

図5-1 10μM銅(a)と80μM銅(b)によるLDLの酸化に及ぼすシアニジンの影響[14]
実線は共役ジエン（CD），破線はヘキサナール（HX）を示す。

2. アントシアニンとラジカル消去

子スピン共鳴）法で測定すると，ヒポキサンチン-キサンチンオキシダーゼ系で生成するスーパーオキシドアニオンがナスニンによって濃度依存的に消去されることがわかる（図5-2）。スピントラップ剤 DMPO（5,5-dimethyl-1-pyrroline-N-oxide）の濃度をかえて測定した場合，ナスニン濃度とDMPO-OOHスピンアダクト量の関係を示す曲線が濃度をかえても重なり合わないことから，ナスニンがスーパーオキシドアニオン消去活性を有することが検証された[15,16]。一方，ナスニンによるH_2O_2-$FeSO_4$系で生成する水酸ラジカルの消去活性をESR法で測定すると，シグナルの減少がみられるが，DMPO濃度をかえて測定するとナスニン濃度とDMPO-OHスピンアダクト量の関係を示す曲線

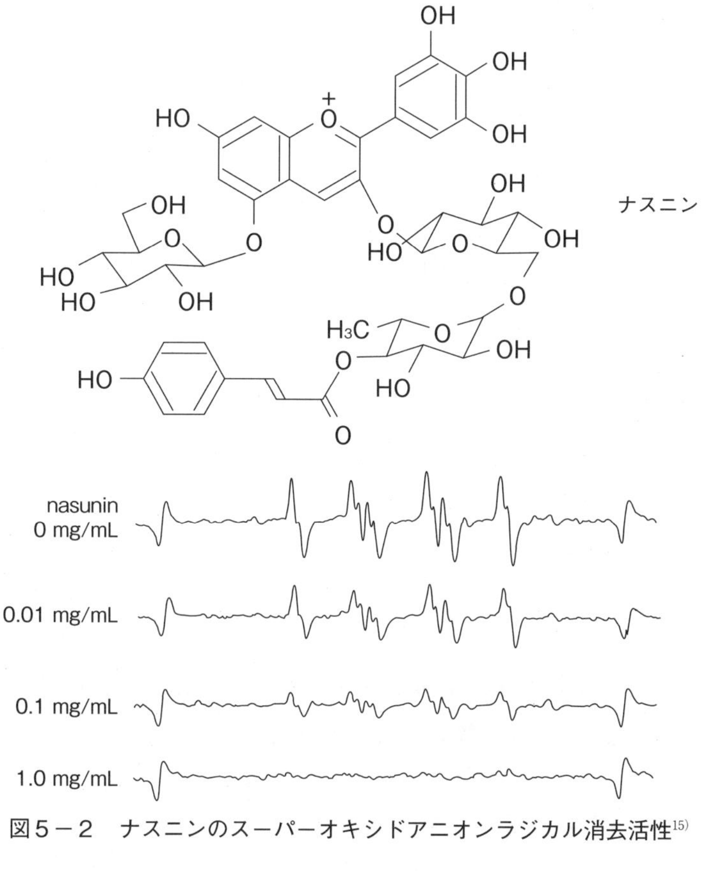

図5-2　ナスニンのスーパーオキシドアニオンラジカル消去活性[15]

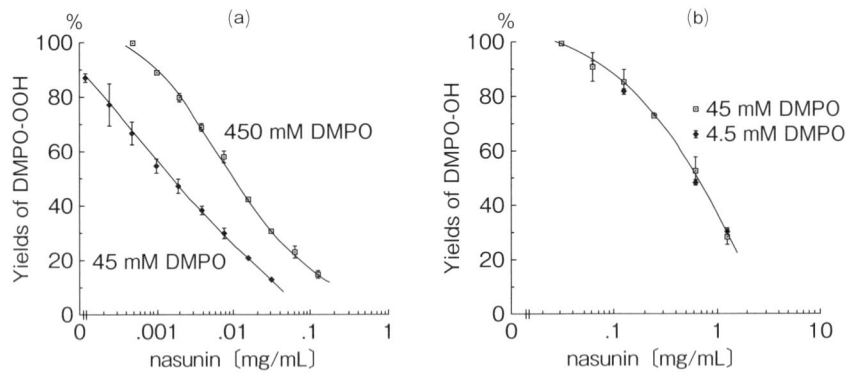

図5-3　ナスニンの濃度とDMPO-OOHシグナル強度(a)，またはDMPO-OHシグナル強度(b)との関係
（文献16を一部改変）

が重なり合うことから（図5-3），この測定系ではナスニンの金属キレート作用が見かけ上，水酸ラジカルの消去作用として表れていることになる[15,16]。この場合は異なる系での検討が必要となる。

3. パラコート投与・糖尿病由来体内過酸化とアントシアニン

　体内で活性酸素種を生成することが知られている農薬のパラコート（Paraquat）を飼料とともに投与したラットでは，肺の浸潤，動脈硬化指数の上昇が認められるが，赤キャベツアシル化アントシアンを同時に投与したラットではこれらのいずれもが抑制されることが知られている[17]。また，アントシアニン投与ではパラコート投与に伴うNADPH-P450還元酵素の活性上昇が抑制され，それに伴ってパラコートラジカルの生成，さらには活性酸素種の生成が抑制されて，体内過酸化が抑制されると考えられている[17]（図5-4）。アシル化アントシアニンは腸管腔からの取り込みがその非アシル化体に比べて低いと予想されていることから，その効果発現機構についてはさらなる検討が必要とされる。

　シアニジン3-O-ジグルコシド，シアニジン3-O-グルコシルルチノシドおよびシアニジン3-O-ジグルコシドを主要アントシアニンとするアントシニン画

3. パラコート投与・糖尿病由来体内過酸化とアントシアニン

分をボイセンベリーから調製し，ストレプトゾトシンの腹腔内投与で誘発した糖尿病ラットに食事として給与すると，血糖値の上昇抑制，肝臓 8-Hydoroxy 2-deoxyguanosine（8-OH dG）レベルの低下がみられる。肝臓ホモジネートへのラジカル発生剤AAPH添加による酸化に対してもアントシアニン投与群において抑制がみられる。このようなことから，これらのアントシアニンあるいはその分解・修飾化合物の一部は吸収された後，体内酸化の抑制を通して障害の予防に有用な働きを示すことが予想される[18]。これらのアントシアニンは

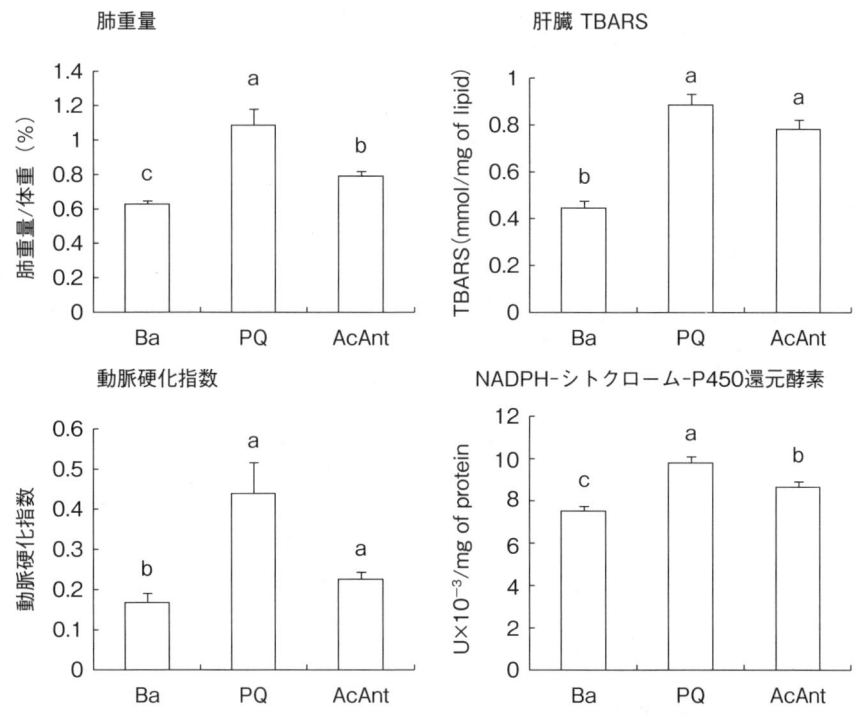

図5-4 赤キャベツ主要アシル化アントシアニン（AcAnt）がパラコート酸化ストレス負荷ラットの肺重量，血中脂質過酸化，動脈硬化指数およびNADPH-シトクロムP450還元酵素活性に及ぼす影響[17]

Ba：基本食給与群，PQ：パラコート投与群，AcAnt：パラコート投与＋赤キャベツ主要アシル化アントシアニン給与群
　共通の英数字を持たない群間は有意差あり（$p<0.05$）。

血中に構造未変化のまま検出されるが,シアニジン3-グルコシルルチノシドが他に比べて移行量が少なく,糖部分の違いによってもその体内移行・利用性に差の生じることが示唆されている。

4. 四塩化炭素・ガラクトサミン誘発肝障害とアントシアニン

　四塩化炭素をラットに腹腔内投与すると,トリクロロメチルラジカル,トリクロロ酢酸ラジカルなどが生成し(図5-5),ラジカルによる脂質の過酸化

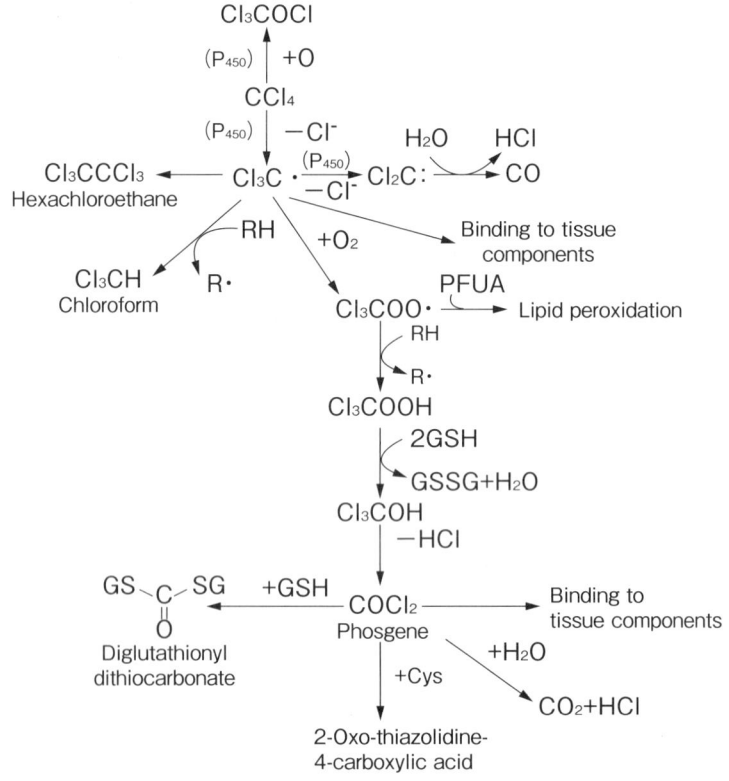

図5-5　四塩化炭素の体内変換とラジカル生成[19]

が原因の一つとなってマロンジアルデヒドが極微量生成する。したがって，その反応産物としてのチオバルビツール酸反応物（TBARS：thiobarbituric acid reactive substances）は体内過酸化とともに上昇するのが一般的である。アントシアニンを含むブドウジュースを2日に1回 30日間，体重100g当たり0.7mL 経口投与したラットでは，四塩化炭素の3 mL/kg体重 腹腔内投与6時間後において，その脳線条体，黒質の過酸化が抑制されること（図5－6），さらにはそれらの酸性下加熱によるタンパク質の酸化由来カルボニル化合物が低値を示すこと，また，ジュース投与群ではSOD活性に上昇がみられることなどが報告されており，アントシアニンの体内過酸化抑制作用が推察されている。しかしながら，使用したジュースにはその他の化合物も含まれており，さらなる検討が必要とされている[6]。

ガラクトサミンのラット腹腔内投与によって引き起こされる肝障害に対するアントシアニンの防御機能についてみると，3種のシアニジン配糖体からなる

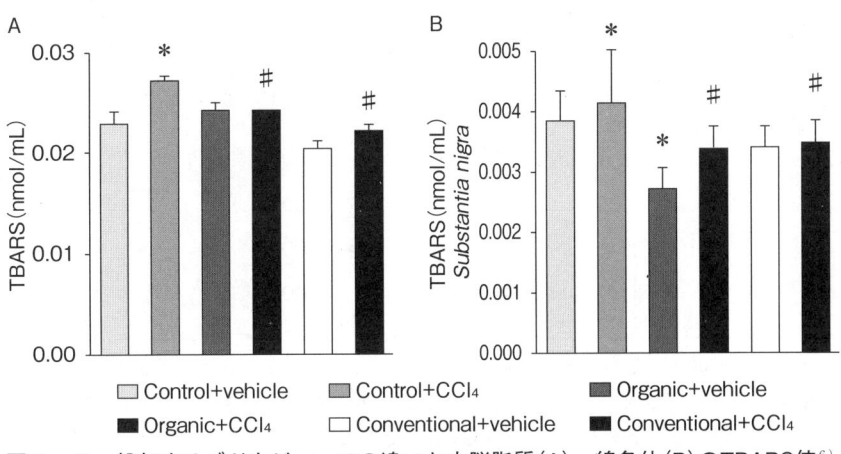

図5－6　投与するブドウジュースの違いと大脳脂質(A)，線条体(B)のTBARS値[6]

＊$p<0.05$　対照群（ブドウジュース投与なし）のマウスに30日目にオリーブオイル（vehicle）を腹腔内投与した群と，四塩化炭素を腹腔内投与した群を比較したとき有意差あり。＃$p<0.05$　対照群のマウスに四塩化炭素を腹腔内投与した（30日目）場合とあらかじめブドウジュースを経口投与したマウス（2日に1回）に四塩化炭素を腹腔内投与した（30日目）場合を比較したとき有意差あり。

　Organicは特定の農場で栽培されたブドウから絞ったジュース，Conventionalは市販のブドウジュースを示す。

ボイセンベリーアントシアニンを0.15%の割合で添加した基本飼料を6日間給与後，ガラクトサミンを腹腔内投与した群は，基本飼料の対照群に比べて，血漿ALT（アラニンアミノトランスフェラーゼ），AST（アスパラギン酸アミノトランスフェラーゼ）の活性上昇が抑制される結果が得られている[20]（図5-7）。また，ナスニンを0.1%添加した基本飼料を5日間給与後，ガラクトサミンの腹腔内投与によって肝障害を誘発した場合も，対照群に比べてナスニン給与群のALT, ASTが低い値を示す[21]。またラジカル発生剤AAPH（2,2'-azo-bis（aminopropane）hydrochloride）を肝臓ホモジネートに添加して37℃反応を行うと，ナスニン添加群のホモジネートの酸化が低く，ナスニンあるいはその体内分解・修飾産物が体内酸化を抑制していることなどが推察されている（図5-8）。

ガラクトサミン誘発肝障害は，ガラクサトサミン代謝時に使用されるウリジン3-リン酸（UTP）の減少に伴うRNA，タンパク質合成の障害によるとされているが不明点も多い[22]（図5-9）。アントシアニンの作用点については明確な結果が得られていない。

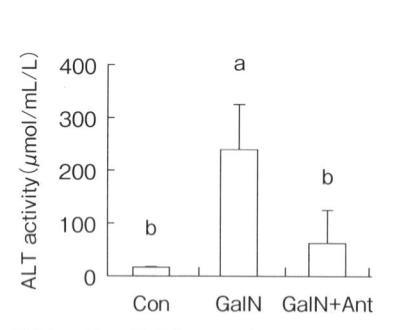

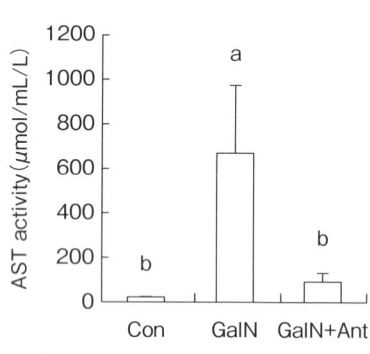

図5-7　ボイセンベリーアントシアニンによるガラクトサミン（D-GalN）誘発肝障害ラットのALTおよびAST活性上昇阻害[20]

Con：基本飼料を5日間給与後生理食塩水を腹腔内投与，GalN：基本飼料を5日間給与後GalNを腹腔内投与，GalN + Ant：ボイセンベリーアントシアニン画分0.15%添加基本飼料を5日間給与後GalNを腹腔内投与
異なる英数字は群間において有意差あり。
（Igarashi et al：Biofacrs；2004；21：259-261）

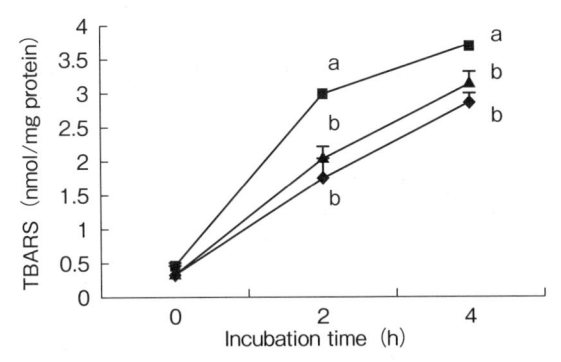

図5−8 ナスニンのガラクトサミン（D-GalN）誘発肝障害ラットへの給与が肝ホモジネートの酸化抵抗性に及ぼす影響[21]

◆対照群（基本飼料5日間給与），■ガラクトサミン群（基本飼料給与後ガラクトサミン腹腔内投与），▲ナスニン+ガラクトサミン群（0.15%ナスニン添加基本飼料5日間給与後ガラクトサミン腹腔内投与）．各群ラットの肝臓ホモジネートに体内ラジカル発生剤AAPH（2,2'-azo-bis(2-amidinopropane) dihydrochloride）を添加し，37℃反応を行いながら，経時的に脂質過酸化のマーカーとしてのTBARS値を測定した。

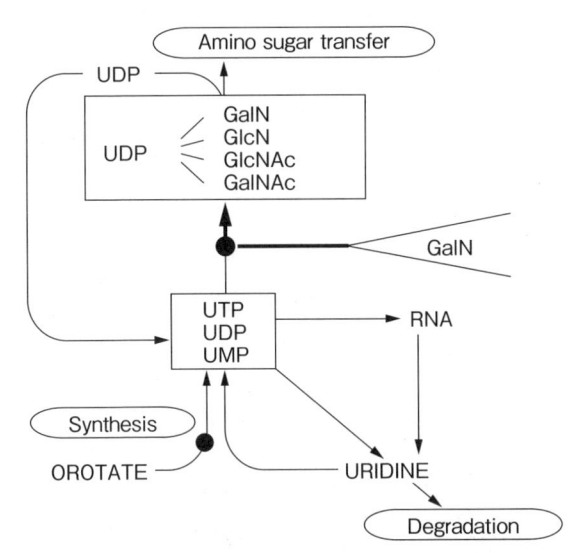

図5−9 ガラクトサミン（GalN）によるウリジン3-リン酸（UTP）の減少とそれに伴って影響を受ける体内因子，およびピリミジンヌクレオチド前駆体を介した回復[22]

5. 細胞レベルでのアントシアニンによる酸化制御

　アントシアニン（Cy，シアニジン3-O-グルコシド，ディルフィニジン，マルビジンなど）がラットClone 9細胞において抗酸化容量を増大させること，グルタチオン関連酵素（グルタチオンレダクターゼ，グルタチオンペルオキシダーゼ，グルタチオンS-トランスフェラーゼ）の発現を助長させること，還元型グルタチオン量を増加させること，NADPH-キノン酸化還元酵素を誘導すること，また，これらの機能が過酸化水素による細胞のプログラム死を防御することなどが知られている[8]。アントシアニンによって抗酸化，解毒に関わる遺伝子の抗酸化剤応答エレメント（ARE）の上流が調節を受け，第2相酵素が発現して酸化ストレス防御系が増強するとされている。その他，上記アントシアニンはH_2O_2による細胞の初期アポトーシスを抑制することなども明らかにされている[8]（図5-10）。シアニジン3-O-グルコシドはCaco-2細胞においてもAAPHの添加によって生成するペルオキシラジカルによる細胞のアポトーシスを抑制する。また，アポトーシスにおいてみられるG1フェーズ細胞の割合の増加に抑制のみられることが知られている[12]。

　最近ではTHP-1マクロファージにおいて，シアニジン3-O-グルコシドが核内受容体のペルオキシゾーム増殖剤応答性受容体γ（PPARγ）と肝臓X受容体α（LXRα）の発現と転写活性を増強させること（図5-11），リポポリサッカライド誘導性酸化窒素シンセターゼ（iNOS），シクロオキシゲナーゼ-2（COX-2）をmRNAとタンパク質レベルで用量依存的に阻害すること，同時に一酸化窒素（NO）とプロスタグランジンE-2（PGE$_2$）の産生に低下のみられることなどが明らかにされている。また，LXRの活性化がシアニジン3-O-グルコシドの抗炎症作用と強く関わっているとされている[9]。

　アントシアニンのペラルゴニジンは，細胞内タンパク質の分解やシグナル伝達，分化，免疫応答，神経変性疾患に伴う酸化ストレスの保護などに関わるプロテアソームを阻害することがHL-20細胞を用いた実験で明らかにされてお

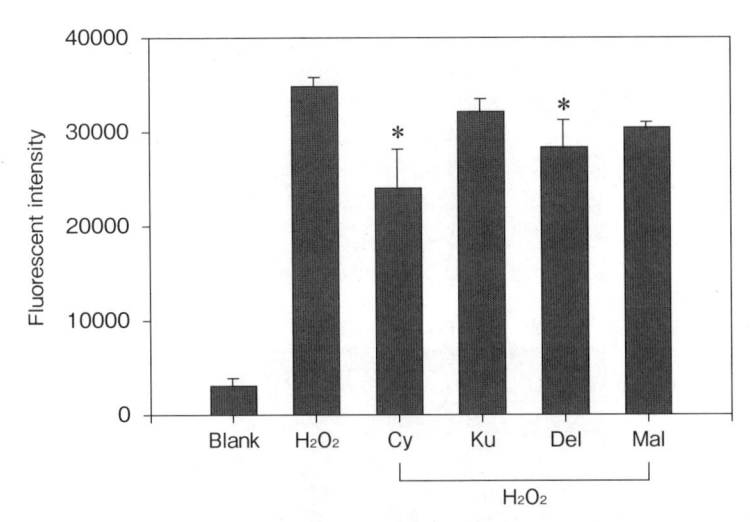

図5-10 過酸化水素によって誘導されるClone 9細胞におけるカスパーゼ-3の活性化（初期アポトーシス）に対するアントシアニンの阻害活性[9]

Clone 9細胞を4種のアントシアニン（50μM）によって24時間処理を行った。次いでH_2O_2（70μL）を加えて6時間処理を行った。カスパーゼ活性はカスパーゼ-3阻害活性キットを用いて測定した。Cy：シアニジン，Ku：シアニジン3-グルコシド，Del：ディルフィニジン，Mal：マルビジン
（Shin et al : Life Sciences 2008 ; 83 : 176-184）．

り，その抗腫瘍，抗酸化，抗炎症，神経保護作用などが期待されている[23]。また，アントシアニンによるプロテアソームのキモトリプシン様活性に対する阻害はペラルゴニジンではその3,5位のグルコース配糖体よりも強いが，ディルフィニジンではその3位のグルコース配糖体のほうが強い活性を示す（図5-12）。アントシアニンまたその in vivo 代謝産物の細胞での神経保護効果についてもヒト神経細胞SH-SY5Yで検討が行われており，シアニジン（Cy）がシアニジン3-O-グルコシド（Cy 3-O-Glc），その分解産物としてのプロトカテキュ酸（PA）よりも細胞膜および細胞質において強いDNA切断保護効果を示すことが知られている[12]（図5-13）。またCyとPAがH_2O_2誘導アポトーシスを阻害してミトコンドリア機能とDNA切断を保護することが知られており，CyとPAが脳神経の活動とも密接に関係していることなどが推察されている[13]。

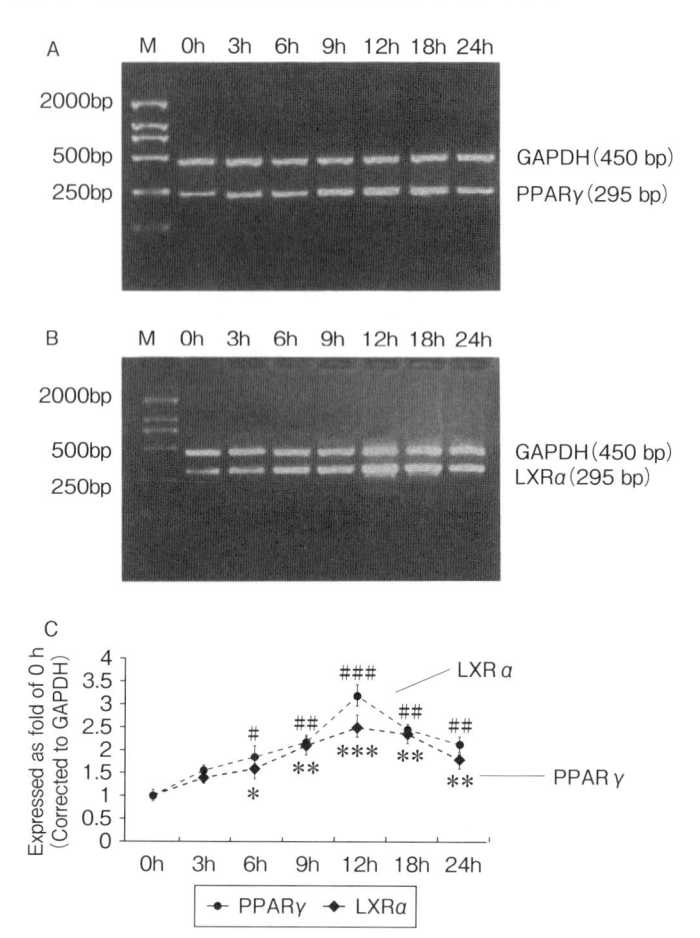

図5−11 シアニジン3-グルコシド（C3G）によって誘導されるPPARγとLXRαの経時的変化[9]

THP-1マクロファージを100μMのC3Gで0−24時間処理を行った。PPARγ（A）とLXRα（B）のmRNA発現量はRT-PCRで測定を行った。PPARγとLXRαのmRNAレベル（C）はGAPDHで補正し、0時間（1と設定）に対する相対値として示した。結果は3回測定の平均値±標準誤差として示し、処理の違いによる有意性を示した。ANOVA後，Mann−Whitneyの検定を行った。0時間に対して＊$p<0.05$，＊＊$p<0.01$，＊＊＊$p<0.001$で有意差あり（PPARγ）。0時間に対して＃$p<0.05$，＃＃$p<0.01$，＃＃＃$p<0.001$で有意差あり（LXRα）。

5. 細胞レベルでのアントシアニンによる酸化制御   105

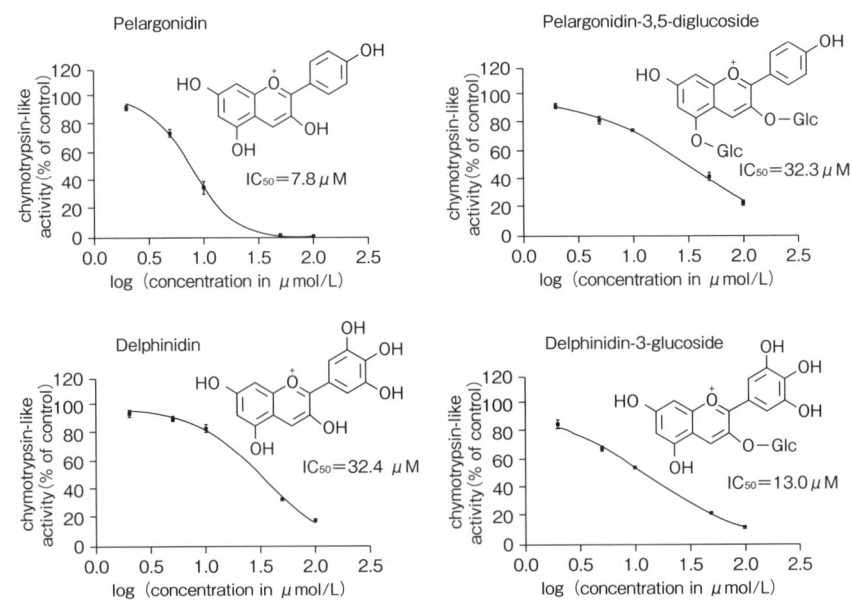

図5-12 ペラルゴニジン，ディフィニジンおよびその配糖体ペラルゴニジン-3,5-ジグルコシド，ディルフィニジン-3-グルコシドによるキモトリプシン様プロテアソーム活性の濃度依存的阻害[23]

HL-60細胞に濃度の異なる試験化合物を添加し，7分間反応を行った。プロテアソーム活性は等量のDMSOを添加した対照群細胞の相対活性として示した。データは3回別個に行った値の平均値±標準偏差として示す。IC50は非回帰直線を使用し，用量-応答曲線から算出した。

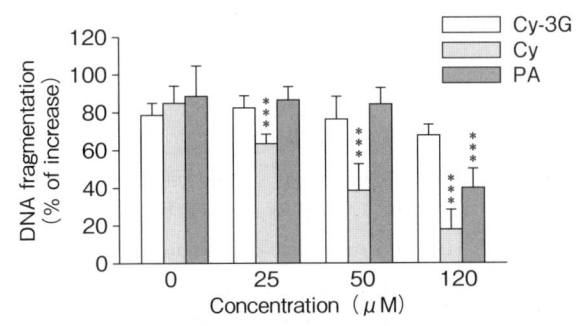

図5-13 シアニジン3-グルコシド（Cy-3G），シアニジン（Cy），プロトカテキュ酸（PA）の前処理がH_2O_2によるDNA断片化に及ぼす影響[13]

SH-SY5Y細胞をH_2O_2で処理する（300μM，3時間）前，種々の濃度のCy-3G，Cy，PAを5% CO_2下37℃，2時間処理した。DNA断片化はH_2O_2処理18時間後に測定した。DNA断片化はそれぞれの非処理対照群の増加に対する割合として示した。結果は3回別個に行った実験の平均値±標準誤差として示した（未処理群に対する処理群：＊＊＊$p<0.001$　ANOVA後　Dunnett post hoc検定で有意差あり）。

文　献

1) Wu X., Pittman H.E., Prior R.L. : Pelargonidin is absorbed and metabolized differently than cyanidin after marberry consumption in pigs. J Nutr 2004 ; 134 ; 2603-2610.
2) Severine T., Catherine F., Odile T., Catherine B., Jean-Louis L., Christian R. : Anthocyanins are efficiently absorbed from the stomach in anesthetized rats. J Nutr 2003 ; 133 ; 4178-4183.
3) Matuschek M.C., Hendriks W.H., McGhie T.K. et al : The jejunum is the main sie of absorption for anthocyanins in mice. J Nutr Biochem 2006 ; 17 ; 31-36.
4) Karlsen A., Retterstol L., Laake P., Paur I., Kjolsrud-Bohn S., Sandvik L., Blosmhoff R. : Anthocyanins inhibit nuclearfactor-κB activation in monocytes and reduce plasma concentrations of pro-inflammatory mediators in healthy adults. J Nutr 2007 ; 137 ; 1951-1954.
5) Bao L., Yao X-S., Tsi D., Yau C-C., Chia C-S., Nagai H., Kurihara H. : Protective effects of bilberry (*Vaccinium myrtillus* L.) extract on $KBrO_3$-induced kidney damage in mice. J Agric Food Chem 2008 ; 56 ; 420-425.
6) Dani C., Pasquali M-A.B., Oliverira M.R., Umezu F.M. et al : Protective effects of purple grape juice on carbon-tetrachloride-induced oxidative stress in brains of adult Wistar rats. J Med Food 2008 ; 11 ; 55-61.
7) Sugimoto E., Igarashi K., Kubo K., Molyneux J., Kubomura K. : Protective effects of boysenberry anthocyanins on oxidative stress in diabetic rats. Food Sci Technol Res 2003 ; 9 ; 345-349.
8) Shin P-H., Yeh C-T., Yen G-C. : Anthocyanin induce the activation of phase II enzymes through the antioxidant response element pathway against oxidative stress-induced apoptosis. J Agric Food Chem 2007 ; 55 ; 9427-9436.
9) Wang Q., Xia M., Liu C., Guo H., Ye Q., Hu Y., Zhang Y. et al : Cyanidin-3-O-β-glucoside inhibits iNOS and COX-2 expression by inducing liver X receptor alpha activation in THP-1 macrophages. Life Sciences 2008 ; 83 ; 176-184.
10) Zhang Y., Seeram N.P., Lee P., Feng L., Heber D. : Isolation and identification of strawberry phenolics with antioxidant and human cell antiproliferative properties. J Agric Food Chem 2008 ; 56 ; 670-675.
11) Choi E.H., Chang H-J., Cho J.Y., Chun H.S. : Cytoprotective effect of anthocyanins against doxorubicin-induced toxicity in H9c2 cardiomyocytes in relation to their antioxidant activities. Food Chem Toxicol 2007 ; 45 ; 1873-1831.

12) Elisla I., Kitts D.D. : Anthocyanins inhibit peroxy radical-induced apoptosis in Caco-2 cells. Med Cell Biochem 2008 ; 312 ; 139−145.
13) Tarozzi A., Morroni F., Hrelia S., Angeloni C., Marchesi A., Cantelli-Forti G., Hrelia P. : Neuroprotective effects of anthocyanins and their in vivo metaqbolites in SH-SY5Y cells. Neuroscience Letters 2007 ; 424 ; 36−40.
14) Satue-Gracis M.T., Heinonen M., Frankel E.N. : Anthocyanins as antioxidants on human low-density lipoprotein and lecithin-liposome systems. J Agric Food Chem 1997 ; 45 ; 3362−3367.
15) Noda Y., Kaneyuki T., Igarashi K., Mori A., Packer L. : Antioxidant activity of nasunin, an anthocyanin in eggplant. Res Commun Mol Pathol Pharmacol 1998 ; 102 ; 175−197.
16) Noda Y., Kaneyuki T., Igarashi K., Mori A., Packer L. : Antioxidant activity of nasunin, an anthocyanin in eggplant peels. Toxicology 2000 ; 148 ; 119−123.
17) Igarashi K., Kimura Y., Takenaka A. : Preventive effects of dietary cabbage acylated anthocyanins on paraquat-induced oxidatie stress in rats. Biosci Biotechnol Biochem 2000 ; 68 ; 1600−1607.
18) Sugimoto E., Igarashi K., Kubo K. et al : Protective effects of boysenberry anthocyanins on oxidative stress in diabetic rats. Food Sci Techbnol Res. 2003 ; 9 ; 345−349.
19) de Fouw Ms J : Carbon tetrachloride. in : Enviromental health criteria. World Heaith Organization 1999. p44.
20) Igarashi K., Sugimoto E., Hatakeyama A., Molyneux J Kubomura K. : Preventive effects of dietary boysenberry anthocyanins on galactosamine-induced liver injury in rats. Biofacrs 2004 ; 21 ; 259−261.
21) Sugimoto E., Igarashi K. : Preventive effect of dietary nasunin on galactosamine-induced liver injury in rats. Food Sci Technol Res 2003 ; 9 ; 94−99.
22) Decker K., Keppler D. : Galactosamine hepatitis:key role of the nucleotide deficiency period in the pathogenesis of cell injury and cell death. Rev Physiol Biochem Pharmacol 1974 ; 71 ; 77−102.
23) Dreiseitel A., Schreier P., Oehme A., Locher S., Rogel G., Piberger H., Hajak G., Sand P.G. : Inhibition of proteasome activity by anthocyanins and anthocyanidins. Biochem Biophys Res Commun 2008 ; 372 ; 57−61.

第6章　アントシアニンの視覚改善機能

平山　匡男*

　21世紀は情報化の時代，ビジネスは勿論，日常生活の中でも，情報の重要性は高まり続けている。情報の80％以上は眼から入るといわれており，特に，テレビ，パソコン，携帯電話などVDT（visual display terminals）への依存度が高まってきた結果，日常的に眼を酷使している人が多い。さらに，加齢による機能低下も加わり，視覚機能や眼精疲労は世代を超えた関心事となっている。

　このような環境変化の中で，伝統的に眼に良いといわれてきた食品を科学的に評価しようとする研究が急速に展開されている。眼は，膨大な光情報を伝達するために，いろいろな組織が複雑に同調して働く精密な器官であり，視覚機能を科学的に評価するためには，標的とする機能を適切に測定しなければならない難しさがある。しかし，その社会的必要性から，近年，活発な研究が展開されてきており，視覚改善機能の科学的エビデンスを持つ食品成分の機能が明らかになってきている。本章では，視覚改善機能に関与するアントシアニンと，その科学的研究法について述べる。

1．食品成分と視覚機能

　古くは，八つ目うなぎや菊花，メグスリの木，最近ではブルーベリーのように，眼に良いといわれてきたいくつかの食品がある。詳しい説明は省略して，食品の代表例と有効成分，該当する視覚改善機能を表6－1に示す。表に示されるように視覚機能に関係する有効成分の中では，ビタミンAが最もよく知ら

＊新潟薬科大学応用生命科学部食品科学科

れている。食事中のビタミンAは吸収されて網膜視細胞に到達し，視物質ロドプシンの構成単位，レチナールに代謝されていることが明らかになっている。したがって，栄養機能食品では，「ビタミンAは夜間の視力の維持を助ける栄養素」として表示することが可能となっている。ブルーベリーを摂取していると夜間視力が向上するという第2次大戦の空軍パイロットの話が注目されて，1960年代からアントシアニンの研究も継続的に行われてきた。

1990年代に入り眼への関心が高まるとともに，食品成分と視覚機能に関する研究も急速に拡大した。特に，アメリカでは，加齢に伴う網膜黄斑部の疾患（加齢性黄斑変性症）が社会的な関心を集め，その原因解明と解決のために，発症率と食事経歴に関する疫学的研究が進められてきた。その結果，食事由来のフィトカロテノイドであるルテイン／ゼアキサンチンの摂取量と罹患リスクとの間に負の相関があることが見いだされ，その後行われた多くの臨床試験でルテイン摂取の有効性が確認されている。これらの研究が牽引役となり，視覚機能を予防・維持できる食品成分に関する研究手法や科学的なエビデンスも豊富になってきた。

表6-1 眼に良い食品の代表例と有効成分，その視覚改善機能と研究期間

| 食品 | | 視覚改善機能 | | | | 研究 |
代表例	有効成分	視力*	網膜機能	白内障	眼精疲労	期間
うなぎ，レバー	ビタミンA	○				1900〜
ブルーベリー	アントシアニン	○	○		○	1960〜
野菜，果物	ビタミンC，E		○	○		1990〜
牡蠣，レバー	ミネラル, Zn, Cu		○			1990〜
イワシ，サバ	不飽和脂肪酸	○				1990〜
ほうれん草	ルテイン		○	○		1990〜
菊花	フラバノン			○		2000〜

* 夜間視力（とりめ）を含む。

2. 視覚のプロセスと機能

視覚とは，対象物を光情報として捕らえて信号化し，その信号を脳に伝えて像として判断・認識するプロセスである。したがって，関係する器官の役割と機能

は多様であり、視覚機能を評価するとき、測定しようとする組織に適合した評価方法を選択することが重要となる。特に、眼球のみに限定した機能を視機能、脳の判断機能までを含むケースを視覚機能として区別するときもある。視覚機能を理解するために、視覚のプロセスと機能について簡単に解説する。視覚に関わる機能や測定法に関する詳細な情報を必要とするときは、専門書[1]が参考になる。

(1) 視覚のプロセス

眼球は光を受容・信号化するために高度に発達した複合組織であり、光エネルギーの質・量的な差異を超高速かつ超精密に神経の活動電位信号に変換する。その信号は、視細胞から視神経を通り脳へ伝わり、脳で視覚として認識される。図6-1に眼球と脳が連動した視覚のプロセスを示し、その機能を①から⑤に示す。

眼球の視機能は、カメラの機能によく対比される。瞳孔径を調節する虹彩はカメラの絞りに、水晶体の焦点を調節する毛様体筋はカメラレンズの調節駆動力に、網膜像の検出・信号化する網膜は、カメラのフィルムに対応する。網膜上に受容された信号が脳に伝わり対象物の像として認識されるプロセスは、

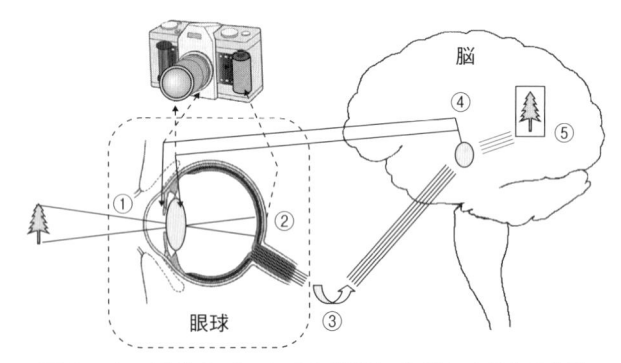

図6-1 視覚のプロセスと機能およびカメラとの対比

①眼球が対象物からの光を感受すると、瞳孔径(虹彩)が変化して光量を調節し、毛様体筋が水晶体の厚さを調節して、網膜上にはっきり像を結ばせる(結像)。
②結像を網膜視細胞は受容・検出して信号化する。
③信号は、網膜から視神経を通り脳に伝達される。
④脳は、光量の調節を虹彩へ、焦点の調節を毛様体筋へ指令する(フィードバック)。
⑤像を判断・確認することにより、対象物として認識(視覚)する。

フィルムでは現像処理による画像化といえる。このように，眼球の機能がカメラで，脳の機能がフィルムの現像と考えるとわかりやすい。

(2) 視覚機能の名称と評価法

前述のように視覚機能は，役割の異なる複数の組織が関係している結果，各組織に対応する機能の名称と評価方法を理解することが必要となる。アントシアニンに関する多くの視覚機能研究の中で，繁用されている視覚機能の名称や評価方法を表6－2で簡単に概説した。本章で述べる研究に関連する内容については，該当する項目で詳しく解説する。

表6－2 視覚機能の名称，機能の内容と関係組織，評価方法

名　称	機能の内容と関係組織	評　価　方　法
視　力	ものの形や存在を認識する機能で，眼球，視神経，脳の機能が関係する。いずれかに機能低下や障害を生じると，視力は低下する。	視力 フリッカー値
光　覚	光とその強さを網膜視細胞が感じる機能で，明るいところで働く錐体と暗がりで働く桿体の2種類がある。	網膜電位（ERG） 明暗順応 ロドプシンの挙動
色　覚	色を感じる機能で，網膜視細胞錐体が担当する。	光信号の増幅
屈　折	角膜，房水，水晶体，硝子体により，光を網膜上に像を結ぶように屈折する機能。屈折に異常があると，近視や遠視，乱視となる。	屈折値
調　節	屈折度を微調整するために，水晶体の厚さを変える機能で，毛様体筋が働く。調節力は加齢とともに低下して，老眼となる。	調節力 毛様体筋の伸縮力

3．ビルベリーアントシアニンの視覚機能に関する研究

アントシアニンの視覚機能に関する科学的な研究は，ビルベリーおよびその抽出成分に関する約40年の歴史があり，10年前から，カシス由来のアントシアニンが加わっている[2]。したがって，アントシアニンが示す視覚機能を理解するためには，ビルベリーの研究は欠くことができない。ビルベリーアントシアニンについては，前版[3]にも解説されている内容は簡単に述べ，重複しない部分について解説する。

(1) ビルベリーアントシアニンとは

ビルベリーはヨーロッパに生育する落葉低木で，成熟した黒紫色の液果（ベリー）は0.37％のアントシアニンを含み，ベリー類の中では含有量は最も高い[4]。ビルベリー液果には15種類のアントシアニンが含まれており，5種類のアグリコン（delphinidin（De），cyanidin（Cy），petunidin（Pt），peonidin（Po），malvidin（Mv））がそれぞれ3種類の配糖体（glucoside（Glc），galactoside（Gal），arabinoside（Ara））を形成している。これらのアントシアニン成分を抽出・濃縮して36％（w/w）以上含有する粉末がビルベリーアントシアニン（VMA，*Vaccinium myrtillus* anthocyanosides）であり，イタリア・フランスで毛細血管機能を改善する医薬品の原末として使用されてきている[5]。

(2) ビルベリーアントシアニンの視覚機能に関する研究

VMAと視覚機能に関する研究は，1960年代のイタリアやフランスから始まり，多くの試験が継続的に行われてきた。表6-3にまとめられているように，無作為比較を含めた臨床試験が中心になっているが，その作用機序を解明するための動物実験や *in vitro* 試験も行われている。

1）ヒト臨床試験による視覚機能評価

研究対象を試験方法で分類すると，網膜機能の暗順応に及ぼす作用に関する研究が最も多く，6報ある。その中の5つの研究で光覚閾値や順応速度の改善が認められている。暗順応とは，明るいところから暗いところに入ったときに，光に対する感受性（視覚）が高まることをいう。したがって，暗順応の改善は夜間視力などの向上と関連するものであり，最もよく知られているアントシアニンの夜間視力改善作用の科学的な根拠となっている。視力やフリッカー値に関する報告も3報あるが，表中の試験では有意差が認められていないケースが多い。1報ずつではあるが，調節力や眼精疲労，眼圧や眼血流が改善される報告があり，アントシアニンの作用としてそれぞれ興味深い。この他にも，糖尿病や高血圧性網膜症患者が1ヶ月経口摂取すると，検眼鏡および蛍光眼底造影法

による検査で77〜90％に症状の改善が認められた研究や，白内障患者が摂取すると水晶体の濁りの進行が抑制される効果も報告されている。暗順応や屈折・調節などの測定法については，カシスアントシアニンの項で詳しく解説する。

ヒト臨床試験により有効性を評価するとき，被験者の身体的特性や測定条件も重要となる。多くの場合，健常者よりも標的機能のリスク患者を被験者として試験を行うことにより，効果を観測しやすいことが知られている。したがって，被験者の選択基準や階層別分析から有益な情報が得られることも多い。この観点から，仮性近視者や眼精疲労患者，高眼圧患者を被験者とした試験に注目すると，有意差のある結果が得られていることがわかる。例えば，仮性近視者の5m裸眼視力評価試験をみると，全被験者（視力0.1から0.9，63名）では統計的有意差は認められなかったが，階層分析による視力0.4以下の被験者33名で有意な改善作用が認められている。

2) 作用機序に関する研究

ヒト臨床試験に比べると少ないが，アントシアニンの網膜への作用やその機序を推定する上で興味深い試験も行われている（表6-3，試験分類：動物・酵素）。前版[3]で解説されているウサギに関する2つの動物試験の内容は簡潔に述べ，その他の in vitro 試験について少し詳しく紹介する。

a) ロドプシンの再合成促進　　ウサギに多量のアントシアニン（160mg/kg）を静注して，網膜赤色量が増えることを確認した先駆的試験であり，アントシアニンが網膜ロドプシンの再合成を促進する根拠として長く引用されてきた。11-シス-レチナールとオプシンを用いて，アントシアニンがロドプシンの再合成速度を高めることを確認した in vitro 試験については，カシスアントシアニンの項で述べる。

b) 血液房水関門の透過性を改善作用　　VMAをウサギに静注すると，血中から眼球房水中へ漏れるエバンスブルー色素の量が減少する。この事実は，血液房水関門の透過性が改善されていることを示しており，このような毛細血管機能を改善するアントシアニンの作用が身体全般に及び，視覚機能や眼精疲労の改善をもたらしているとも考えられる。

表6-3 ビルベリーアントシアニン類の視覚機能に関する代表的研究

試験分類[a]	研究デザイン 被験者（数）	試験試料[b] （摂取量 mg, 期間）
ヒト nRCT	並行プラセボ比較 健常眼者（60）	医薬品 Chivret （600, 単回）
	二重盲検プラセボ比較 （12）	製剤 LP-272 （2880, 1回）
	二重盲検プラセボ比較 空軍パイロット（40）	製剤 Difrarel （400, 1回）
	二重盲検プラセボ比較 夜間鉄道運転手（46）	記載なし （300, 7日）
	オープン試験 仮性近視者（63）	VMA （37.5, 56日）
ヒト RCT	並行 健常眼者（37）	医薬品, Chivret （400, 7日）
	並行 健常成人（10）	VMA （120, 7日）
	クロスオーバー 眼精疲労患者（20）	VMA+β-C （62.5, 28日）
	クロスオーバー 正視眼健常者（119）	抽出物 （160, 28日）
	並行 高眼圧患者（38）	VMA+Pycnogenol （160&80, 6ヶ月）
動物	ウサギ, プラセボ比較 ロドプシンの生成量	VMA 静脈投与 （160/kg, 単回）
	ウサギ, プラセボ比較 房水関門の透過性	VMA 静脈投与 （3.2/kg, 単回）
in vitro 試験	ウシ視細胞外節杆体 cGMP-PDEの活性	AC 4種 （0.01-1000mM）
	ヒト網膜色素上皮細胞 A2Eへの作用	VMAの精製AC （0.01-1000mM）

a) nRCT：非無作為臨床試験（no randomized clinical trial），RCT：無作為臨床試験（randomized clinical trial）
b) 継続摂取は，1日当たりの経口摂取量。AC：anthocyanin，β-C：β-carotene．

3. ビルベリーアントシアニンの視覚機能に関する研究

試験方法	試験内容 / 試験結果, 有意差検定[c]	文献[d] (年)
暗順応光覚閾値 フリッカー試験	1hr後に改善し2hrまで持続。 nsd(摂取前後, プラセボ群比較)	6 (1965)
暗順応速度 (a点到達速度)	摂取前9分→1 & 3hr後6.5分 に速まる(**)。	6 (1966)
暗順応光覚閾値	中閾値の7名が改善し, 低閾値13名の変化は少ない。	6 (1967)
暗順応光覚閾値 中間順応光覚閾値	1次, 2次閾値ともに改善(*)。 nsd。	6 (1979)
5m裸眼視力	摂取前後：全被験者(nsd), 視力0.4以下の階層は改善(*)。	3 (2000)
暗順応光覚閾値 薄明視野	4hr後改善(*), 24hr・8日後(nsd)。 4hr後増加(*), 8日後(nsd)。	6 1964
調節力 視力, 夜間視力	緊張, 弛緩時間ともに短縮(*)。 視力(nsd), 夜間視力(改善傾向)。	7 (1994)
自覚眼精疲労度 フリッカー試験	改善者：試験群14名プラセボ群4名。 改善：摂取前後(*)プラセボ群比(*)。	3 (1998)
視力, コントラスト感度 暗順応光覚閾値, 速度	ともにnsd。 ともにnsd。	6 (2001)
眼圧 眼血流 (眼動脈など)	3ヶ月後(25.2→22.0mmHg)(*)。 3ヶ月後に改善(*)。	8 (2008)
暗順応後の網膜 ロドプシン量 (498nm)	投与直後から増加し約30分間, 対照群より高い値を持続。	3 (1968)
血液房水関門の 透過性評価	房水中に漏れる色素の量が 投与群で抑制された。	3 (1986)
cGMP－PDE活性 への影響	低濃度で活性化, 高濃度で阻害。 AC構造により活性が異なる。	9 (1990)
A2Eの光酸化阻害率 細胞内A2Eの蓄積量	阻害し, 構造により差異がある。 AC存在下で抑制される。	10 (2005)

c) 有意差検定：nsd；有意差なし (no significant difference), ＊； $p<0.05$, ＊＊； $p<0.01$, p；危険率

d) 番号は章末文献番号を示す。3, 6はそれぞれ前版『アントシアニン』[3] または総説[6] に解説, 引用文献がある。

c）視細胞外節 cGMP-PDE の活性化作用　　アントシアニンが暗順応を改善する作用機序として，ロドプシンの再合成促進に加えて，光信号の増幅プロセス（光トランスダクションカスケード）に寄与することが報告されている。ロドプシンが受容した光信号は，ロドプシンに隣接するGタンパクのトランスデューシンとcGMP-PDE（phosphodiesterase）により約10^5倍に強く増幅される。Virmauxら[9]は，ウシ視細胞桿体外節由来の cGMP-PDE を用いて，その活性に及ぼす3種類のアントシアニジン塩化物（Cl）（Cy-Cl, Po-Cl, Mv-Cl）の作用を in vitro 試験で検討した。図6-2に示されているように，①アントシアニジン類は低濃度領域で cGMP-PDE を活性化（Cy-Cl；$2.5-10\mu M$で180％の活性化）し，高濃度領域になると阻害（$30\mu M$以上，IC_{50}，$150\mu M$）した。②活性化の強さはアントシアニジンの構造によって異なった。③予め tripsin 処理により γ-subunit を脱離させた cGMP-PDE は活性化されなかった。この結果から，アントシアニジン類が cGMP-PDE の活性化プロセスの鍵となる γ-subunit の脱離に関与して光トランスダクションを増幅し，暗順応を促進するという作用メカニズムを提案している。in vitro 試験ではあるが，アントシアニン類が光トランスダクションの鍵酵素である cGMP-PDE を活性化する可能性を示す興味ある研究である。

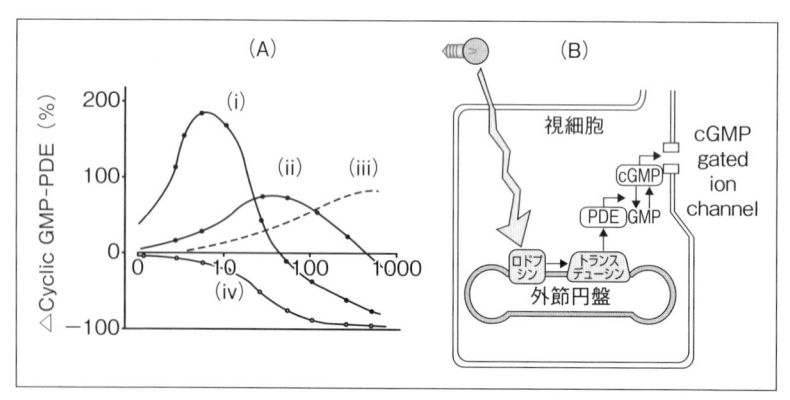

図6-2　アントシアニンによるウシ視細胞桿体外節由来のcGMP-PDE活性に及ぼす影響（A）と光トランスダクションにおけるcGMP-PDEの役割（B）
(A)：cGMP-PDEとCy-Cl (i)，Po-Cl (ii) およびMv-Cl (iii)，tripsin処理cGMP-PDEとCy-Cl (iv)（縦軸：増加活性，横軸：アントシアニン濃度）

d）ヒト網膜色素上皮細胞中Ａ２Ｅの光酸化抑制作用　　加齢により眼の機能が低下する一因として，網膜色素上皮（RPE, retinal pigment epithelium）に蓄積する加齢色素（リポフスチン）があげられる。リポフスチンの主要成分であるA2Eは，短波長光（400〜500nm）により容易に酸化ラジカルを生成するので，青色光による網膜光障害の原因と考えられている。Jangら[10]は，アントシアニンがA2Eの光酸化を抑制し，その抑制活性は構造によって異なることを報告している。図6－3－(A)に示されるように，A2E溶液（lane a）に1重項酸素を生成するendoperoxide（1, 4-dimethylnaphthalene）を共存させると，A2Eは容易に酸化物に変化する結果ほぼ消滅してしまう（lane b）。しかし，VMAの構成成分（De3GalまたはCy3Gal）を共存させると，約1/3量のA2Eが残存し，光酸化が抑制されていた（lane c, d）。また，図6－3－(B)では，ヒト培養RPE細胞（ARPE-19）にA2Eを作用させると約30％が膜障害を受ける（lane a）が，De3GalまたはCy3Galを共存させると，その障害はそれぞれ90％（lane c），72％（lane d）減少した。

このようにアントシアニンが網膜の機能に多面的に作用する可能性を示す興味ある in vitro 試験結果が報告されてきている。特に，精製した成分を用いることにより，アントシアニンの構造と視覚機能との活性相関を解明する

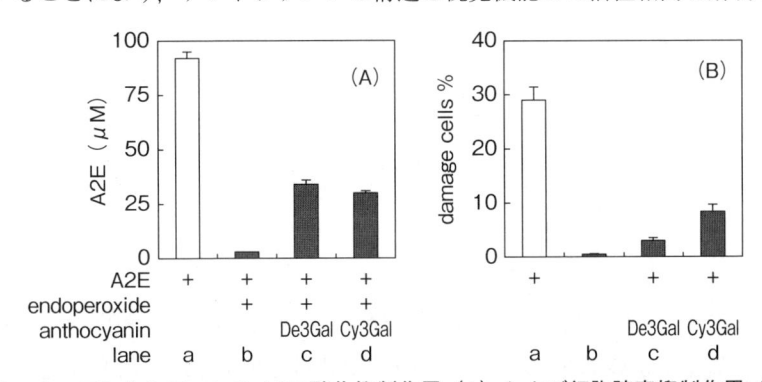

図6－3　アントシアニンのA2E酸化抑制作用（A）および細胞障害抑制作用（B）
(A)：a；A2E初発濃度，b；endoperoxideによる1重項酸素酸化後のA2E濃度，c，d；De3Gal（100mM）またはCy3Gal（100mM）を共存させて酸化したときのA2E濃度
(B)：a；ARPE-19細胞をA2E（100mM）と18時間培養したときの細胞障害率，b；A2E無添加で培養したときの細胞障害率，c，d；De3Gal（100mM）またはCy3Gal（100mM）溶液に3日間作用させたARPE-19細胞をA2E（100mM）と18時間培養したときの細胞障害率

118　第6章　アントシアニンの視覚改善機能

研究が進展していくと考えられる。

4. カシスアントシアニンの視覚機能に関する研究

21世紀の情報化時代を迎えて，眼の健康に役立つ食品成分に注目が集まりはじめたときに，カシスアントシアニンが開発されてきた。カシスアントシアニンは，暗順応の改善や眼疲労の抑制に加えて，パソコンなどの近点作業により陥りやすい毛様体筋の調節痙攣（一時的な近視化）を抑制する作用を示す。特に，一時的な近視化を抑制する有効成分はカシスに含まれる特有のアントシアニン成分であることが注目される。カシスアントシアニンの研究では，視覚機能の改善に有効なアントシアニンの構造を特定できるレベルまで進展してきた。その理由は，カシスに含まれる4成分のアントシアニンそれぞれを比較的容易に精製する方法[11]が見いだされた結果，精製成分を用いた有効成分の確認が可能になったことによる。

(1) カシスアントシアニンとは

カシス（仏名；英名はブラックカラント；和名は黒フサスグリ，*Ribes nigrum*）はヨーロッパで人気の高いベリーである。カシス果実は食経験が長く，ジュースやジャム，製菓，リキュールなどに広く使われており，産業上も重要な位置を占めている。黒紫色の成熟果実には4成分のアントシアニン（De3Glc, delphinidin-3-rutinoside（De3Rut），Cy3Glc, cyanidin-3-rutinoside（Cy3Rut））が含まれており，その80％以上を2成分（De3Rut，Cy3Rut）が占めている。この2成分はカシス特有の成分であり，ビルベリーには含まれていない。カシス生果中の総アントシアニン量は最大0.2％程度[4]であり，濃縮果汁（65Bx）で最大1％弱となる。カシス果実のアントシアニン成分を抽出・濃縮して粉末化する方法が開発されており，その方法で得られた組成物をカシスアントシアニンとする。

カシスアントシアニンの安全性については，その果実やジュースが中世から長い間食べられてきているという食経験がある。また，アメリカ人の調査によ

ると，アントシアニン類は毎日180～215mgも食べられている[12]。古くから，カシスを食べると疲れや肝臓，関節炎などに良いとされてきたが，科学的根拠には乏しかったともいえる。現代の科学的研究手法で研究されているカシスアントシアニン類の代表的な生理的機能性は，視覚機能，血流，抗酸化活性，抗ウイルスに関する作用がある。その中で，視覚機能への作用について述べる。

(2) カシスアントシアニンの視機能改善作用

視機能を評価するとき，眼球部の機能のみを多角的に評価することは意外に難しく，脳機能まで関係した自覚的作用と区別する測定法が必要とされる。さらに，その有効性の評価は，ヒト被験者を用いた試験が中心となる。カシスアントシアニンの視機能への作用については，プラセボを用いたヒト二重盲検試験を行い，統計的な有意差が認められたものを有効としている。また，その作用部位や作用機序については，適切な in vitro 試験を組み合わせて確認する方法を採用している。

1) 一時的な近視化の抑制作用

近視そのものを訓練などで治すことはできないが，近視のごく初期には治ることもある。このような状態の近視は，眼科学上認められている病態ではないが，一般的には，一時的な近視，仮性近視または学校近視と呼ばれ，眼科学的には毛様体筋の調節痙攣状態と呼ばれる。例えば，パソコン画面を長時間集中して見続けているようなとき，眼の焦点がパソコン画面の距離の近点に固まって（短焦点化）しまうことがある。この状態を見かけ上一時的な近視状態という。これは，水晶体（レンズ）の厚みを調節する毛様体筋が一時的に痙攣して緊張状態が続くことであり，この緊張が長期間続くと病態としての近視になるという説がある。したがって，初期の近視の治療には，毛様体筋の弛緩を目的とした遠見訓練や調節麻痺剤が応用されることがある。

a) **ヒト試験による有効性評価** 弱近視者は，眼への負荷が大きいパソコン作業を長時間行うと，一時的に近視化状態になりやすい。この負荷作業を利用して，ヒト（弱近視者）21名による二重盲検クロスオーバー法で，カシ

スアントシアニンを摂取したときの一時的な近視化に及ぼす作用を評価した。カシスアントシアニンの血中濃度は摂取1～2時間後に最も高くなるので[13]、カシスアントシアニン50mg含有ジュース（試験群）または非含有ジュース（プラセボ群）を摂取して2時間後、作業負荷前の屈折値（ジオプトリー（D）値）をオートレフラクトメーターで測定した。測定後直ちにパソコン作業を開始し、クレペリン検査を2時間休息なしに行った後に、作業負荷後のD値を測定した。負荷前後の測定値および前後の変化量を表6－4に示す。遠視や近視の強さは、それを矯正するために必要なレンズの屈折値（D値）で表され、焦点距離の逆数で計算される。正視（0D）が基準値であり、遠視は正符号（＋1D、＋2D）で、近視は負符号（－1D、－2D）で、数字が大きくなるほど屈折が強くなるので、遠視や近視が強くなることを意味している。

表6－4に示されるように[14]、プラセボ群のD値は、作業負荷前の－0.384±0.536Dから負荷後には－0.503±0.579Dに低下した。これを明視距離に換算すると、負荷前は2.60±1.87mまで見えていた眼が負荷後には1.99±1.87mまでと60cm近くなっており、一時的に近視化が進行した状態になっていたことを意味している。一方、試験群のD値は、負荷前－0.432±0.602Dから負荷後－0.402±0.643Dと数値の低下はなく、近視化の進行は認められなかった。両群間で、作業後のD値および作業前後の変化量を比較すると、共に有意な差（$p<0.05$）が認められた。この結果は、カシスアントシアニンを摂取することにより、パソコン作業などで起こる眼の一時的な近視化が抑制されていることを示している。

表6－4 カシスアントシアニン（試験群）またはプラセボ（プラセボ群）を摂取した被験者のパソコン作業負荷前後の優位眼の屈折値およびその変化量

被験者 (n=21)	優位眼の屈折値、D値					
	試験群			プラセボ群		
	負荷前	負荷後[1]	変化量[1]	負荷前	負荷後[1]	変化量[1]
分布幅	－1.75～0.57	－1.63～0.59	－0.59～0.57	－1.29～0.66	－1.44～0.49	－0.64～0.35
平均値	－0.432	－0.402[a]	0.030[a]	－0.384	－0.503[b]	－0.119[b]
SD	±0.602	±0.643	±0.252	±0.536	±0.579	±0.278

1）対応のあるt検定で行い、a、b間およびa）、b）間で有意差があった（$p<0.05$）。

b) *in vitro* 試験による作用機序の研究　　過度の近点作業によって発生する一時的な近視化は，毛様体筋が異常緊張（トーヌス）して水晶体の屈折力が大きくなることがひとつの原因にあげられている。この現象はトーヌス性近視または緊張近視とも呼ばれ，近視に至る一因とする説がある。先の試験の対照群では，パソコン作業でこの緊張近視が誘起されたにもかかわらず，カシスアントシアニンを摂取した試験群ではその誘起は観察されなかった。この理由として，毛様体筋の収縮・弛緩に作用する成分がカシスアントシアニン中に存在するために，毛様体筋の異常緊張が抑えられていると推定された。血管などの平滑筋を収縮・弛緩させる物質の評価には，マグヌス法が *in vitro* 試験法としてよく用いられる。そこで，牛の毛様体筋を標本として，カシスアントシアニンおよびその構成成分が示す弛緩作用をマグヌス法で評価した。図6－4（(A)，(B)）に示されるように，カシスアントシアニン

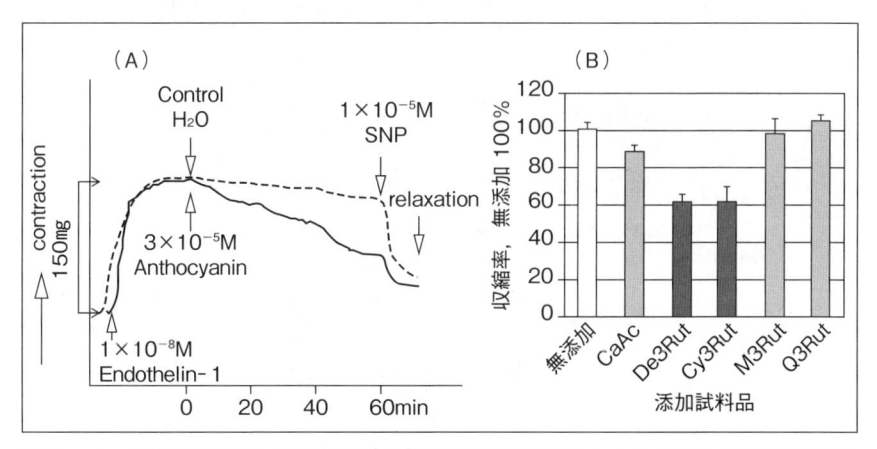

図6－4　マグヌス法による牛毛様体筋標本に及ぼすアントシアニンの弛緩作用の測定曲線（A）およびカシスアントシアニン成分の弛緩作用（B）

(A)：牛毛様体筋標本をマグヌス管にセットして，endothelin-1 を添加して標本を収縮させた後に，試験試料を添加して張力の変化を経時的に測定した。図には，試験群のCy3Rut（実線）および対照群の水（無添加，破線）の結果を例示した。SNP：sodium nitroprusside

(B)：CaAc（カシスアントシアニン抽出物），De3Rut，Cy3Rut，M3Rut（myricetin-3-rutinoside），Q3Rut（quercetin-3-rutinoside），それぞれを添加した後の標本の収縮率。無添加のグラフは，(A)において水を添加し60分後の張力を100％としたときの標本の収縮量を示す。5種の評価試料のグラフは，試料添加60分後，無添加群と比較した張力の比率（％）を示し，100％以下は弛緩したことを意味する。

(CaAc)は収縮した牛毛様体筋を弛緩させる作用を持つことが明らかになった。さらに,カシスアントシアニンに含まれる主要成分について弛緩作用を精査すると,アントシアニン成分(De3Rut, Cy3Rut)が有効成分であり,フラボノイド類(M3Rut, Q3Rut)に活性は認められなかった。

この実験系を用いて,アントシアニン類が毛様体筋を弛緩させる作用の薬理学的機序が解明された。平滑筋の調節は,図6－5に図解的に示されるように,主に一酸化窒素(NO)/cGMP系およびプロスタノイド(PG_2)/cAMP系が働く弛緩系と,アドレナリン作動性神経による収縮系がバランスすることにより行われている。これらの経路を特異的に阻害する各種の試薬を用いて,カシスアントシアニンが作用する経路を検討した結果,De3Rutは上皮細胞にあるエンドセリン-1Bレセプターを刺激して,NO産生を誘導して毛様体筋を弛緩させる機序が明らかにされている[15]。

c)近点作業およびアントシアニン摂取による毛様体筋の状態　　カシスア

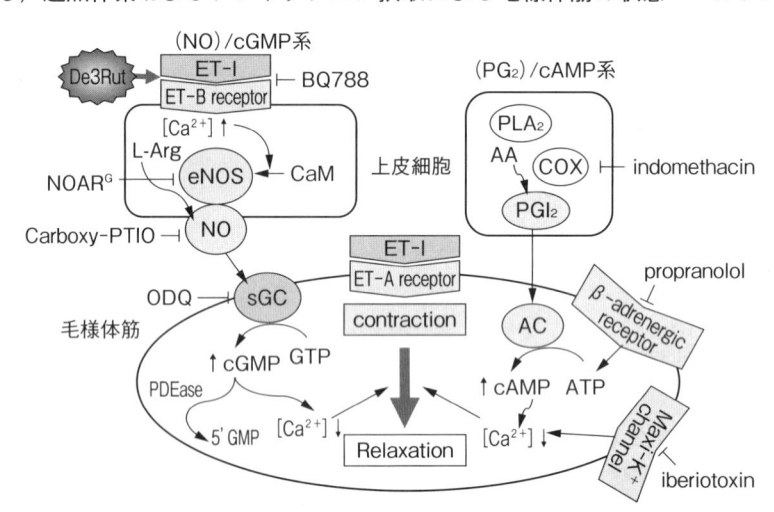

図6－5　牛毛様体筋の弛緩作用におけるDe3Rutの作用機序の解明

略号:一酸化窒素(NO)/cGMP系;ET-1, endothelin-1;CaM, calmodulin;eNOS,内皮型NO合成酵素;L-Arg, L-arginine;sGC,可溶性グアニル酸シクラーゼ;PDEase, phosphodiesterase. プロスタノイド(PG2)/cAMP系;PLA2, phospholipase A2;AA, arachidonic acid;COX, cyclooxygenase;PGI2, prostacyclin;AC, adenyl cyclase. 阻害剤:BQ788, endothelin ETB receptor antagonist;$NOAR^G$, N^G-nitro-L-arginine;Carboxy-PTIO, 2-(4-carboxyphenyl)-4, 4, 5, 5-tetramethylimidazoline-1-oxyl-3-oxide;ODQ, 1H-(1, 2, 4) oxadiazolo [4, 3-a] quinoxalin-1-one.

ントシアニンをヒトが摂取すると一時的な近視化が抑制され，かつ，毛様体筋を弛緩させる成分が含まれていることが in vitro 試験でも確認された。したがって，過度の近点作業によって起こる毛様体筋の異常緊張が，カシスアントシアニンを摂取することにより，発生しにくい状態にあると考えられる。近点作業により毛様体筋が異常緊張に陥る過程と状態を示すと図6－6のようになる。パソコン負荷作業を行ったヒト試験について考察すると，対照群では，毛様体の異常緊張が発生するために，水晶体を厚くした状態を解消できない状態となり，一時的な近視化が起こる。一方，カシスアントシアニンを摂取した試験群では，遠くを見るときは毛様体が弛緩して水晶体を薄くすることが可能となる結果，異常緊張は起こらず，近視化が抑制されていると推定される。

2）眼（精）疲労の軽減作用

眼を使う作業を行うと大なり小なり疲労を生じる。この疲労は，一定の休息で回復する眼の生理的疲労（眼疲労）と回復しない病的疲労（眼精疲労）とに厳密には区別されるが，一般的には両者とも眼精疲労として呼ばれることが多い。

1）－a）項（p.119）で述べた一時的な近視化の抑制作用を評価するパソコン作業負荷ヒト試験を行ったとき，疲労度の評価も同時に行った。評価の方法は，作業前および作業後に自覚する身体各部位（首・頭，腕，眼，肩，腰）の疲労度を記入するビジュアル・アナログ・スケール法

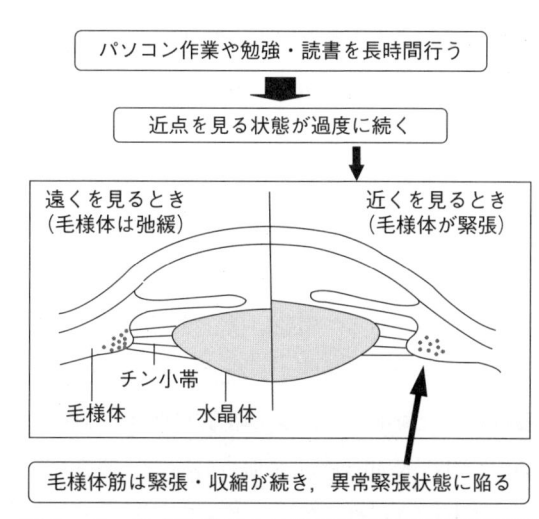

図6－6　近点作業により毛様体筋が異常緊張に至る過程と状態

(VAS法）で行い，各部位の疲労の変化量を数値化して解析した。図6－7に，2時間のパソコン作業により増えた疲労度量（％）を示す。対照群に比較して，カシスアントシアニン摂取群の疲労度は5つの身体部位すべてで低減しており，特に眼と腰については有意な差となった[14]。この結果は，カシスアントシアニンの摂取がパソコン作業による疲労，特に眼と腰の疲労を軽減することを示している。

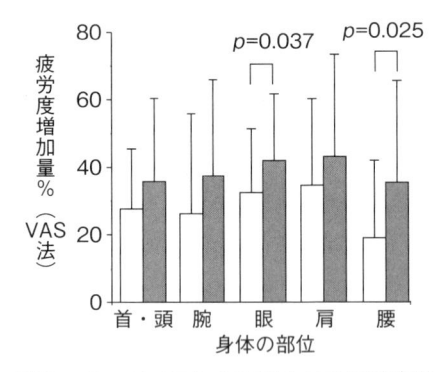

図6－7 パソコン作業における眼精疲労のカシスアントシアニン摂取による軽減
グラフ：□カシスアントシアニン摂取群；■対照群

カシスアントシアニンを摂取すると眼（精）疲労が軽減する機作はまだ明らかではないが，毛様体筋の異常緊張を軽減することに加えて血流の改善作用が推定されている。事実，カシス濃縮物を摂取すると，作業時の前腕筋血流の向上が認められ[16]，肩こりや頸肩腕障害の血行改善についても検討されている。

3）夕方・夜間視力（光覚閾値）の改善作用

薄暗がりの中で物が見え難くなると，単に日常生活が不便になるのみならず，運転などでは重大な支障をきたすことになる。3節(2)-1)項（p.112）で述べたように，ビルベリーアントシアニンを摂取すると暗順応が改善される多くの報告がある。暗順応とは，暗い光に対する網膜の適応力で，暗がりに入ると時間と共に眼が慣れて見えてくる現象であり，老年になると暗順応応答が遅れる傾向にある。暗順応検査は光覚検査ともいわれ，網膜の光覚（光を知覚し，明るさの差を識別する能力）を調べる検査である。この検査は，暗順応する度合を経時的に測定して暗順応曲線を作成し，第1次および第2次暗順応閾値の変化，Köhlrausch屈曲点の有無，暗順応に要する時間などを比較することにより行う。カシスアントシアニンを摂取したときの暗順応に及ぼす作用を測定し，その作用機序についても検討した。

a）ヒト試験による暗順応改善効果の測定　カシスアントシアニンを摂取するヒト試験は，健常人12名（男性4名，女性8名）を被験者とし，プラセボ群を対照とした二重盲検クロスオーバー法で行った。試験試料カシスアントシアニンは，3段階の用量で，低用量（12.5 mg/被験者），中用量（25 mg/被験者），および高用量（50 mg/被験者）になるように調製した。プラセボはスクロースを内容物として，試験試料と差がないように調製した。

図6-8に，暗順応測定のプロトコール（A）と得られた典型的な暗順応曲線（B）を示す。試験は，まず眼を2分間暗順応させた後，明るくして明順応を10分間行った。その後，暗順応計で摂取前の暗順応測定を30分行って，暗順応曲線を作成し，30分後の値を暗順応閾値とした。続いて，試験試料を摂取させてから2時間後に，摂取前と同様に摂取後の暗順応の測定を行い，得られた暗順応曲線を比較・解析した。はじめ（5～10分）に観測されるのが第1次暗順応で，錐体内感光色素の再生過程に相当する。遅れて観測される第2次暗順応は，桿体感光色素のロドプシン再生に依存するもので，光覚に優れている。両曲線の交点がKöhlrausch屈曲点となる。第2次暗順応がほぼ一定になる閾値を暗順応閾値といい，暗順応閾値が低いほど暗闇でも見えることを意味している。

表6-5に，3水準のカシスアントシアニン摂取量とプラセボを摂取した

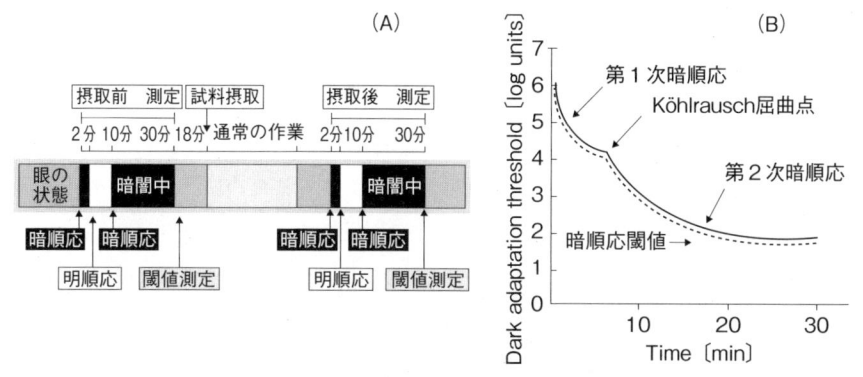

図6-8　暗順応測定のプロトコール（A）とカシスアントシアニン摂取試験における典型的な暗順応曲線（B）　(B)：摂取前（———）；摂取後（------）

ヒト試験による暗順応閾値を示す。摂取前の平均値は，4群ともに2.0 log asb以上であり，群間に有意差は認められていない。一方，摂取後の平均値はカシスアントシアニン摂取量に依存して低下しており，特に50 mg用量群ではプラセボ群に比べて統計的に有意（$p=0.014$）な値にまで減少した。また，摂取前後の比較でも，50 mg摂取群で有意な差（$p=0.011$）となった。これらの結果は，カシスアントシアニンを摂取することにより用量依存的に暗順応閾値が低下した，すなわち，暗順応が改善されたことを示している。

表6-5 カシスアントシアニン摂取と非摂取（プラセボ）が及ぼす暗順応閾値への効果

用量 mg/人	暗順応閾値　log asb，平均±SD；（p値）[1]			p値[2]
	摂取前	摂取後	変化量	
0[3]	2.056±0.209 (1.000)	2.018±0.218 (1.000)	−0.038±0.106 (1.000)	0.244
12.5	2.026±0.147 (0.457)	2.004±0.195 (0.761)	−0.023±0.138 (0.733)	0.583
25	2.016±0.170 (0.234)	1.980±0.197 (0.264)	−0.037±0.112 (0.983)	0.280
50	2.038±0.186 (0.686)	1.923±0.167 (0.014)	−0.115±0.131 (0.171)	0.011

1）括弧内は縦の各カラムでプラセボ区と比較した統計的p値を示す。
2）同一用量の摂取前と摂取後で比較したときの統計的p値を示す。
3）プラセボ群

b）*in vitro*試験による作用機序の研究　　3節(2)-2）項（p.113）でも述べたように，アントシアニンを摂取することにより暗順応が改善される作用機序として，網膜ロドプシンの再合成を促進する説が長く引用されてきたが，cGMP-PDEが活性化される可能性も報告されていた。カシスアントシアニンが暗順応を改善する作用機序を明らかにするために，カエルの視細胞桿体外節膜から調製したオプシンと11-シス-レチナールを用いた*in vitro*試験で，ロドプシンの再生に及ぼすアントシアニンの影響を検討した。アントシアニン無添加条件（対照群）およびCy3Rut（20 μM）添加条件（試験群）で，オプシンと11-シス-レチナールから生成するロドプシンの生成速度を測定した結果を図6-9に示す。この測定値から速度定数を算出すると，

対照群に比べて Cy3Rut 添加条件では，k_2 値は変化しないが K_m 値が 1/2.4 に減少していた。この結果は，11-シス-レチナールとオプシンが結合して中間体（INT）を生成する初速度が，Cy3Rut により 2.4 倍促進されていたことを示している[17]。Cy3Glc も同様な促進作用を示すことが認められているが，一時的な近視化を抑制したデルフィニジン誘導体（De3Rut，De3Glc）がこの作用を示さ

11-cis-retinal + opsin $\xrightleftharpoons[k_{-1}]{k_1}$ INT $\xrightarrow{k_2}$ rhodopsin

Vobs=k_2 [opsin] [11-cis-retinal]/([11-cis-retinal]+K_m)
K_m=$(k_{-1}+k_2)/k_1$

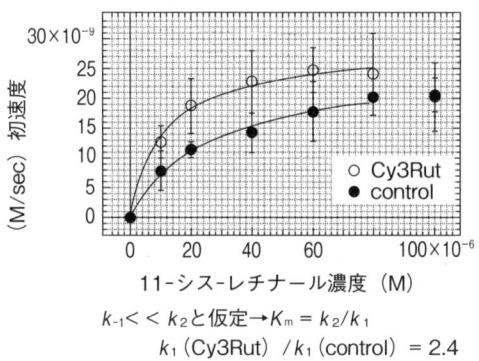

$k_{-1} \ll k_2$ と仮定 → $K_m = k_2/k_1$
k_1(Cy3Rut) /k_1(control) = 2.4

図6-9　カシスアントシアニンのロドプシン再生促進作用

Cy3Rutは，オプシンと11-シス-レチナールからの中間体（INT）を形成する初速度を2.4倍促進する。

なかったことは興味深い。また，カエルの視細胞桿体外節の cGMP-PDE 活性に及ぼす作用も検討したが，カシスアントシアニンに含まれるいずれの 4 成分も活性を示さなかった。この結果から，視細胞桿体におけるアントシアニンの主作用は，ロドプシンの再生促進であると結論している。

4）正常眼圧緑内障患者の網膜血流に対する作用

緑内障とは，眼圧が高いために視神経が圧迫されて萎縮し，視機能が障害を受ける疾患であるが，近年の疫学調査では，眼圧が正常範囲（通常21mmHg以下）でも同様の症状を示す正常眼圧緑内障が非常に多くなっている。正常眼圧でも発症する原因は，眼圧に対する視神経の抵抗性に個人差があるためといわれている。眼圧以外の発症原因として，遺伝的素因や視神経乳頭部の循環障害があげられており，この循環障害を惹起する因子としてエンドセリン-1が注目されている。

視覚機能改善作用を示すカシスアントシアニンが，同時に，末梢循環の改善やエンドセリン-1B受容体の活性化する作用を示すことに注目して，正常眼圧

緑内障患者30人（66.7±6.9歳，男性9人，女性21人）がカシスアントシアニン（50 mg/日）を6ヶ月摂取して，網膜血流，血中エンドセリン-1濃度，血圧，眼圧に対する作用を摂取前後で比較する臨床研究が行われた[18]。摂取前と摂取6ヶ月後の網膜血流および血漿中エンドセリン-1量を表6-6に示す。視神経乳頭外縁および乳頭周囲網膜の網膜血流は，左右両眼の上耳側および下耳側ともに，摂取後に有意な増加を示した。また，血中のエンドセリン-1量も，6ヶ月摂取後には，有意に増加し正常化した。一方，血圧および眼圧には有意な変化はみられず，摂取期間後に視野障害が悪化した症例は1例もなかった。この結果から，カシスアントシアニンの摂取は正常眼圧緑内障患者にとって，安全かつ神経保護治療の有力な選択肢になる可能性が示唆されている。

表6-6　正常眼圧緑内障患者のカシスアントシアニン摂取前および摂取6ヶ月後の網膜血流および血漿中エンドセリン-1量

測定項目	測定部位			摂取前[2]	摂取後[2]
網膜血流[1] （au）	右眼	視神経乳頭外縁	上耳側	$507.7^a \pm 174.3$	$638.6^a \pm 191.2$
			下耳側	$393.6^b \pm 138.0$	$582.2^b \pm 177.8$
		乳頭周囲網膜	上耳側	$457.6^b \pm 140.6$	$595.1^b \pm 171.5$
			下耳側	$377.0^d \pm 80.5$	$519.1^d \pm 130.0$
	左眼	視神経乳頭外縁	上耳側	$442.4^d \pm 214.3$	$662.4^d \pm 185.3$
			下耳側	$466.5^d \pm 216.3$	$653.7^d \pm 260.9$
		乳頭周囲網膜	上耳側	$375.0^c \pm 75.9$	$442.2^c \pm 80.1$
			下耳側	$444.9^a \pm 100.9$	$546.9^a \pm 185.8$
エンドセリン-1（pg/mL）			血漿中	$3.27^a \pm 1.67$	$4.10^a \pm 2.14$

1）Scanning laser Doppler flowmetryによる測定。
2）paired t-testによる検定。同一行における同一符号は有意差があることを示す。
　　a：$p<0.05$　b：$p<0.01$　c：$p<0.005$　d：$p<0.001$

5．今後の研究に向けて

　眼の健康に役立つ食品成分の研究は，今後もますます活発になっていく趨勢にある。その中でも，アントシアニン類は，学術研究は勿論，産業上も発展途上にあり，今後も新たな機能が見いだされてくる可能性を秘めている。その理由として，視覚機能のみに限定してもアントシアニン類は多様な機能を示すが，

有効成分が特定されている研究はまだ数少ないことがあげられる。本文中にも述べたように，毛様体筋の異常緊張を軽減する有効成分はデルフィニジン類であるが，ロドプシンの再生に活性を示す成分はシアニジン類であり，アントシアニンの構造と活性に特異性がみられる。したがって，今後，研究が進むと，まだ特定されていないアントシアニン成分が優れた機能を持っている可能性がある。眼の酷使がますます心配される今日，分子レベルの研究が進み，優れた視覚機能改善作用を持つアントシアニン類が見いだされてくることを期待したい。

さらに，アントシアニン類の生理的機能は視覚機能にとどまらず，多様性に富んでいる。抗酸化活性や血管・血流に及ぼす作用などは生体調節に共通する機能であり，それぞれの生体組織部位では特有の健康機能を発揮していると考えられる[19]。これらの機能を科学的に解明するためには，アントシアニン類の体内動態および各組織部位への作用を適切に評価できる評価系を見いだすことが必要になる。眼を例にあげると，眼の組織に移行・分布するカシスアントシアニンは定量的に分析されており[20]，本文でも述べた牛毛様体筋やカエルロドプシンの評価系を適用することにより，生理的条件下で機能性を評価することが可能になっている。この手法を生体の標的組織に応用できれば，アントシアニンの新たな機能性を見いだすことが可能となると考えられる。

文　献

1) 本田孔士編集：眼科診療プラクティス　17.眼科診療に必要な生理学，文光堂，1995, p10-296.
2) 平山匡男，松本均：カシスアントシアニンと視覚改善機能　食品工業　2001：44：No.14 58-69, No.16 53-61, No.18 63-69, No.20 62-68, No.22 56-64, No.24 61-71.
3) 五十嵐喜治，佐藤充克，寺原典彦ほか：アントシアニンの視機能改善作用．アントシアニン（大庭理一郎，五十嵐喜治，津久井亜紀夫編），建帛社，2000, p175-186.
4) Nyman N.A., Kumpulainen J.T.: Determination of anthocyanidins in berries and red wine by high-performance liquid chromatography. J Agric Food Chem 2001 ;

49 ; 4183 – 4187.
5) Morazzoni P., Bombardelli E. : *Vaccinium myrtillus* L. Fitoterapia 1996 ; 67 ; 3 – 29.
6) Canter P.H., Ernst E. : Anthocyanosides of *Vaccinium myrtillus*（bilberry）for night vision – a systematic review of placebo-controlled trials. Surv Ophthalmol 2004 ; 49 ; 38 – 50.
7) 小出良平，植田俊彦：視覚機能に及ぼすホワートルベリーエキスの効果．あたらしい眼科 1994 ; 11 ; 117 – 121.
8) Steigerwalt R.D., Gianni B., Paolo M. et al : Effects of Mirtogenol on ocular blood flow and intraocular hypertension in asymptomatic subjects. Mol Vis 2008 ; 14 ; 1288 – 1292.
9) Virmaux N., Bizec J-C., Nullans G. et al : Modulation of rod cyclic GMP-phosphodiesterase activity by anthocyanidin derivatives. Biochem Soc Trans 1990 ; 18 ; 686 – 687.
10) Jang Y.P., Zhou J., Nakanishi K. et al : Anthocyanins protect against A2E photooxidation and membrane permeabilization in retinal pigment epithelial cells. Photochem Photobiol 2005 ; 81 ; 529 – 536.
11) Matsumoto H., Hanamura S., Kawakami T. et al : Preparative-scale isolation of four anthocyanin components of black currant（*Ribes nigrum* L.）fruits. J Agric Food Chem 2001 ; 49 ; 1541 – 1545.
12) Kühnau J. : The flavonoids. A class of semi-essential food components : their role in human nutrition. World Rev Nutr Diet 1976 ; 24 ; 117 – 191.
13) Matsumoto H., Inaba H., Kishi M. et al : Orally administered delphinidin-3-rutinoside and cyanidin-3-rutinoside are directly absorbed in rats and humans and appear in blood as the intact forms. J Agric Food Chem 2001 ; 49 ; 1546 – 1551.
14) Nakaishi H., Matsumoto H., Tominaga S. et al : Effects of black currant anthocyanoside intake on dark adaptation and VDT work-induced transient reflactive alteration in healthy humans. Altern Med Rev 2000 ; 5 ; 553 – 562.
15) Matsumoto H., Kamm K.E., Stull J.T. et al : Delphinidin-3-rutinoside relaxes the bovine ciliary smooth muscle through activation of ETB receptor and NO/cGMP pathway. Exp Eye Res 2005 ; 80 ; 313 – 322.
16) 竹並恵里，倉重（岩崎）恵子，松本均他：作業負荷時における末梢循環動態に対するカシス抽出物摂取の影響．脈管学 2003 ; 43 ; 331 – 334.
17) Matsumoto H., Nakamura Y., Tachibanaki S. et al : Stimulatory effect of

cyaniding-3-glycosides on the regeneration of rhodopsin. J Agric Food Chem 2003 ; 51 ; 3560 − 3563.
18) Ohguro I., Ohguro H., Nakazawa M. : Effects of anthocyanins in black currant on retinal blood flow circulation of patients with normal tension glaucoma. A pilot study. Hirosaki Med J 2007 ; 59 ; 23 − 32.
19) Mazza G.J. : Anthocyanins and heart health. Ann Ist Super Sanita 2007 ; 43 ; 369 − 374.
20) Matsumoto H., Nakamura Y., Iida H. et al : Comparative assessment of distribution of blackcurrant anthocyanins in rabbit and rat ocular tissues. Exp Eye Res 2006 ; 83 ; 348 − 356.

第7章 アントシアニンと
メタボリックシンドローム予防

津田　孝範*

1. はじめに

　厚生労働省から発表された平成18年国民健康・栄養調査結果の概要によると，糖尿病が強く疑われる人は820万人，糖尿病の可能性を否定できない人は1,050万人で合計1,870万人に達したことが報告されている。平成14年に発表された糖尿病実態調査の結果と比較すると，その数は確実に上昇している。糖尿病の増加は世界的にも大きな問題となっており，世界の糖尿病患者はすでに，約2億4,600万人に達しているといわれている。さらにこの平成18年国民健康・栄養調査では，40歳～74歳において，男性2人のうち1人，女性の5人のうち1人はメタボリックシンドローム（内臓脂肪症候群）が強く疑われる者または予備群と考えられると報告されている。

　メタボリックシンドロームの定義は，「内臓脂肪の蓄積と，それを基盤にしたインスリン抵抗性および糖代謝異常，脂質代謝異常，高血圧を複数合併するマルチプルリスクファクター症候群で，動脈硬化になりやすい病態」とされており，わが国における診断基準が提唱されている（表7-1）。実際に内臓肥満に加えて個々の危険因子の重積は，動脈硬化性疾患の発症リスクが著しく増加することが明らかになっており，危険因子の3～4個の合併は，心血管疾患発症リスクが31倍以上になるとされている。肥満は，脂肪組織に脂肪が過剰に蓄積した状態であるが，これには遺伝的な因子に加えて環境因子，とりわけ過食や運動不足といった生活習慣が大きな要因となっている。メタボリックシンドロームにおいて，関連する種々の病態をコントロールしており，鍵となるの

＊中部大学応用生物学部食品栄養科学科

```
┌─────────────────────────────────┐
│ ①腹部肥満（必須項目）            │
│     ウエスト周囲径               │
│  （立位，軽呼吸時，へその高さで測定）│
│        男性；85cm以上            │
│        女性；90cm以上            │
└─────────────────────────────────┘

①腹部肥満（必須項目）に加え②から④の2項目以上

⬇

┌─────────────────────────────────────────────┐
│ ②血清脂質                                    │
│    中性脂肪が150mg/dL以上か                  │
│    HDLコレステロールが40mg/dL未満のいずれか，もしくは両方│
│ ③血圧                                        │
│    収縮期血圧（最高血圧）が130mmHg以上か     │
│    拡張期血圧（最低血圧）が85mmHg以上のいずれか，もしくは両方│
│ ④血糖                                        │
│    空腹時の血糖値が110mg/dL以上              │
└─────────────────────────────────────────────┘
```

表7-1　メタボリックシンドロームの診断基準（日本内科学会）

は肥満，特に内臓脂肪の蓄積である。したがって，下流にある病態に個々に対応することよりも，上流にある内臓脂肪蓄積をコントロールすることでリスクを解消することが重要視されている。肥満（内臓脂肪蓄積）は，食生活を始めとする生活習慣の改善による抑制はもちろんであるが，同時に脂肪細胞の機能の破綻とその制御がメタボリックシンドロームの進展と抑制に大きく関わっている。そのため，治療のみならず，予防の観点からも脂肪細胞機能の改善は重要な意義を持ち，食品による制御が期待されている（図7-1）。

2. 脂肪組織の機能

(1) アディポサイトカイン

ヒトを含む哺乳動物には2種類の脂肪組織があることが知られている。そのうち褐色脂肪組織は脂肪を分解して熱産生を行う器官であるのに対して白色脂肪組織は皮下脂肪や内臓脂肪（腸間膜脂肪）として存在している。これまで白

第7章 アントシアニンとメタボリックシンドローム予防

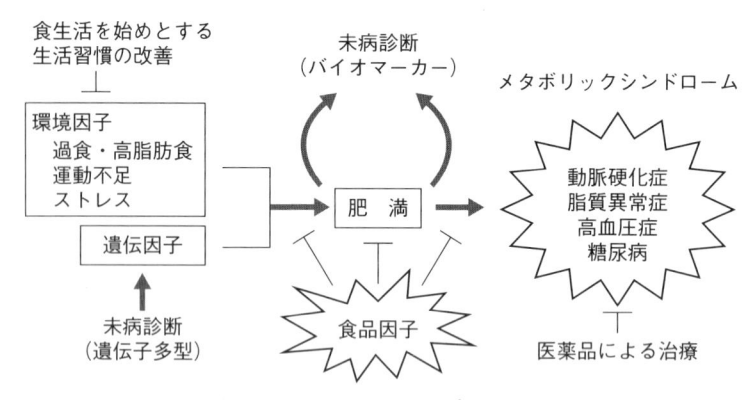

図7-1 メタボリックシンドロームと食品による予防・治療戦略

色脂肪組織は食物として摂取した余剰エネルギーの貯蔵場所として考えられていた。ところが，この10数年の研究の進展から脂肪組織は単なる脂肪の貯蔵場所ではなく，様々な生理活性物質を産生・分泌し，生体へ大きな影響を及ぼしている最大の内分泌組織であることが明らかになった[1]。

　脂肪細胞から分泌される生理活性物質はアディポサイトカインと呼ばれている。脂肪細胞は肥大化（肥満状態）すると，アディポサイトカインの発現・分泌制御に破綻が生じる。現在，アディポサイトカインとして多くのものが知られており，種々の代謝異常や病態との密接な関わりが明らかにされている。例えばレプチンは肥満遺伝子産物として知られており，食欲抑制作用やエネルギー消費促進作用を持つ[2]。アディポネクチンは重要なアディポサイトカインで，インスリン感受性ホルモンとして知られている。TNF（tumor necrosis factor）-αは，炎症性サイトカインであるが，インスリンのシグナル伝達を阻害してインスリン抵抗性を惹起させることが知られている。その他PAI（plasminogen activator inhibitor）-1は，血栓を溶かす線溶能の活性化を阻害，動脈硬化の進展に関わるが，脂肪細胞での発現，分泌の役割が最重要視されており，肥満，糖尿病態での血中濃度の上昇が知られている[3]。アンジオテンシノーゲンはアンジオテンシンIIに変換されて血圧上昇因子として作用する（図7-2）。

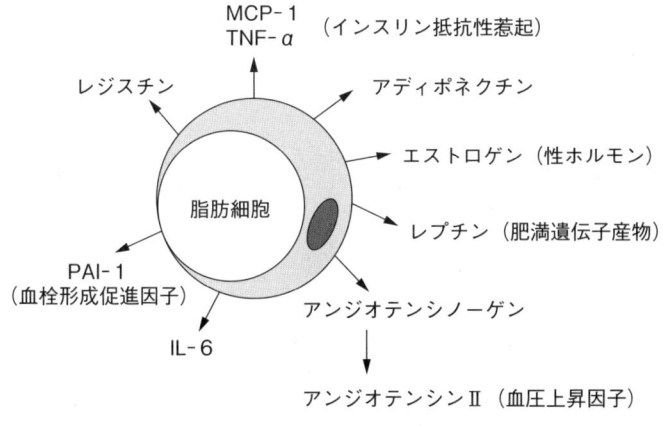

図7−2 内分泌細胞としての脂肪細胞

(2) アディポネクチンとメタボリックシンドローム

1) アディポネクチン

アディポサイトカインの中でアディポネクチンは最もその研究が盛んなものの一つであり,その病態生理的意義からメタボリックシンドロームと密接に関連していることが明らかになっている。アディポネクチンは血漿中に高濃度で存在（5〜10μg/mL）し,種々の解析の結果から単量体ではなく,三量体のユニットを形成し,このユニットが重合した中量体や十二量体以上の多量体を形成して血中に存在している。血中アディポネクチン濃度は,レプチンと異なり,肥満やインスリン抵抗性と負の相関を示す。その機能としては,アディポネクチンの欠損マウス等の研究から脂肪酸酸化やインスリン感受性の増強,抗動脈硬化作用のほか,視床下部弓状核を介して,摂食量増加やエネルギー代謝抑制作用に関わっている[4−7]。

アディポネクチンは高分子量の多量体,中量体,低量体の3種以上が存在しているが,肥満状態においては血中の多量体アディポネクチンが低下し,骨格筋や肝臓での作用が減弱する[8]。一方,中枢では,髄液中には多量体は存在せず,中量体,低量体のみが見いだされており,肥満になってもこれらの中量体,低量体の濃度が比較的保持されるため,摂食量やエネルギー消費が変化しな

い。このような末梢と中枢に対する作用から肥満, メタボリックシンドロームが増長すると考えられている[7]。

2) アディポネクチン受容体

2003年にアディポネクチンの受容体 (AdipoR$_1$, AdipoR$_2$) が発見され, アディポネクチンの末梢組織における生理的意義が明らかにされている[9]。この受容体は, 7回膜貫通型の受容体であるが, 通常のGタンパク共役受容体と異なり, C末端が細胞内に, N末端が細胞外にある。2つの受容体のうち, AdipoR$_1$は骨格筋に多く発現しているが, 肝臓を始めとする他の組織にも発現している。一方, AdipoR$_2$は肝臓に多く発現している。アディポネクチンの受容体への結合によるシグナル伝達については, すべて明らかにされていないが, アディポネクチンはAMPキナーゼを活性化する。これにより肝臓では糖新生律速酵素の遺伝子発現低下や糖の取り込み上昇をもたらす。また, 核内受容体であるPPARαを介した脂肪酸燃焼に関わる。これらにより糖尿病の改善が引き起こされると考えられている。

3) アディポネクチンと遺伝子多型

ヒトアディポネクチンには遺伝子多型が存在するとされており, 日本人においては, 低アディポネクチン血症との関係, 2型糖尿病の主要な疾患感受性遺伝子としての意義が報告されている[10]。アディポネクチン遺伝子の遺伝子多型解析により, プロモーター領域の多型に3つの遺伝子型があり, G/G型はT/T型と比較して血中アディポネクチンの濃度が2/3に低下していた。日本人は, このG/G型を持つ人が約40%存在すると報告されており, インスリン抵抗性, 糖尿病のリスクとの関連が明らかになっている。

3. 肥満と脂肪組織の炎症

この5～6年ほどの間に, 肥満と脂肪組織における炎症の関係について, 次々に分子レベルでの新たな知見が報告されている。これまでに脂肪組織でのTNF-αの発現の上昇とインスリン抵抗性がリンクすることは知られていた。

3. 肥満と脂肪組織の炎症

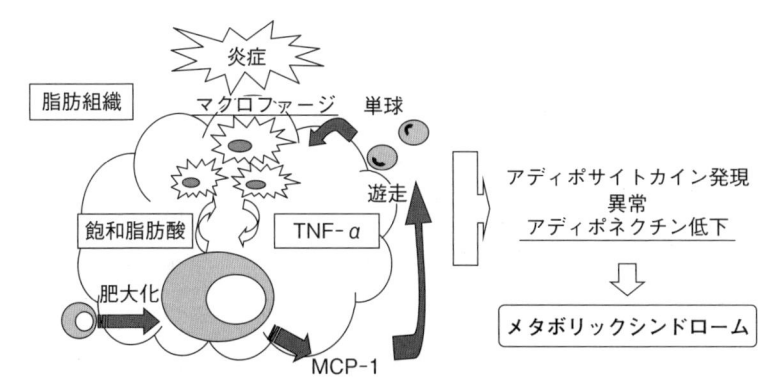

図7－3　肥満と脂肪組織の炎症

2003年に肥満マウスの脂肪組織において，単球走化性因子として知られるケモカインである monocyte chemoattractant protein-1 (MCP-1) の mRNA レベルが上昇することや，脂肪細胞においても MCP-1 はインスリン依存性のグルコースの取り込みを抑制し，インスリン抵抗性に関与するという可能性が示唆された[11]。その後，肥満マウスの脂肪組織へのマクロファージの浸潤と脂肪組織由来の炎症性サイトカインの発現が，このような炎症細胞に由来することが報告され，肥満の脂肪組織におけるマクロファージの浸潤には，MCP-1 とその受容体が重要な役割を演じていることが明らかにされている[12,13]（図7－3）。さらに，脂肪組織におけるマクロファージと脂肪細胞それぞれから互いに分泌，影響を与える因子と両細胞間のクロストークが解明されつつある[14,15]。また，脂肪組織でMCP-1を過剰発現させたマウスにおいて，インスリンの感受性が低下することや[16,17]，脂肪組織での炎症おいて，MCP-1の発現に先行してMAPキナーゼの一つであるERKの活性化とMAPキナーゼホスファターゼ-1 (MKP-1) の発現低下が報告されている[18]。

以上の知見をまとめると，肥満は脂肪組織の慢性炎症状態と捉えることができ，脂肪組織での肥満による種々の組織学的変化が引き起こされることが明らかにされている。このことの裏付けとして，最近では脂肪組織の肥満状態について，分子イメージング技術の進歩により多くの情報が得られている。すなわち，肥満した脂肪組織では，脂肪組織の新生，細胞死，マクロファージの浸潤，

脂肪細胞の貪食や血管新生などが認められることが明らかにされている[19]。

肥満による脂肪組織の慢性炎症状態は，アディポサイトカインの異常をきたし，その結果メタボリックシンドロームを引き起こす。予防・治療の観点から考えると，最上流の肥満（内臓脂肪蓄積）の抑制はもちろんであるが，肥満による脂肪組織の炎症，アディポサイトカインの発現・分泌異常の正常化は脂肪細胞の機能を維持しメタボリックシンドロームを治療，予防する重要な標的の一つと考えられる。

肥満に伴う脂肪細胞の肥大化と炎症の関係については，小胞体ストレス[20]あるいは酸化ストレス[21]の関与が報告されている。また，肥満の制御に関連して脂肪細胞の数の増加も重要な要素であるが，サイクリン依存性キナーゼの阻害分子であるSkp2タンパクのノックダウンは，脂肪細胞の数の増加を顕著に抑制することが報告されている[22]。

4. メタボリックシンドローム予防食品因子としてのアントシアニン研究

すでに植物色素として広く知られていたアントシアニンであるが，最近では生理機能についても知られるようになり，重要な分子の一つとして位置づけられるようになってきた。これに伴い，代謝・吸収に関する研究もLC-MS/MSなどの分析機器の利用により大きな進展を遂げている。アントシアニンの生理機能の中で，肥満や糖尿病を始めとするメタボリックシンドローム予防に関する最近の研究を紹介する。

(1) アントシアニンの体脂肪蓄積抑制作用とそのメカニズム

すでに述べたように，メタボリックシンドロームにおいて，関連する種々の病態をコントロールしており，鍵となるのが肥満，特に内臓脂肪の蓄積である。このような背景から種々の食品因子による体脂肪蓄積抑制作用が検討されている。

本編において別の章でも述べられているように，アントシアニン類は多様な

4. メタボリックシンドローム予防食品因子としてのアントシアニン研究　139

生理機能を持つ。すなわち，抗酸化性だけではない，いわゆる"beyond antioxidant"としての機能が期待されている。アントシアニンにおいての研究では，これまでに種々の研究で用いられているシアニジン 3-グルコシド（C3G）

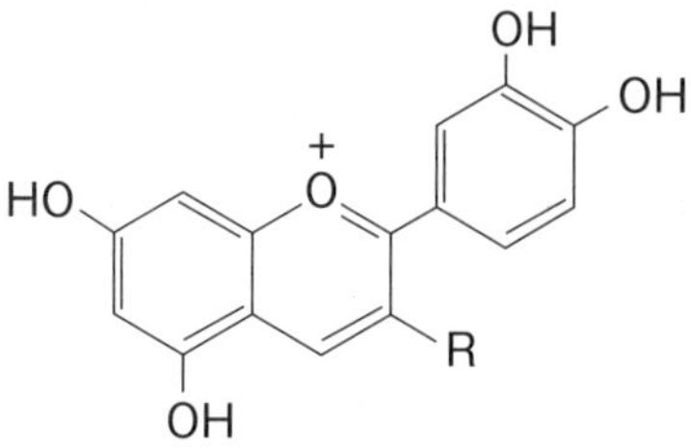

R = -O-グルコース；
　シアニジン 3-グルコシド（C3G）
R = OH；シアニジン（Cy）

図7－4　アントシアニンの化学構造

（図7－4）について体脂肪蓄積抑制作用が知られている[23]。

　C3Gを多量に含む試料としては，食用色素として用いられている紫トウモロコシ色素（PCC）を用いて，高脂肪食負荷のマウスに対する色素の効果の検討が行われている（図7－5）。マウスは普通食のコントロール群，普通食＋PCC（C3Gとして0.2％になるように添加）群，主脂肪源として30％のラードを添加した高脂肪食群，高脂肪食＋PCC群の合計4グループを設け，これらの食餌を12週間摂取させた。その結果，体重の増加量は高脂肪食摂取群では，飼育開始5週間目で有意に上昇し，4つの群の中で最大となった。これに対し高

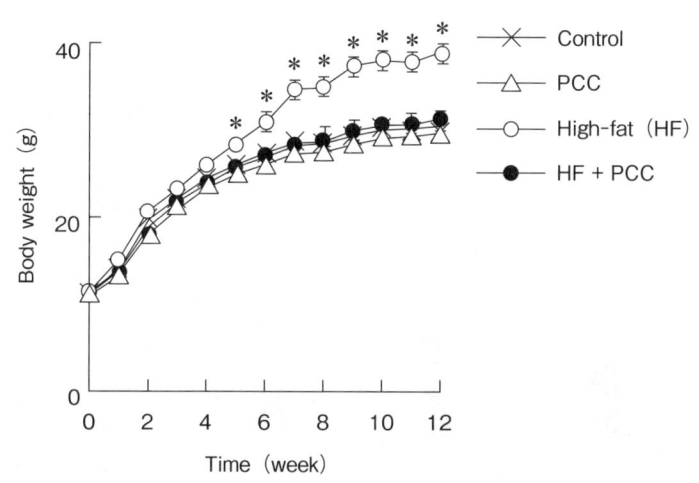

図7－5　高脂肪食負荷マウスにおけるアントシアニンの体重増加抑制作用
　　　（＊；$p<0.05$）

脂肪食＋PCC群や，普通食＋PCC群では，コントロール群と差は認められず，PCCの添加は高脂肪食摂取時の体重増加を顕著に抑制した。

各種脂肪組織重量（皮下脂肪，精巣上体脂肪，腸間膜脂肪，後腹膜脂肪，褐色脂肪）は高脂肪食群で有意に高い値を示すが，PCC摂取によりその上昇は顕著に抑制され，コントロール群と同レベルを維持していた（図7－6）。そこで精巣上体脂肪について組織学的な検討を行ったところ，普通食やPCC単独投与群と比較して高脂肪食で明らかに脂肪細胞の肥大化が観察された。しかし，高脂肪食＋PCC群では肥大は抑制され，コントロール群とほぼ同程度であった。同様に肝臓中の脂質蓄積に対しても，高脂肪食群では顕著な脂肪肝を呈するが，PCCの摂取はこの脂肪肝の生成をほぼ完全に抑制した。さらに血清グルコース，インスリン，レプチン濃度は，高脂肪食により有意な上昇を示すが，高脂肪食＋PCC群では普通食群と同程度に維持されていた。

この体脂肪蓄積抑制のメカニズムについては，PCCの摂取は脂肪の吸収や糞中への脂肪の排泄に影響を与えない。一方でPCCの摂取は，肝臓や白色脂肪組織において，脂肪の合成系酵素である脂肪酸シンセターゼ，アシルCoAシンセターゼ1，グリセロール3-リン酸 アシルトランスフェラーゼやこれらの

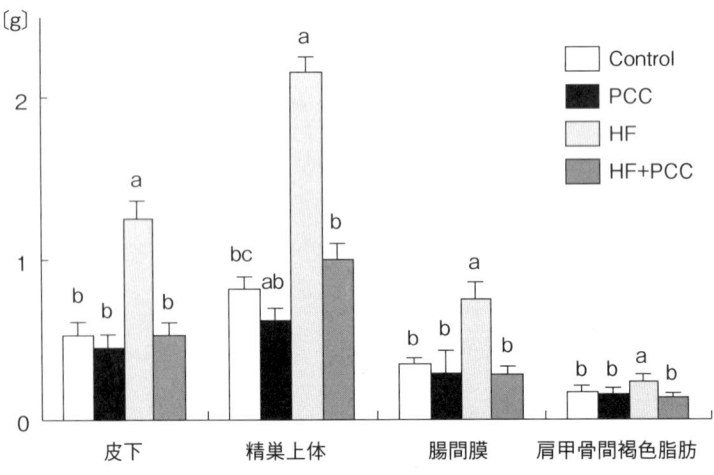

図7－6　高脂肪食負荷マウスにおけるアントシアニンの体脂肪蓄積抑制作用
グラフ上に記載された異なる英小文字は互いに有意差があることを示す。

制御に関わる転写因子であるSREBP-1の発現を顕著に低下させた。したがって，PCCの作用メカニズムの一つとして，脂肪の合成低下が考えられている。

なお，最近，紫トウモロコシのC3G以外に，ブルーベリーについてPriorらが興味深い報告をしている[24]。彼らの研究によると，ブルーベリー果実そのものの摂取は，マウスにおいて高脂肪食による体脂肪蓄積をむしろ助長するが，ブルーベリー由来のアントシアニン抽出物の摂取は体脂肪蓄積を抑制する。この結果をヒトへ当てはめることは，慎重に考えるべきであるが，アントシアニンの摂取形態を考える上で重要な問題提起となり得るであろう。

(2) アントシアニンと脂肪細胞機能

すでに述べたように，脂肪細胞の機能の破綻とその制御はメタボリックシンドロームの進展と抑制に大きく関わっている。このような背景から食品因子の生理機能のターゲットとして脂肪細胞に対するアプローチが重要視されている。食品因子が脂肪細胞の機能を何らかの形で制御し得るエビデンスが蓄積しつつある中で，食品因子による脂肪細胞の機能の制御を見いだすために脂肪細胞に発現している機能分子を網羅的に解析することが重要となり，5～6年ほどの間に大変多くのアプローチがなされるようになってきた。

ニュートリゲノミクス（栄養ゲノム科学）は，食品因子の摂取に伴って起こる遺伝子発現量の変動を網羅的に解析する手法であり，このような手法を可能にしたのがDNAマイクロアレイである。DNAマイクロアレイは何万もの遺伝子を小さな板に碁盤の目のように配列させて，目的とする試料の遺伝子発現レベルを網羅的に解析するもので，新たな食品因子の生理機能やバイオマーカーの探求，メカニズム解析へ利用することが盛んに行われている。

脂肪細胞については，3T3-L1以外にもヒト脂肪細胞の利用が可能になり，アントシアニンの遺伝子発現に対する影響についても，このヒト脂肪細胞を活用して行われている。現在，ヒト脂肪細胞は，その培養系が確立され，キット化されたものが市販されており[25]，数社から販売されている。その由来は脂肪吸引により得られた脂肪組織で，これより調製された前駆脂肪細胞が凍結状態

で提供されている。最近では，ヒト内臓脂肪組織由来の脂肪細胞も利用が可能になっている。

　アントシアニンに関する脂肪細胞を用いた遺伝子発現のDNAマイクロアレイ解析に関しては，ヒト成熟脂肪細胞をはじめ，ラット単離脂肪細胞についてもアントシアニンの投与による解析が報告されている[26, 27]。ここでは，ヒト成熟脂肪細胞へのアントシアニン（C3G，アグリコンであるシアニジン；Cy）の投与後の遺伝子発現の網羅的解析がDNAマイクロアレイ（アフィメトリクス社）で行われた結果を示す[27]。具体的には，まずコントロール値を用いてノーマリゼーションを行った後，アフィメトリクス社のアルゴリズム，発現強度からシグナルのうまく検出できなかったものや発現強度の低い遺伝子を削除して信頼できると思われる4538遺伝子を抽出した。これを元にone-way ANOVAに続いてStuden-Newman-Keuls testによる有意差検定を行い，さらにコントロールとの比較により1.5倍以上上昇あるいは低下した遺伝子を抽出した。これらの遺伝子は，ほぼ8つのクラスターに分類されるが，その挙動から試料投与で異なる発現変動を示す遺伝子は約42％ほど存在しており，アントシアニン配糖体とアグリコンでの変動する個々の具体的な遺伝子の違い，さらにその生理機能に関する構造活性相関の評価の可能性に広げて解析することが可能である。

　次にアントシアニンのヒト成熟脂肪細胞への作用を解析する目的でアディポサイトカイン遺伝子を抽出した。その結果，アディポネクチンの発現上昇が観察された。他のアディポサイトカインの発現に対する作用としては，興味深いことにPAI-1とInterleukin（IL）-6がC3G，Cyいずれの投与でも低下することが明らかになった。IL-6は炎症性サイトカインの一つであるが，やはり脂肪細胞からも産生され，インスリン抵抗性に関係し，PAI-1の上昇にも関与する。つまりアントシアニンは，アディポネクチンの発現を上昇させる一方で，炎症性のアディポサイトカインの発現を低下させる。なお，いずれの遺伝子もリアルタイムPCR法による発現定量を行って同様な差を認めている（図7-7）。今後の詳細な検討は必要なものの，DNAマイクロアレイ解析により

4. メタボリックシンドローム予防食品因子としてのアントシアニン研究

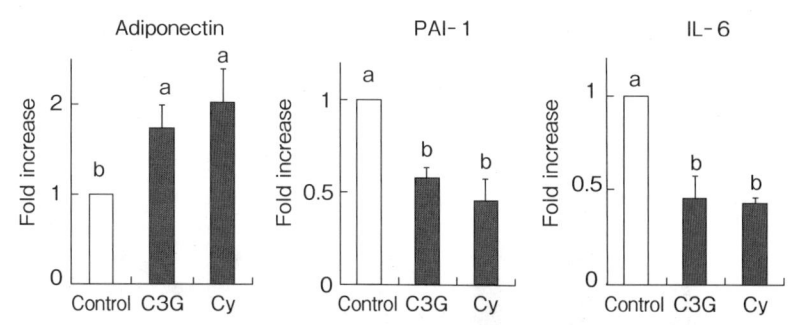

図7-7 アントシアニンを投与したときのヒト脂肪細胞におけるアディポサイトカインの遺伝子発現量の変化
グラフ上に記載された異なる英小文字は互いに有意差があることを示す。

食品因子によるこれらのアディポサイトカインの発現制御を見いだした例として重要な情報を与えるものと考えられる。

アディポネクチンは核内受容体 peroxisome proliferators-activated receptor (PPAR)γの支配下遺伝子であり，liver receptor homolog-1（LRH-1）はその転写を増強することが知られている[28,29]。そこで，アントシアニンのアディポネクチン発現上昇作用について，PPARγを介するかどうかを検討した結果，C3G，Cyはいずれも PPARγの転写活性を促進しなかったことから，別の機構を介するものと考えられた[30]。アントシアニンの脂肪細胞への作用は，未解決の課題もあるが，食品因子として脂肪細胞機能の改善に関わると考えられる。今後はヒトでの効果の検証などが重要となる。

(3) アントシアニンの2型糖尿病抑制作用とそのメカニズム

アントシアニンの高脂肪食負荷マウスにおける体脂肪蓄積抑制作用や脂肪細胞における作用から，2型糖尿病に対する抑制効果が期待される。そこで，2型糖尿病モデルマウスであるKK-A^{y}マウスに精製した C3G（純度95％以上）を0.2％添加した飼料を摂取させた。その結果，C3G摂取群では，血清グルコース濃度の有意な低下が観察された。また，インスリン負荷試験においても，C3G群では顕著なインスリンの感受性の改善が認められた（図7-8）[31]。

このメカニズムの一つとしてアディポネクチンの発現上昇作用が想定され

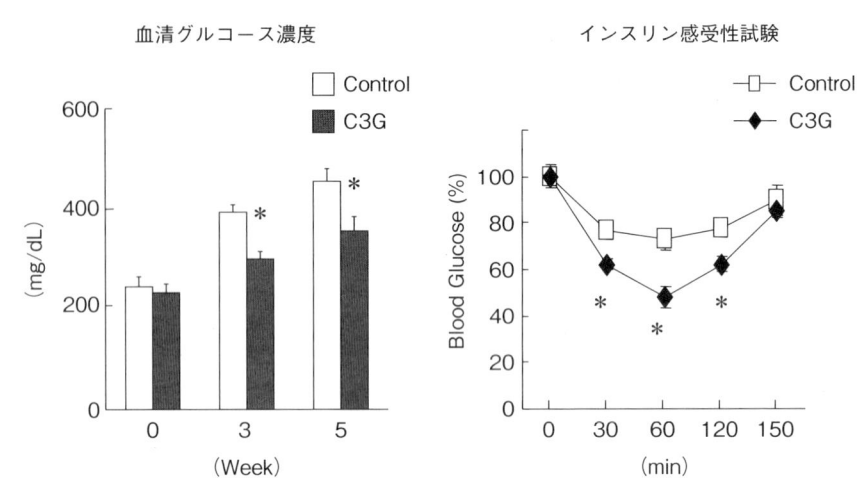

図7-8 KK-A^yマウスにおけるC3G摂取時の血清グルコース濃度とインスリン感受性（＊：$p<0.05$）

た。白色脂肪組織中のTNF-αとMCP-1の遺伝子発現量はC3Gの摂取で半分以下まで低下するものの（図7-9），予想に反してアディポネクチンの遺伝子発現量，血清中の濃度はいずれもコントロールとの間に差がなく，アディポネクチン受容体の発現についても同様であった（図7-10）。

一方，別の予想されるメカニズムの一つにα-グルコシダーゼの阻害作用による糖尿病抑制作用が考えられる。この作用を利用して食後高血糖の改善のた

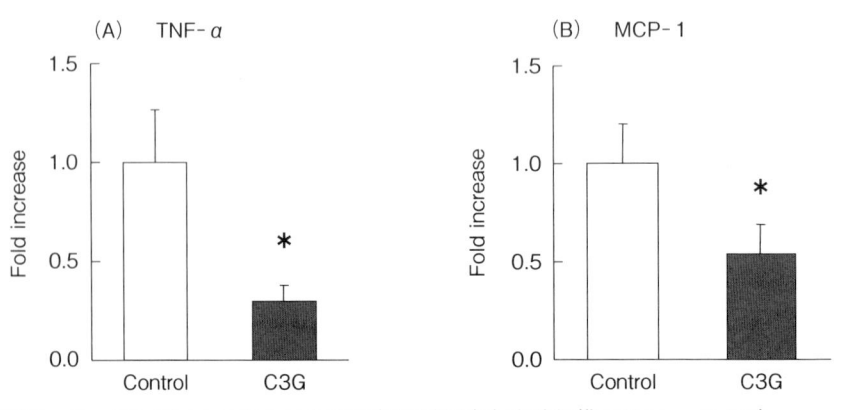

図7-9 KK-A^yマウスにおけるC3G摂取時の白色脂肪組織のTNF-αおよびMCP-1の遺伝子発現量（＊：$p<0.05$）

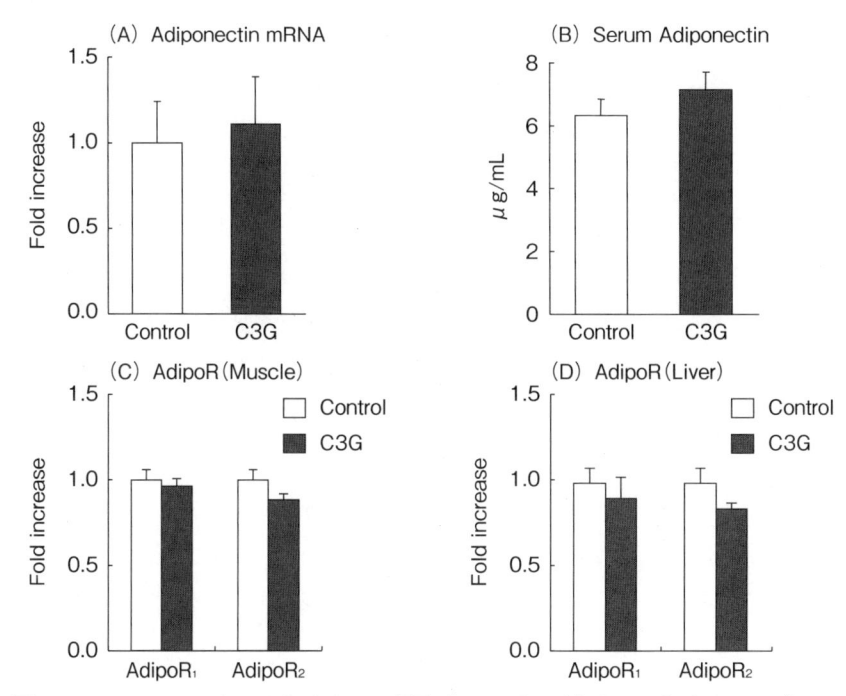

図7-10 KK-A^{y}マウスにおけるC3G摂取時のアディポネクチンとそのレセプター発現

めにアカルボースやボグリボースが医薬品として利用されている。アントシアニンのα-グルコシダーゼ阻害活性については，合成擬似基質を用いた遊離系測定によりC3Gの阻害活性測定結果が報告されており，その活性は非常に低い[32]。一方，松井らにより開発された小腸上皮膜α-グルコシダーゼを模した固定化α-グルコシダーゼ阻害測定法でも，単純なグルコシル化アントシアニンの阻害活性は低く[33]，作用メカニズムの説明は困難である。ただし，C3Gのようなアントシアニンとは異なるタイプで，紫サツマイモに含まれるアシル化アントシアニンには比較的高い阻害活性が認められる。この作用物質として松井らは，その構造中の6-O-caffeoylsophoroseが活性本体であることを明らかにしている[34]。

以上の結果とこれまでの報告から，C3Gの血糖低下作用に関わるメカニズムとして，他の可能性をさらに検討した。2005年にYang, Grahamらはレチノー

ル結合タンパク質4（RBP4）が新たなアディポサイトカインとして2型糖尿病の発症にリンクしていることを明らかにしている[35]。肥満や2型糖尿病においては，グルコーストランスポーター4（Glut4）の発現が脂肪組織で低下していることは知られていた。この研究グループは，脂肪組織特異的なGlut4欠損マウスの解析からインスリン抵抗性の原因分子としてRBP4を同定した。RBP4は肝臓や脂肪組織において発現しており，脂肪組織での発現上昇は末梢組織でのインスリン感受性の低下や肝での糖新生上昇を促進し，高血糖を誘発することが示された。ヒトにおける意義については，まだ一定の見解は得られていないこともあり，RBP4が完全に2型糖尿病の発症に関与しているかどうかは，完全に結論が出ていないが，筆者らの研究によるアントシアニンの糖尿病抑制効果は，動物個体レベルではあるが，この理論を適用すると，そのメカニズムを説明することが可能である[31]。

　Glut4の発現量はC3G群において，遺伝子レベル，タンパクレベルのいずれも著しく上昇していた（図7-11）。RBP4の遺伝子発現量は肝臓では差がないが，白色脂肪組織では有意に低下しており，血清濃度も同様に低下した（図

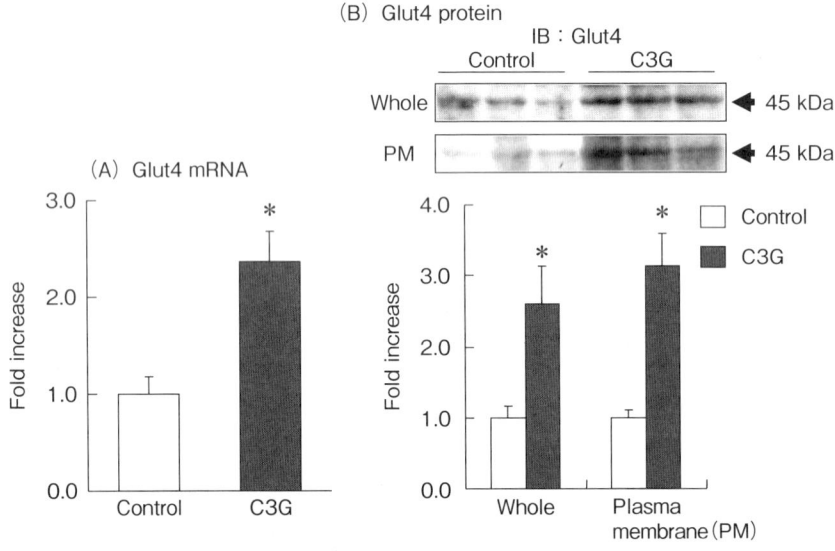

図7-11　白色脂肪組織のGlut4mRNA量とタンパク量（＊：$p<0.05$）

4．メタボリックシンドローム予防食品因子としてのアントシアニン研究　147

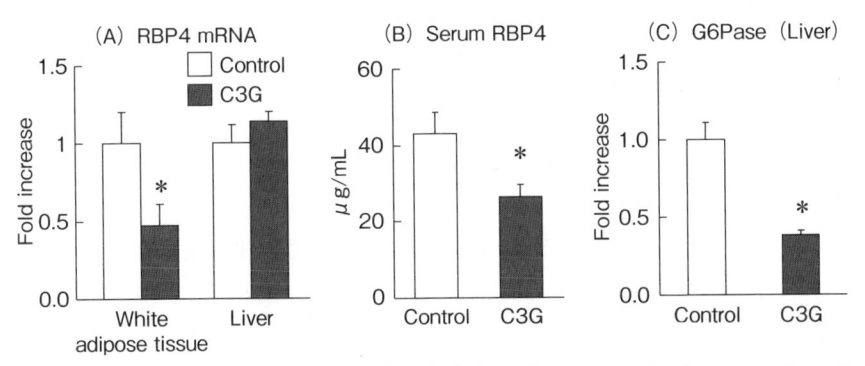

図7-12　RBP4のmRNA量および血清濃度，グルコース6-ホスファターゼ（G6Pase）mRNA量（＊：$p<0.05$）

7-12)。したがって，血清濃度の差は白色脂肪組織での発現の差を反映していると考えられる。さらに糖新生系の律速酵素の一つであるグルコース6-ホスファターゼの発現はC3Gの摂取で有意な低下を示す（図7-12）。以上の結果から，C3Gの摂取はGlut4の発現上昇をもたらし，このことがRBP4の発現を低下させることにより末梢組織でのインスリン感受性の低下と糖新生の亢進によるグルコースの流出を抑制すると考えられる（図7-13）。C3GによるGlut4の発現上昇については，C3Gによる脂肪組織でのMCP-1発現の低下，

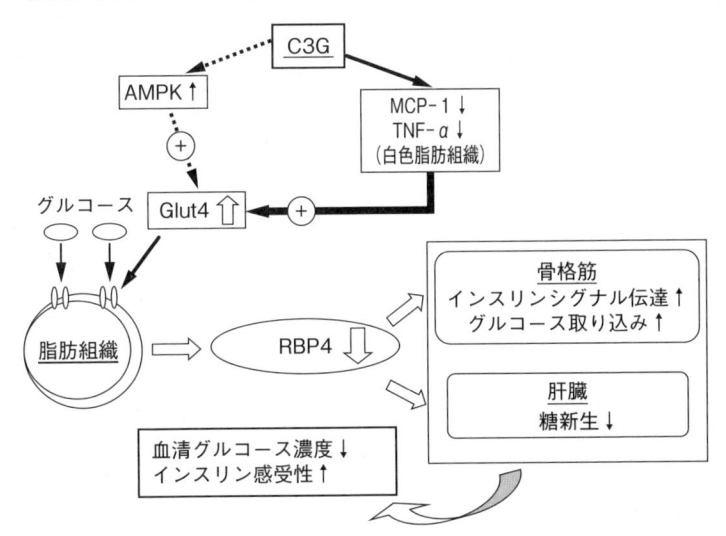

図7-13　C3Gによる2型糖尿病抑制作用の推定メカニズム

AMPキナーゼの活性化などが想定されるが,この点は現在さらに検討を進めている。以上の結果は,ヒトでのRBP4分子と肥満,糖尿病とのリンクの証明に関する点を明らかにする必要はあるものの,アントシアニンのような食品因子の新しい標的として,今後の研究が期待される。

(4) アントシアニンの血圧上昇抑制作用,動脈硬化抑制作用

1) 血圧上昇抑制作用

アントシアニンの血圧上昇抑制作用については,食用色素として利用されている紫トウモロコシ色素や紫サツマイモ色素,赤カブ色素をそれぞれ1%混合した食餌を自然発症高血圧ラットに15週間摂取させたときの血圧上昇抑制作用や[36],ラットにおいて,高フルクトース食による血圧上昇に対して,ブドウ種皮由来の高アントシアニン抽出物の抑制効果等が報告されている[37]。

2) 動脈硬化抑制作用

動脈硬化に対する作用については,Apo-Eノックアウトマウスへの黒米アントシアニンの投与による抑制効果などが報告されている[38]。ヒトにおける臨床試験では,アントシアニン単独でのエビデンスはないものの,透析患者での血管障害が大きな問題となることから,透析患者においてアントシアニンを含む赤ブドウ果汁摂取が酸化LDLレベルと好中球のNADPHオキシダーゼ活性を低下させることや[39],高齢者におけるベリー類を含む果実類の摂取による動脈硬化抑制作用が報告されている[40]。

5. おわりに

最近のアントシアニンに関する研究は,抗酸化性の研究から別の機能追及へ移行しており,本章で紹介したように,メタボリックシンドローム予防に関する研究は最も重要な研究の一つとして考えられる。しかしながらアントシアニンの吸収率の低さと生理機能の発現に対してのパラドックス(なぜ吸収率が低いのに生理機能を発現するのか)は埋まっていない。にもかかわらず,一時期

に比較すると減ったものの，アントシアニンの代謝・吸収に関する研究は非常に多く，これに伴い，分析法の問題点も提示されている。この点についての最新の知見は第9章で詳しく述べられている。食品素材としてアントシアニンを考えた場合，今後，アントシアニンの単独投与での機能を科学的に十分に検討するとともに，現実的な活用についてメタボリックシンドロームの予防の観点から考えると，アントシアニンと同時に摂取する食品因子との組み合わせも議論する必要がある。これまでの研究から明らかなように，アントシアニンはメタボリックシンドロームの予防，代替医療の視点からの活用から，魅力的な食品因子として位置づけられており，今後のエビデンスの蓄積に期待したい。

文 献

1) Matsuzawa Y. : Adipocytokines and metabolic syndrome. Semin Vasc Med 2005 ; 5 ; 34-39.
2) Friedman J.M., Halaas J.L. : Leptin and the regulation of body weight in mammals. Nature 1998 ; 395 ; 763-770
3) Shimomura I., Funahashi T., Takahashi M. et al : Enhanced expression of PAI-1 in visceral fat : possible contributor to vascular disease in obesity. Nat Med 1996 ; 2 ; 800-803.
4) Maeda K., Okubo K., Shimomura I. et al : cDNA cloning and expression of a novel adipose specific collagen-like factor, apM1 (AdiPose Most abundant Gene transcript 1). Biochem Biophys Res Commun 1996 ; 221 ; 16286-16289.
5) Arita Y., Kihara S., Ouchi N. et al : Paradoxical decrease of an adipose-specific protein, adiponectin, in obesity. Biochem Biophys Res Commun 1999 ; 257 ; 79-83.
6) Bajaj M., Suraamornkul S., Piper P. et al : Decreased plasma adiponectin concentrations are closely related to hepatic fat content and hepatic insulin resistance in pioglitazone-treated type 2 diabetic patients. J Clin Endocrinol Metab 2004 ; 89 ; 200-206.
7) Kubota N., Yano W., Kubota T. et al : Adiponectin stimulates AMP-activated protein kinase in the hypothalamus and increases food intake. Cell Metab 2007 ; 6 ; 55-68.
8) Tuchida A., Yamauchi T., Takekawa S. et al : Peroxisome proliferator-activated

receptor (PPAR) α activation increases adiponectin receptors and reduces obesity-related inflammation in adipose tissue: comparison of activation of PPAR α, PPAR γ, and their combination. Diabetes 2005 ; 54 ; 3358 – 3370.
9) Yamauchi T., Kamon J., Ito Y. et al : Cloning of adiponectin receptors that mediate antidiabetic metabolic effects. Nature 2003 ; 423 ; 762 – 769.
10) Hara K., Boutin P., Mori Y. et al : Genetic variation in the gene encoding adiponectin is associated with an increased risk of type 2 diabetes in the Japanese population. Diabetes 2002 ; 51 ; 536 – 540.
11) Sartipy P., Loskutoff D. J. : Monocyte chemoattractant protein 1 in obesity and insulin resistance. Proc Natl Acad Sci USA 2003 ; 100 ; 7265 – 7270.
12) Weisberg S.P., McCann D., Desai M. et al : Obesity is associated with macrophage accumulation in adipose tissue. J Clin Invest 2003 ; 112 ; 1796 – 1808.
13) Xu H., Barnes G.T., Yang Q. et al : Chronic inflammation in fat plays a crucial role in the development of obesity related insulin resistance. J Clin Invest 2003 ; 112 ; 1821 – 1830.
14) Suganami T., Nishida J., Ogawa Y. : A paracrine loop between adipocytes and macrophages aggravates inflammatory changes : role of free fatty acids and tumor necrosis factor alpha. Arterioscler Thromb Vasc Biol. 2005 ; 25 ; 2062 – 2068.
15) Suganami T., Tanimoto-Koyama K., Nishida J. et al : Role of the toll-like receptor 4/NF-κB pathway in saturated fatty acid-induced inflammatory changes in the interaction between adipocytes and macrophages. Arterioscler Thromb Vasc Biol 2007 ; 27 ; 84 – 91.
16) Kamei N., Tobe K., Suzuki R. et al : Overexpression of monocyte chemoattractant protein-1 in adipose tissues causes macrophage recruitment and insulin resistance. J Biol Chem 2006 ; 281 ; 26602 – 26614.
17) Kanda H., Tateya S., Tamori Y. et al : MCP-1 contributes to macrophage infiltration into adipose tissue, insulin resistance, and hepatic steatosis in obesity. J Clin Invest 2006 ; 116 ; 1494 – 1505.
18) Ito A., Suganami T., Miyamoto Y. et al : Role of MAPK phosphatase-1 in the induction of monocyte chemoattractant protein-1 during the course of adipocyte hypertrophy. J Biol Chem 2007 ; 282 ; 25445 – 25452.
19) Nishimura S., Manabe I., Nagasaki M. et al : Adipogenesis in obesity requires close interplay between differentiating adipocytes, stromal cells, and blood

vessels. Diabetes 2007 ; 56 ; 1517 – 1526.
20) Ozcan U., Cao Q., Yilmaz E. : Endoplasmic reticulum stress links obesity, insulin action, and type 2 diabetes. Science. 2004 ; 306 ; 457 – 461.
21) Furukawa S., Fujita T., Shimabukuro M. et al : Increased oxidative stress in obesity and its impact on metabolic syndrome. J Clin Invest 2004 ; 114 ; 1752 – 1761.
22) Sakai T., Sakaue H., Nakamura T. et al : Skp2 controls adipocyte proliferation during the development of obesity. J Biol Chem 2007 ; 282 ; 2038 – 2046.
23) Tsuda T., Horio F., Uchida K. et al : Dietary cyanidin 3-O-β-D-glucoside-rich purple corn color prevents obesity and ameliorates hyperglycemia in mice. J Nutr 2003 ; 133 ; 2125 – 2130.
24) Prior R. L., Wu X., Gu L. et al : Whole berries versus berry anthocyanins : Interactions with dietary fat levels in the C57BL/6J mouse model of obesity. J Agric Food Chem 2008 ; 56 ; 647 – 653.
25) 津田孝範：脂肪細胞の特性を生かした食品因子の生理機能評価．食品の生理機能評価法－実験系とツールの新展開を目指して－（津田孝範，堀尾文彦，横越英彦編著）2007, p.32 – 48.
26) Tsuda T., Ueno Y., Kojo H. et al : Gene expression profile of isolated rat adipocytes treated with anthocyanins. Biochim Biophys Acta 2005 ; 1733 ; 137 – 147.
27) Tsuda T., Ueno Y.,Yoshikawa T. et al : Microarray profiling of gene expression in human adipocytes in response to anthocyanins. Biochem Pharmacol 2006 ; 71 ; 1184 – 1197.
28) Maeda N., Takahashi M., Funahashi T. et al : PPARγ ligands increase expression and plasma concentrations of adiponectin, an adipose-derived protein. Diabetes 2001 ; 50 ; 2094 – 2099.
29) Iwaki M., Matsuda M., Maeda N. et al : Induction of adiponectin, a fat-derived antidiabetic and antiatherogenic factor, by nuclear receptors. Diabetes 2003 ; 52 ; 1655 – 1663.
30) Tsuda T., Ueno Y., Aoki H. et al : Anthocyanin enhances adipocytokine secretion and adipocyte-specific gene expression in isolated rat adipocytes. Biochem Biophys Res Commn 2004 ; 316 ; 149 – 157.
31) Sasaki R., Nishimura N., Hoshino H. et al : Cyanidin 3-glucoside ameliorates hyperglycemia and insulin sensitivity due to downregulation of retinol binding protein 4 expression in diabetic mice. Biochem Pharmacol 2007 ; 74 ; 1619 –

1627.
32) Iwai K., Kim M.Y., Onodera A. et al : Alpha-glucosidase inhibitory and antihyperglycemic effects of polyphenols in the fruit of Viburnum dilatatum Thunb. J Agric Food Chem 2006 ; 54 ; 4588−4592.
33) Matsui T., Ueda T., Oki T., Sugita K., Terahara N., Matsumoto K. : alpha-Glucosidase inhibitory action of natural acylated anthocyanins. 2. alpha-Glucosidase inhibition by isolated acylated anthocyanins. J Agric Food Chem 2001 ; 49 ; 1952−1956.
34) Matsui T., Ebiuchi S., Fukui K. et al : Caffeoylsophorose, A new natural α-glucosidase inhibitor, from red vinegar by fermented purple-fleshed sweet potato. Biosci Biotechnol Biochem 2004 ; 68 ; 332−339.
35) Yang Q., Graham T.E., Mody N. et al : Serum retinol binding protein 4 contributes to insulin resistance in obesity and type 2 diabetes. Nature 2005 ; 436 ; 356−362.
36) Shindo M., Kasai T., Abe A. et al : Effects of dietary administration of plant-derived anthocyanin-rich colors to spontaneously hypertensive rats. J Nutr Sci Vitaminol 2007 ; 53 ; 90−93.
37) Najim A., Awwadi A.L., Caroline A. et al : Extracts enriched in different polyphenolic families normalize increased cardiac NADPH oxidase expression while having differential effects on insulin resistance, hypertension, and cardiac hypertrophy in high-fructose-fed rats. J Agric Food Chem 2005 ; 53 ; 151−157.
38) Xia X., Ling W., Ma J. et al : An anthocyanin-rich extract from black rice enhances atherosclerotic plaque stabilization in apolipoprotein E-deficient mice. J Nutr 2006 ; 136 ; 2220−2225.
39) Castilla P., Dávalos A., Teruel J.L. et al : Comparative effects of dietary supplementation with red grape juice and vitamin E on production of superoxide by circulating neutrophil NADPH oxidase in hemodialysis patients. Am J Clin Nutr 2008 ; 87 ; 1053−1061.
40) Ellingsen I., Hjerkinn E.M., Seljeflot I. et al : Consumption of fruit and berries is inversely associated with carotid atherosclerosis in elderly men. Br J Nutr 2008 ; 99 ; 674−681.

第8章 アントシアニンとがん予防

侯　徳興*

1. はじめに

　がんの化学予防とは，天然化合物および合成化合物または両者を組み合わせたものを用いて，発がんの過程を阻止したり，逆転させたり，遅らせたりすることであり，がん予防の中で比較的新しくかつ有効な戦略である[1,2]。発がんは一般的にイニシエーション，プローモーション，プログレッションなどの3つの段階に分けられる[3]。イニシエーションは物理的，化学的またはウイルスなどの変異原によるDNAのダメージである。プローモーションはイニシエーションを受けた細胞が成長因子，ホルモンおよび紫外線照射などの常習的な暴露により細胞の性質が改変され，前がん細胞集団を形成する過程である。プログレッションは前がん細胞集団が侵襲的や転移性のがん細胞集団になる発がんの最終段階である。これらの過程が一連の律速的な分子出来事と関わり，主に細胞内シグナル伝達による細胞形質転換，増殖やアポトーシスなどの過程を制御する遺伝子の発現変化によるものと考えられる。

　数多くの疫学調査および実験研究の結果，食事の野菜や果物の摂取量と発がんリスクは，一般的に逆の相関を示している。米国がん研究所の「がんの食予防」の最近報告書によると7～31％のがんは食事の野菜や果物の高摂取によって低減することができるとされる[4]。特に植物性食品中の非栄養的化学成分ががんの予防成分として最近注目されている。現在はおよそ1,000種類の異なる植物化学成分ががん予防能を持つことが推定されている[4]。これらの成分の一部が細胞内シグナル伝達分子や転写因子を標的とし，細胞形質転換，増殖，炎

---

*鹿児島大学農学部生物資源化学科食品分子機能学研究室

症やアポトーシスなどに関する遺伝子の発現を制御すると考えられる[5,6]。

アントシアニンは強い紫色を呈するポリフェノール類の色素であり,ベリー類,グレープ,黒米,紫サツマイモや赤キャベツなど多くの果物や野菜に存在する。これらは,我々の食事には多く含まれている。米国ではアントシアニンの一日の平均摂取量が180〜215mg[7]で,フィンランドが82mg[8]で,デンマークが60mg[9]と推定されている。アントシアニンの平均摂取量は他のフラボノイド類(ケルセチン,ケンフェロール,ミリセチン,アピゲニンやルテオリンなど)の摂取量(23mg/日)より高い[10]。特に近年アントシアニンを多く含むビルベリーやエルダーベリーはサプリメントとして販売されているので,アントシアニンの摂取量が一部の集団ではかなり高いと推定されている[9]。アントシアニンによる生体への作用には様々な関心が持たれているが,近年,アントシアニンのがん予防機能について多くの研究がなされており,天然のがん予防化合物として注目されている[11,12]。本章では,アントシアニンのがん予防機能について疫学調査,動物実験および細胞・遺伝子レベルでの研究結果と知見を筆者らのものを含めて概説する。

2. 疫学的調査研究

アントシアニンのがん予防作用に関する本格的な疫学調査はいまだに行われていないが,いくつかの報告からアントシアニンががん予防機能を持つことが示唆されている。1980年代の疫学調査の結果によると,ストロベリー大量摂取の高齢者集団は,非大量摂取の高齢者集団に比べ,がん発生のオッズ比が0.3であった[13]。また,有色の果物や野菜の摂取とヒト乳がん[14]や大腸ポリープの発生の低減[15],アントシアニンの豊富な食品の摂取と冠状動脈性心臓病のリスクの低減[16]には相関結果が報告されている。また,フランスに生活している人々は高脂肪の食生活にもかかわらず,心臓血管疾患が少ない,いわゆる"フレンチパラドックス"にもアントシアニンが少なくとも部分的に貢献しているのではないかという説もある。

3. 実験動物的な研究

実験動物を用いたアントシアニンおよびアントシアニンエキスの発がん抑制作用を表8－1に示す。アントシアニンおよびアントシアニンエキスは大腸がん，皮膚がん，乳がんの発生およびがん細胞転移に抑制効果があることが示されている。

(1) 大腸がんに対するアントシアニンおよびアントシアニンエキスの抑制効果

アントシアニンの豊富な紫サツマイモ，赤キャベツや紫トウモロコシのエキスをラットに投与すると，DMH（1,2-dimethyl hydrazine）およびPhIP（2-amino-1-methyl-6-phenylimidazo [4,5-b]pyridine）により誘発された大腸がんが抑制された[17,18]。上記のアントシアニンエキスを食餌の5％水準で36週間ラットに継続的に投与すると，対照群ラットに比べ，腺腫および腺がんの発生率が著しく低減した。また，PhIPにより誘導された異常腺窩も著しく低減した。凍結乾燥したブラックラズベリーを食餌の2.5％，5.0％，または10.0％水準で33週間ラットに継続的に投与すると，AOM（azoxymethane）により誘導された異常腺窩および腺がんが，対照群ラットと比べ，それぞれ21％，24％，36％または28％，35％，80％減少した。さらに，酸化ストレスのマーカーである尿中8-OHdGのレベルもそれぞれ73％，81％，83％低下した[19]。ビルベリー，チョークベリーまたはグレープのアントシアニンエキスを投与すると，AOMにより誘導された大腸異常腺窩も抑制された。3.85g/kgの食餌水準でラットに14週間投与すると大腸異常腺窩の数が著しく減少した[20]。シアニジン-3-グリコシド（C3G）またはシアニジンをそれぞれ800mg/L，200mg/Lの飲用水としてApcマウス（大腸腺腫モデルマウス）に投与する，あるいは凍結乾燥したタルトチェリーを200g/kgの食餌で与えると，盲腸腫瘍の数と大きさともに著しく減少したが，大腸腫瘍の数には著しい影響はなかった[21]。ブルーベリーのアントシアニンエキスまたはC3Gを食餌の0.3％としてApcマウスに与

表8-1 アントシアニンおよびアントシアニンエキスによる動物の腫瘍形成の抑制効果

腫瘍	動物	アントシアニン	投与状況	発がん原	結果	文献*
大腸腺腫	ラット	紫トウモロコシ,紫イモ,紫キャベツ	食餌の5.0%,36週間	DMH-PhIP	がん腫と腺腫の発生率および腺窩病巣数が減少した。	17, 18
	ラット	ブラックラズベリー	食餌の2.5%,5.0%,10.0%,33週間	AOM	腺窩病巣数がそれぞれ21%,24%,36%減少し,腺腫がそれぞれ28%,35%,80%減少した。	19
	ラット	ビルベリー,チョークベリー,グレープ	食餌の3.85g/kg,14週間	AOM	腺窩病巣数がそれぞれ67%,70%,69%減少した。	20
	マウス(ApcMin)	タルトチェリー	食餌の200g/kg,10週間		盲腸腫瘍の数と大きさが減少したが,大腸腫瘍には効果が見られなかった。	21
	マウス(ApcMin)	ブルーベリー	食餌の0.3%,12週間		腫瘍数が45%減少した。	22
	マウス(ApcMin)	シアニジン	飲用水に200mg/L,10週間		盲腸腫瘍の数と大きさが減少したが,大腸腫瘍には効果が見られなかった。	21
	マウス(ApcMin)	C3G**	飲用水に800mg/L,10週間		盲腸腫瘍の数と大きさが減少したが,大腸腫瘍には効果が見られなかった。	21
	マウス(ApcMin)	C3G	食餌の0.3%,12週間		腫瘍の数が30%減少した。	22
皮膚腫瘍	マウス(CD-1)	ザクロフルーツエキス	2 mg/マウス,30週間	DMBA-TPA	皮膚がんの発生率と腫瘍の体積が減少した。	24
	マウス(C57BL/6)	C3G	3.5μM/マウス,20週間	DMBA-TPA	パピローマの数,腫瘍数および大きさも減少した。	25
乳腺腫瘍	ラット	C3G	飲用水に10, 15 or 20 mg/rat/日,21週間	DMBA	乳腺腫瘍の発生率および重さが減少した。	23
がん細胞転移	ヌードマウス	C3G	9.5mg/kg体重,3回/週,14日間注射	A549 cells	異種移植したA549細胞の成長が50%まで抑制された。がん細胞の膵臓,肝臓,腎臓および胃周囲のリンパ節への転移が抑制された。	25

* 章末文献番号
** C3G: シアニジン-3-グリコシド

えると小腸腫瘍数が著しく減少した[22]。

(2) 乳がんに対するアントシアニンおよびアントシアニンエキスの抑制効果

DMBA (7,12-dimethylbenz(a)anthracene) で誘発された乳がんラットに15種類のアントシアニンを有するコンコードグレープジュースを10, 15, 20mg/ラット/日の水準で飲用水として投与すると、乳がんの発生率および重量とも減少した[23]。

(3) 皮膚がんに対するアントシアニンおよびアントシアニンエキスの抑制効果

発がんDMBAイニシエーターおよびプロモーターTPA (12-O-tetradecanoylphorbol-13-acetate) により誘発された雌CD-1マウス皮膚がんにおいてアントシアニンの予防効果が認められた[24]。ザクロのアントシアニンエキスを摂取したマウス（2mg/マウス）には誘発性皮膚がんの発症の遅延がみられ、腫瘍の発生率や大きさがいずれも減少した[24]。また、最近の報告では、ブラックベリーから抽出されたC3Gを皮膚がんモデルのマウスに投与するとパピローマの数が減少したという[25]。DMBA-TPA処理により2段階発がんで作成したマウス皮膚がんにおいてC3Gを20週間連続投与すると、パピローマの数が対照群の3.57±1.06/マウスに対して投与群が1.59±0.65/マウスで53％以上の抑制効果を示していた。また、投与群は、対照群より腫瘍数が少なく、腫瘍の大きさも小さかった。

(4) がん細胞転移に対するC3Gの抑制効果

A549細胞（ヒト肺がん細胞株）を移植した胸腺欠損ヌードマウスにおいてC3G投与群が対照群と比べ、腫瘍の大きさが50％まで低下した。また、C3Gを投与したマウスががん細胞の転移抑制効果も認められた。腹腔、腹腔リンパ節および腸管膜脂肪への腫瘍転移数が対照群により少なかった。しかし、器官実質の腫瘍転移がC3G投与マウスには効果が認められなかった[25]。

4. 細胞レベルでの研究

アントシアニンまたはアントシアニンエキスによるがん細胞の成長や増殖の抑制作用を表8－2にまとめた。アントシアニンまたはアントシアニンエキスがヒト口腔がん細胞（CAL[27]，KB[27]），ヒト食道扁平上皮がん細胞（A431）[28]，ヒト胃がん細胞（AGS）[29]，ヒト大腸がん細胞（CoCa-2[30]，HCT116[27, 29-31]，HT29[20, 21, 32-34]），ヒト肺がん細胞（LXFL52L[28]，NCIH460[29, 34]），ヒト乳がん細胞（MCF-7）[27, 29, 33]，ラット乳がん細胞（RBA）[26]，ヒト子宮がん細胞（HeLa S3）[30]，ヒト前立腺がん細胞（LNCaP）[27]，ヒトグリア芽細胞腫細胞（SF-268）[29]，T白血病細胞（Jurkat）[35]，ヒト単球性白血病細胞（U937）[36]，ヒト前骨髄性白血病細胞（HL-60）[27, 35, 38, 39]などの成長または増殖に対して異なる抑制効果が示されている。

構造と活性の関係を解析し，次のことがわかった。① がん細胞生存に対する潜在的抑制能は，アグリコンのアントシアニジンが，そのグリコ化したアントシアニンにより高い。② アントシアニジンB環のオルトジヒドロキシフェニル構造が抑制作用に重要である。③ デルフィニジン，シアンニジンおよびペチュニジンがオルトジヒドロキシフェニル構造を持ち，この構造を持たないペラルゴニジン，ペオニジン，マルビジンより高い抑制活性を示している。しかし，この結論と反し，マルビジンがデルフィニジンと同等，またはより高い抑制活性を有することも報告されている[24, 25, 28]。

一部の研究結果によると，アントシアニンまたはアントシアニンエキスはがん細胞の成長を抑制するが，正常細胞の成長は抑制しない。例えば，グレープ，ビルベリーまたはチョークベリーのアントシアニンエキスが25－75μg/mLの濃度ではヒトHT29結腸がん細胞の成長を抑制したが，正常の結腸細胞の成長は抑制しなかった[30]。また，正常の胎児繊維芽細胞（NHF）に対しても成長阻害作用が見られなかった[29]。

デルフィニジン[31, 38]，シアンニジン[31, 38]，ペチュニジン[38]，デルフィニジン-

4．細胞レベルでの研究

表8−2　アントシアニンおよびアントシアニンエキスによるがん細胞成長の抑制効果（その1）

細胞	アントシアニン	効果	文献*
ヒト口腔がん細胞 (Human oral cancer cells)			
CAL27	Blackberry anthocyanins	IC$_{50}$ = 110.8 μg/mL, 48h	27
	Blueberry anthocyanins	IC$_{50}$ = 177.4 μg/mL, 48h	27
	Raspberry anthocyanins	IC$_{50}$ = 164.5 μg/mL, 48h	27
	Black raspberry anthocyanins	IC$_{50}$ = 92.6 μg/mL, 48h	27
	Cranberry anthocyanins	IC$_{50}$ = 130.1 μg/mL, 48h	27
	Strawberry anthocyanins	IC$_{50}$ = 102.0 μg/mL, 48h	27
KB	Blackberry anthocyanins	IC$_{50}$ = 98.0 μg/mL, 48h	27
	Blueberry anthocyanins	IC$_{50}$ = 171.3 μg/mL, 48h	27
	Raspberry anthocyanins	IC$_{50}$ = 95.4 μg/mL, 48h	27
	Black raspberry anthocyanins	IC$_{50}$ = 80.8 μg/mL, 48h	27
	Cranberry anthocyanins	IC$_{50}$ = 180.6 μg/mL, 48h	27
	Strawberry anthocyanins	IC$_{50}$ = 81.5 μg/mL, 48h	27
ヒト食道扁平上皮がん細胞 (Human epidermoid carcinoma cells)			
A431	Delphinidin	IC$_{50}$ = 18 μM, 72h	28
	Cyanidin	IC$_{50}$ = 42 μM, 72h	28
	Malvidin	IC$_{50}$ = 61 μM, 72h	28
	Cyanidin-3-galactoside	IC$_{50}$ > 100 μM, 72h	28
	Malvidin-3-glucoside	IC$_{50}$ > 100 μM, 72h	28
ヒト胃がん細胞 (Human stomach carcinoma cells)			
AGS	Pelargonidin	64% at 200 μg/mL, 48h	29
	Malvidin	69% at 200 μg/mL, 48h	29
ヒト大腸がん細胞 (Human colon carcinoma cells)			
CaCo-2	Delphinidin	20% at 200 μM, 24h	30
HCT116	Delphinidin	64% at 100 μM, 48h	30
	Cyanidin	IC$_{50}$ = 85 μM	31
	Malvidin	75.7% at 200 μg/mL, 48h	29
		11% at 100 μM, 24h	30
	Pelargonidin	63% at 200 μg/mL, 48h	29
	Delphinidin-3-glucoside	20% at 100 μM, 48h	30
	Delphinidin-3-galactoside	20% at 100 μM, 48h	30
	Cyanidin glycosides	IC$_{50}$ = 285 μM, 72h	31
	Bilberry extract	97% at 4 μg/mL, 48h	30
		apoptosis	
	Blackberry anthocyanins	IC$_{50}$ = 65.0 μg/mL, 48h	27
	Blueberry anthocyanins	IC$_{50}$ = 90.0 μg/mL, 48h	27
	Raspberry anthocyanins	IC$_{50}$ = 188.0 μg/mL, 48h	27
	Black raspberry anthocyanins	IC$_{50}$ = 89.0 μg/mL, 48h	27
	Cranberry anthocyanins	IC$_{50}$ = 121.0 μg/mL, 48h	27
	Strawberry anthocyanins	IC$_{50}$ = 62.0 μg/mL, 48h	27
HT29	Delphinidin	IC$_{50}$ = 35 μM, 72h	28
	Cyanidin	IC$_{50}$ = 63 μM, 72h	21
		IC$_{50}$ = 57 μM, 72h	28
	Malvidin	IC$_{50}$ = 35 μM, 72h	28
	Peonidin	IC$_{50}$ = 90 μM, 72h	28
	Pelargonidin	IC$_{50}$ > 100 μM, 72h	28
	Delphinidin-3-glucoside	87% at 200 μg/mL, 24h	29
	Cyanidin-3-glucoside	88% at 200 μg/mL, 24h	29
	Malvidin-3-glucoside	90% at 200 μg/mL, 24h	29
	Chokeberry extract	52% at 50 μg/mL, 48h	30
	Chokeberry extract	37% at 5 μg/mL, 24h	29
	Grape extracts	35% at 75 μg/mL, 48h	30
	Cyanidin glycosides	IC$_{50}$ = 780 μM, 72h	21
	Bilberry extract	51% at 75 μg/mL, 48h	30
	Blackberry anthocyanins	IC$_{50}$ = 64.6 μg/mL, 48h	27
	Blueberry anthocyanins	IC$_{50}$ = 90.0 μg/mL, 48h	27
	Raspberry anthocyanins	IC$_{50}$ = 187.6 μg/mL, 48h	27
	Black raspberry anthocyanins	IC$_{50}$ = 89.1 μg/mL, 48h	27
	Cranberry anthocyanins	IC$_{50}$ = 121.3 μg/mL, 48h	27
	Strawberry anthocyanins	IC$_{50}$ = 114.2 μg/mL, 48h	27

＊　章末文献番号

表8−2　アントシアニンおよびアントシアニンエキスによるがん細胞成長の抑制効果（その2）

細胞	アントシアニン	効果	文献*
ヒト肺がん細胞 (Human lung carcinoma cells)			
LXFL52L	Delphinidin	IC_{50} = 33 μM, 72h	28
	Cyanidin	IC_{50} = 73 μM, 72h	28
	Malvidin	IC_{50} > 73 μM, 72h	28
	Cyanidin-3-galactoside	IC_{50} > 73 μM, 72h	28
	Malvidin-3-glucoside	IC_{50} > 73 μM, 72h	28
NCI H460	Malvidin	67.7% at 200 μg/mL, 48h	29
	Pelargonidin	67.0% at 200 μg/mL, 48h	29
ヒト乳がん細胞 (Human mammary cancer cells)			
MCF-7	Delphinidin	66.0% at 200 μg/mL, 48h	29
	Cyanidin	47.0% at 200 μg/mL, 48h	29
	Malvidin	74.7% at 200 μg/mL, 48h	29
	Pelargonidin	63.0% at 200 μg/mL, 48h	29
	Petunidin	53.0% at 200 μg/mL, 48h	29
	Delphinidin-3-glucoside	82.0% at 200 μg/mL, 24h	29
	Cyanidin-3-glucoside	85.0% at 200 μg/mL, 24h	29
	Malvidin-3-glucoside	84.0% at 200 μg/mL, 24h	29
	Blueberry	25% at 5 μg/mL, 24h	29
	Black chokeberry	19% at 5 μg/mL, 24h	29
	Black currant	45% at 5 μg/mL, 24h	29
	Blackberry anthocyanins	IC_{50} = 122.0 μg/mL, 48h	27
	Blueberry anthocyanins	IC_{50} = 169.9 μg/mL, 48h	27
	Raspberry anthocyanins	IC_{50} = 190.8 μg/mL, 48h	27
	Black raspberry anthocyanins	IC_{50} = 145.4 μg/mL, 48h	27
	Cranberry anthocyanins	IC_{50} = 135.0 μg/mL, 48h	27
	Strawberry anthocyanins	IC_{50} = 180.0 μg/mL, 48h	27
ラット乳がん細胞 (Rat mammary adenocarcinoma cells)			
RBA	Grape extracts	IC_{50} = ~14 μg/mL, 48h	26
ヒト前立腺がん細胞 (Human prostate cancer cells)			
LNCaP	Blackberry anthocyanins	IC_{50} = 49.6 μg/mL, 48h	27
	Blueberry anthocyanins	IC_{50} = 36.5 μg/mL, 48h	27
	Raspberry anthocyanins	IC_{50} = 100.0 μg/mL, 48h	27
	Black raspberry anthocyanins	IC_{50} = 66.8 μg/mL, 48h	27
	Cranberry anthocyanins	IC_{50} = 100.0 μg/mL, 48h	27
	Strawberry anthocyanins	IC_{50} = 178.0 μg/mL, 48h	27
ヒト子宮がん細胞 (Human uterine carcinoma cells)			
HeLa S3	Delphinidin	50% at 200 μM, 24h	30
ヒトグリア芽細胞腫細胞 (Human glioblastoma cells)			
SF-268	Malvidin	60.5% at 200 μg/mL, 48h	29
	Pelargonidin	34.0% at 200 μg/mL, 48h	29
T白血病細胞 (T-leukemia cells)			
Jurkat	Cyanidin-3-glucopyranoside	IC_{50} = 174.9 μg/mL, 24h	27
ヒト単球性白血病細胞 (Human monocytic leukaemia cells)			
U937	Cyanidin	IC_{50} = 60 μg/mL, 96h	36
	Malvidin	IC_{50} = 40 μg/mL, 96h	36
ヒト前骨髄性白血病細胞 (Human promyelocytic leukaemia cells)			
HL-60	Delphinidin	88% at 100 μM, 24h	30
		apoptosis at 100 μM, 6-12h	38
	Cyanidin	85% at 200 μM, apoptosis	30
		apoptosis at 100 μM, 6-12h	38
	Malvidin	85% at 100 μM, 24h	30
	Petunidin	apoptosis at 100 μM, 6-12h	38
	Delphinidin-3-glucoside	60% at 100 μM, 24h	30
	Delphinidin-3-galactoside	65% at 100 μM, 24h	30
	Delphinidin-3-sambubioside	apoptosis at 100 μM	40
	Cyanidin-3-glucopyranoside	37% at 200 μg/mL, 30h	35
	Bilberry extract	84% at 4 μg/mL, 24h, apoptosis	30

＊章末文献番号

3-サンブビオシド（Dp-3-Sam)[39]およびC3G[35]は，HL-60細胞[31,38,39]，U937細胞[31]，Caco-2細胞[30]，リンパ球細胞[36]，Jurkat細胞[35]，HCT細胞[31]等のアポトーシスをひき起こしたことが報告されている。したがって，アントシアニンによるがん細胞の成長抑制は，細胞毒性，増殖抑制またはアポトーシス誘導などの機構によるものと考えられる。

5. 分子機構

以上のような疫学，動物および培養細胞のデータからアントシアニンが生体機能の調節，特にがん予防機能を有することが示唆されている。近年，興味が持たれているのは，アントシアニンがどのように生体分子に作用し，その機能を発見するのかという分子機構である。ここでは，アントシアニンのがん予防機能について，細胞内のシグナル伝達から遺伝子転写制御まで検討した筆者らの結果を述べるとともに，これに関連する知見も概説する。

(1) MAPキナーゼ

MAP (mitogen-activated protein) キナーゼはERK (extracellular signal-regulated kinase)，JNK (c-Jun N-terminal kinase) およびp38キナーゼなどを含んでいる。MAPキナーゼ経路はカスケードにより構成されており，MAP3K (MAP kinase kinase kinase) がMAP2K (MAP kinase kinase) を活性化し，活性化されたMAP2KがさらにMAPキナーゼを活性化する。蓄積した研究データによりERKはTPA，EGF（上皮成長因子），PDGF（血小板由来成長因子）[40,41]等のような発がんプロモーターによりイニシエーションされたシグナルを伝達する。一方，紫外線照射や砒素等のようなストレス関連発がんプロモーターがJNKおよびp38キナーゼを活性化する[42,43]。したがって，MAPキナーゼ経路は細胞成長や生存に重要な役割を果たしており，がん予防と治療の分子標的として注目されている[44]。

アントシアニジンがいくつかのがん細胞株および動物モデルにおいてMAP

キナーゼ活性を制御することが報告されている。マウスの上皮細胞においては15μMのデルフィニジンがTPAにより刺激されたERKのリン酸化（2h）およびJNKのリン酸化（12h）を抑制したが（図8－1），ペオニジンが同じ条件ではそのような抑制作用が認められなかった[45]。一方，15μMのデルフィニジンには p38 キナーゼのリン酸化の抑制効果が認められなかった。さらに，15μMのデルフィニジンがJNKおよびERKのシグナル伝達カスケードであるMEK（MAPK/ERK kinase），SEK1（SAPK/ERK kinase 1）およびc-Junの活性化も抑制した（図8－2）[45]。マウスの上皮細胞においてデルフィニジンによるTPA誘発性細胞形質転換の抑制がMAPキナーゼシグナル伝達経路の抑制によるものと証明されている[45]。C3Gもマウスの上皮細胞においてTPA誘発性ERKの活性化およびUVB（紫外線B）誘発性ERK，JNK，p38キナーゼおよびSEK1の活性化を抑制した[25]。これによって下流転写因子AP-1（activator protein-1），NF-κB（nuclear factor-kappa B）の活性化および遺伝子COX-2やTNF-αの発現を抑制した。RAW264.7細胞（マウスマクロファージ様細胞）において50μMのデルフィニジンがリポポリサッカライド（LPS）誘発性ERK，JNK，p38 キナーゼのリン酸化を抑制し，さらにCOX-2やiNOSの発現を抑制した[46]。CD-1マウスモデルにおいてザクロフルーツのアントシアニンエキスがTPA誘発性ERK，JNKおよびp38 キナーゼのリン酸化を抑制し，皮膚がんの発生を抑制した[24]。

(2) AP-1

AP-1はがん原遺伝子産物JunとFosのダイマータンパク質である[47]。AP-1ダイマーが細胞増殖[47]，形質転換[48]やアポトーシス[49]に関する遺伝子のプロモーターにあるTPA応答配列（TRE）に結合する。ポルボールエステル[48]，UV照射[50]，成長因子[51]や酸化物質[52]などの様々な刺激がAP-1を活性化する。多くのがんのプローモーションやプログレッション過程に過剰なAP-1活性が観察されている。AP-1活性の異常な上昇ががんの進行に必要であることが動物実験により証明されている[53,54]。

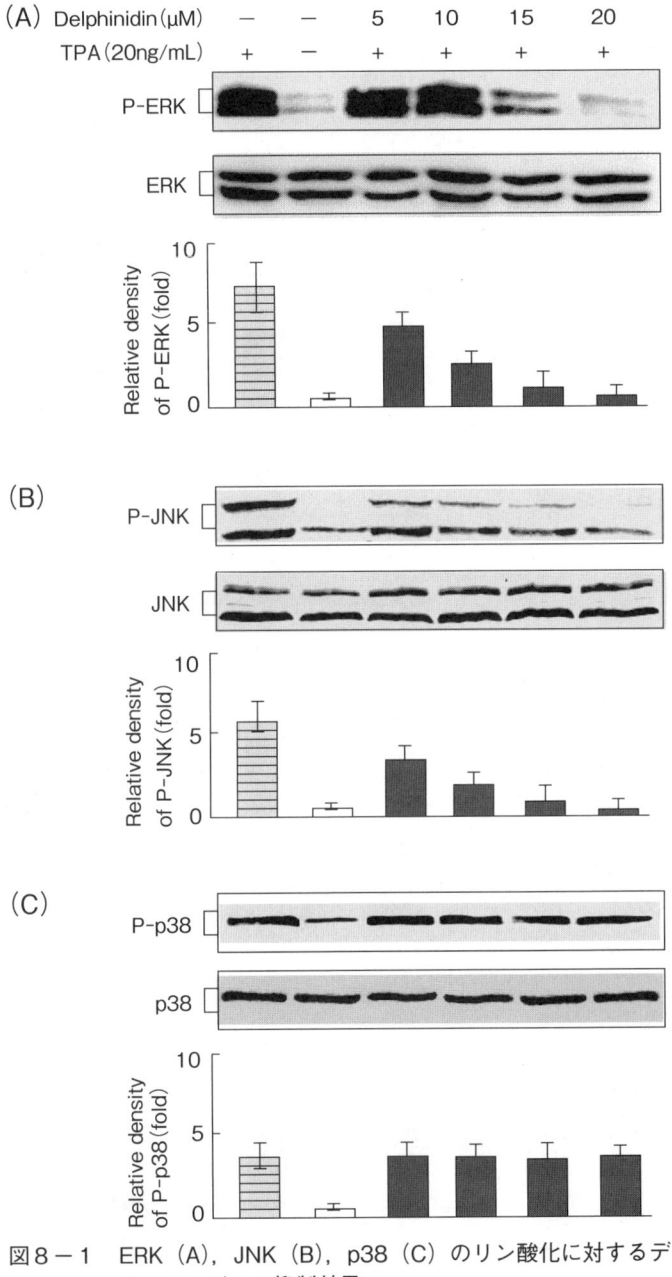

図8-1 ERK (A), JNK (B), p38 (C) のリン酸化に対するデルフィニジンの抑制効果

(A) Delphinidin (μM)　　−　−　5　10　15　20
TPA (20ng/mL)　　　　＋　−　＋　＋　＋　＋

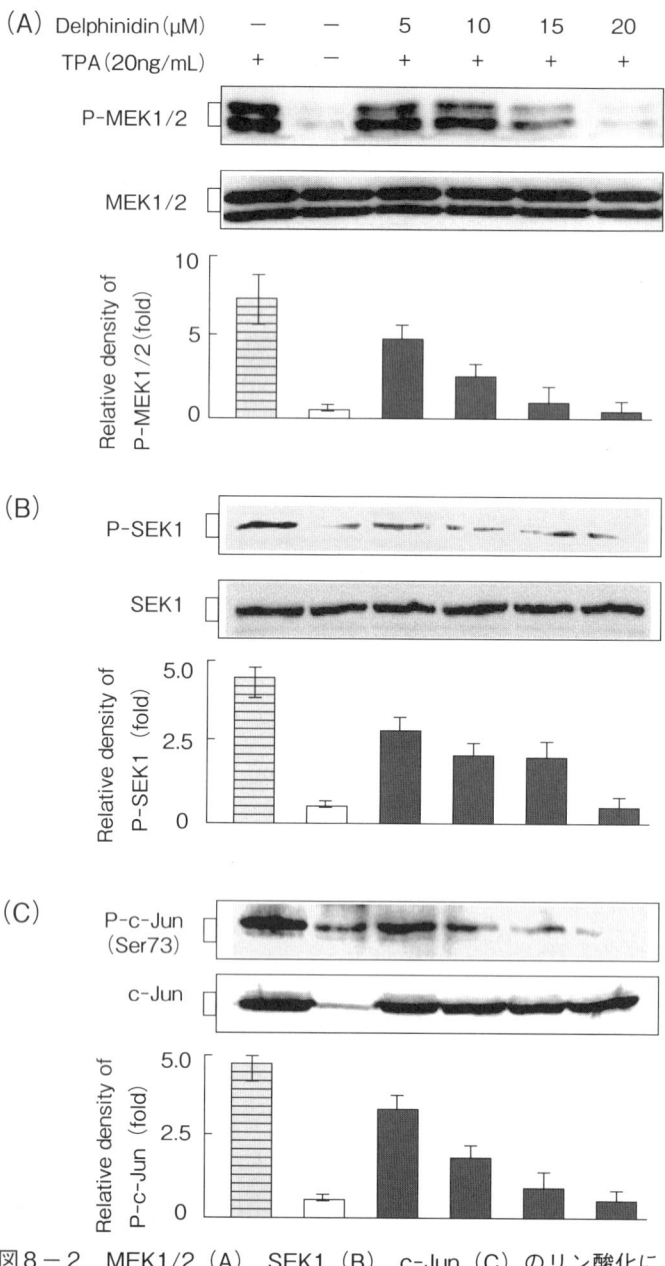

P-MEK1/2

MEK1/2

(B)
P-SEK1

SEK1

(C)
P-c-Jun (Ser73)

c-Jun

図8−2　MEK1/2（A），SEK1（B），c-Jun（C）のリン酸化に対するデルフィニジンの抑制効果

マウス上皮細胞 JB6 において5 μMのデルフィニジン[45]および10 μMのC3G[25]がTPA[25, 45]またはUVB[25]により誘導されたAP-1の転写活性を抑制し、細胞形質転換を阻害した。

LPSにより活性化されたRAW264.7細胞においては50 μMのデルフィニジンがAP-1のパートナーであるc-Junのリン酸化を抑制し、COX-2やiNOS遺伝子やタンパク質の発現を阻害した[46]。

(3) NF-κB

NF-κBはκBモチーフ配列に結合するダイマー転写因子である[55]。NF-κBは、フリーラジカル、炎症刺激因子、サイトカイン、発がん原、発がんプロモーター、内毒素、UVやX-線照射などにより活性化される主な転写因子の一つである[56, 57]。これらのような刺激がないときにはNF-κBが細胞質の抑制タンパク質κB（IκB）と結合し、不活性の状態に保たれている。IκBがリン酸化・分解されるとNF-κBが細胞質から細胞核に移行し、κB配列を持つ200個以上の遺伝子の発現を制御する。これによって細胞アポトーシスの抑制、細胞形質転換、増殖、がん浸潤、がん転移、抗がん剤耐性、がん照射耐性や炎症などを誘導する。

マウス上皮細胞 JB6 において、C3GがBPDE (benzo[a]pyrene-7, 8-diol-9, 10-epoxide)[58]、TPA[25]またはUVB[25]に誘導されたNF-κBの転写活性を抑制し、細胞形質転換を阻害した。CD-1マウスにおいてザクロフルーツのアントシアニンエキスがTPA誘導性IKKαのリン酸化およびIκBαの分解を抑制することによってNF-κBの活性化を抑制し、皮膚がんの発生を阻害した[24]。

(4) 成長因子

成長因子は細胞表面にある受容体と結合するタンパク質で、細胞の増殖や分化などを促進する。EGF（上皮成長因子）、PDGF、FGF（繊維芽細胞成長因子）、TGF-αと-β（形質転換成長因子）、EPO（赤血球生成促進因子）、IGF（インスリン様増殖因子）、IL-1, 2, 6, 8（インターロイキン）、TNF-α（腫瘍

壊死因子），INF-γ（インターフェロン）およびCSF（コロニー刺激因子）などの成長因子が発がんと関わる。これらの成長因子が受容体（例えばEGFR（EGF受容体），IGFR（IGF-1受容体），VEGF（内皮成長因子受容体））と結合し，がん細胞の増殖を促進することがわかっている[59]。成長因子のシグナル伝達経路の異常ががん細胞増殖の促進，アポトーシス抑制およびがん細胞の浸潤や転移をひき起こす。

デルフィニジン，シアニジンおよびマルビジンが肺がん細胞A431由来のEGFRのチロシンキナーゼ活性を抑制し，それぞれのIC_{50}値が18，42，61μMであった[28]。しかし，C3Gおよびマルビジン3-グルコシド（M3G）はそのような阻害活性が認められなかった。またレポータージーンアッセイを用いて同じ濃度範囲でデルフィニジンやシアニジンがEGF/MAPキナーゼ誘導性Elk-1の転写活性を抑制した。また，アントシアニジンのEGFRチロシンキナーゼ活性に対する抑制能がデルフィニジンやシアニジン＞ペラルゴニジン＞ペオニジン＞マルビジンの順と報告されている[28]。これらの結果からアントシアニジンのEGFRチロシンキナーゼの抑制能がB環の水酸基数と正比例し，メトキシ基の数と反比例することが示唆されている。

(5) COX-2

COXはシクロオキシゲナーゼであり，PGE_2（プロスタグランジン）などのようなエイコサノイドを合成する律速酵素である。COXは2つのアイソフォームがあり，COX-1が多くの組織に存在し恒常的に発現し，生態の正常機能維持に必要なプロスタグランジンを産生する[60, 61]。COX-2がマイトゲン，サトカインやLPSなどの炎症刺激原により誘導され，マクロファージ[50]や上皮細胞[62, 63]などでプロスタグランジンを産生する。過剰なCOX-2が多くの炎症過程およびがん細胞に観察されており，炎症反応および発がんと深く関わっている[64, 65]。興味深いことに，がん予防能を持つ一部の抗酸化剤がCOX-2遺伝子発現のシグナル伝達経路を干渉し，COX-2酵素の発現を抑制する[66]。したがって，がん予防能を持つ化合物の検索にCOX-2がマーカーとして用いられており，

COX-2阻害剤の同定は抗炎症やがん予防に有望なアプローチの一つであると考えられている。

筆者らは，ビルベリーアントシアニンエキスおよびアントシアニジンのCOX-2の発現に対する抑制効果についてマウスマクロファージ細胞（RAW264.7細胞）を用いて検討を行った。50 μg/mLのブルーベリーエキスまたは50 μMのデルフィニジンがLPS誘導性COX-2タンパク質の発現を抑制した（図8－3）[46]。マウス上皮細胞において20 μMのC3GがTPAまたはUVB誘導性COX

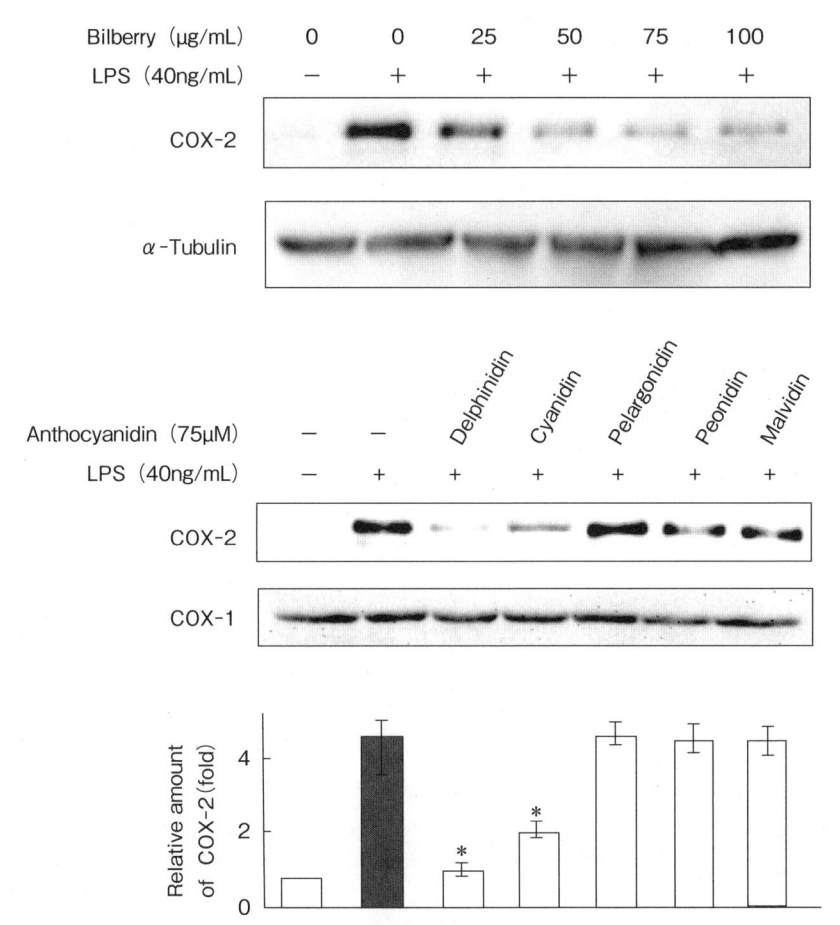

図8－3 ビルベリーアントシアニンおよびアントシアニジンによるシクロオキゲナーゼ-2（COX-2）の抑制効果

-2の発現を抑制し，細胞形質転換を阻害した[25]。無細胞系ではシアニジンがCOX-2の酵素活性を74％低減した[67]。

(6) iNOS

iNOS（inducible nitric oxide synthase）は誘導性一酸化窒素合成酵素であり，多くの哺乳類細胞や組織においてL-アルギニンからフリーラジカルのNO（一酸化窒素）を産生する。宿主がウイルスや細菌感染のときにiNOSを誘導し，NOを産生することによって抗感染を行う。iNOSによるNOの過剰かつ長期間の産生が炎症および発がんと関わることが明らかとなっている[68,69]。

LPS/INF-γにより活性化されたRAW264.7細胞においてアントシアニンがNOの産生に強い抑制効果を示した[69]。筆者らはデルフィニジンとビルベリーのアントシアニンエキスがLPS誘導性iNOSの遺伝子およびタンパク質の発現を抑制することによってNOの産生を阻害したことを明らかにした[70]。ベリー類エキス中のアントシアニン濃度とNOの抑制効果に著しい相関が認められたので，アントシアニンの豊富な食事を通じてNOによる酸化ストレスの低減や心血管疾患および慢性炎症の予防には効果的ではないかと考えられる[71]。

(7) アポトーシス

細胞の生と死のバランスが細胞の正常維持に極めて重要である。アポトーシスは細胞死の一形態である。アポトーシスに向かう細胞は，典型的にクロマチンの凝縮やDNA断片化が認められる[72]。アポトーシスを起した細胞はマクロファージにより素早く認識され，炎症をひき起こさず除去されていく[72,73]。したがって，抗がん剤またはがん予防剤によるアポトーシス誘導が，ダメージを受けた細胞またはがん細胞の除去には重要な役割を果たしている[72,74]。

アントシアニジン，アントシアニンおよびアントシアニンエキスがCaCo-2[50]，HeLa S3[30]，HL-60[31,38,39]，Jurkat cells[35]，U 937[37]およびHCT116[31]のアポトーシスを誘導することが報告されている。筆者らはデルフィニジン[38]およびその配糖体Dp-3-Sam[39]がHL-60細胞のクロマチン凝縮やDNA断片化等の

典型的なアポトーシスの細胞形態をひき起こすことを明らかにした（図8-4）。その分子機構を解析した結果，デルフィニジンおよびDp-3-Sam（100μM）がHL-60細胞において活性酸素（ROS）を産生し，JNKのリン酸化やc-Junの発現を促進した。さらにBidのトランケーション，ミトコンドリア膜電位の損失，シトクロムcの放出，カスパーゼ-3，-8，-9の活性化も認められた。NAC（N-acetyl-L-cysteine）やカタラーゼなどの抗酸化剤がこれらの分

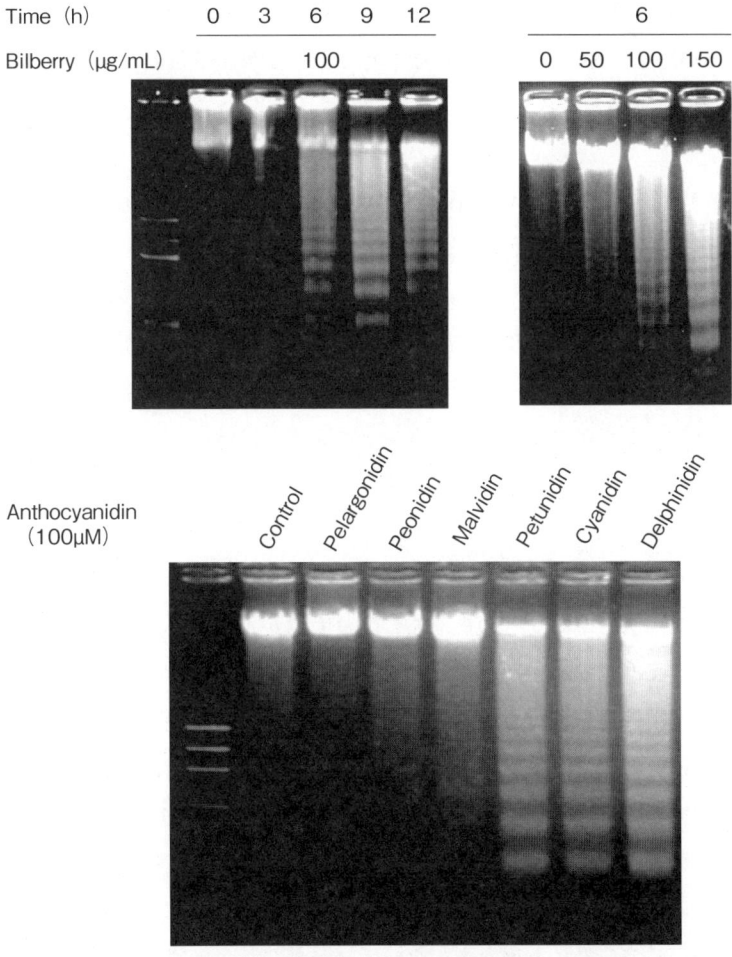

図8-4 ビルベリーアントシアニン（上）およびアントシアニジ（下）によるヒト白血病細胞（HL-60）のアポトーシス誘導効果

子的なイベントを有効的に阻止した。したがって，アントシアニンがROS/JNKによるミトコンドリア死亡シグナルを誘導し，HL-60細胞のアポトーシスをひき起こした（図8－5）。Jurkat細胞においては，C3Gがp53およびBaxの水準を高め，アポトーシスを誘導することも報告されている[35]。

これらの分子的なデータをまとめるとアントシアニンが発がん，炎症，がん転移やアポトーシスに関わるシグナル（例えば，MAPキナーゼ，EGFR）および転写因子（例えば，AP-1，NF-κB，p53），さらに下流の遺伝子の発現（例えば，COX-2，iNOS）を制御することによってがん予防の作用を発揮すると考えられる[75]（図8－6）。

6．結　　び

疫学的調査からアントシアニンをはじめポリフェノールの豊富な食事を長期に摂取することががんの予防に有益であることが示唆されたが，アントシアニンによるがん予防の本格的な疫学的調査はまだない。培養細胞により得られた結果からアントシアニジン，アントシアニンまたはそのエキスが多種類のがん細胞の成長に抑制効果を示したが，濃度的には普通の食事では達することが困難である。

動物実験においては，アントシアニジン，アントシアニンまたはそのエキスが食餌，飲用水や塗布などの摂取法により大腸がん，皮膚がんや乳がんなどの発生に様々な抑制効果が認められた。近年，分子生物学的手法によりアントシアニンの作用機構を解析した結果，アントシアニンが発がん，炎症，がん転移やアポトーシスに関わるシグナル伝達経路，転写因子および下流の遺伝子の発現を制御することが示唆されている。これらの *in vitro* および *in vivo* の結果はアントシアニンががん予防の素材または候補化合物となり得ることが示唆される。アントシアニンの有効性（単独または他の既存のがん予防や治療剤と併用を含む）についてヒトを介入した臨床試験がこれから望まれる。

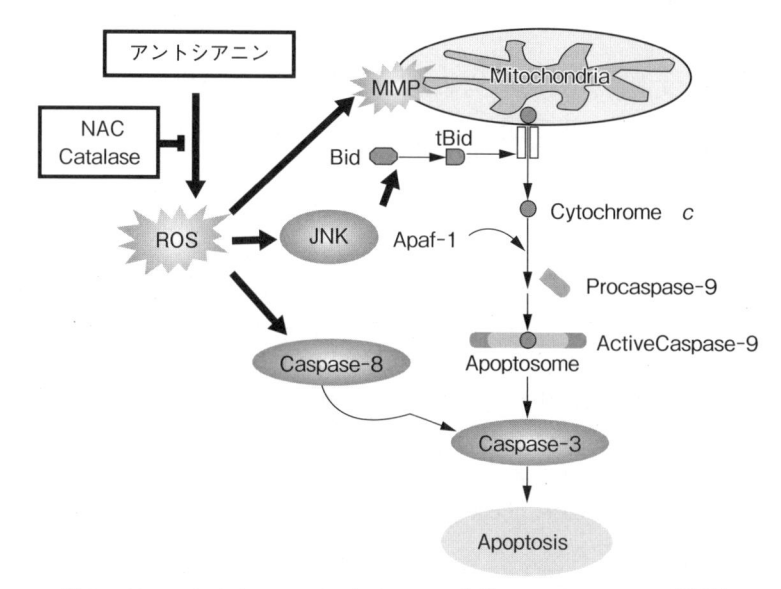

図8−5 アントシアニンによるHL-60細胞のアポトーシス誘導機構

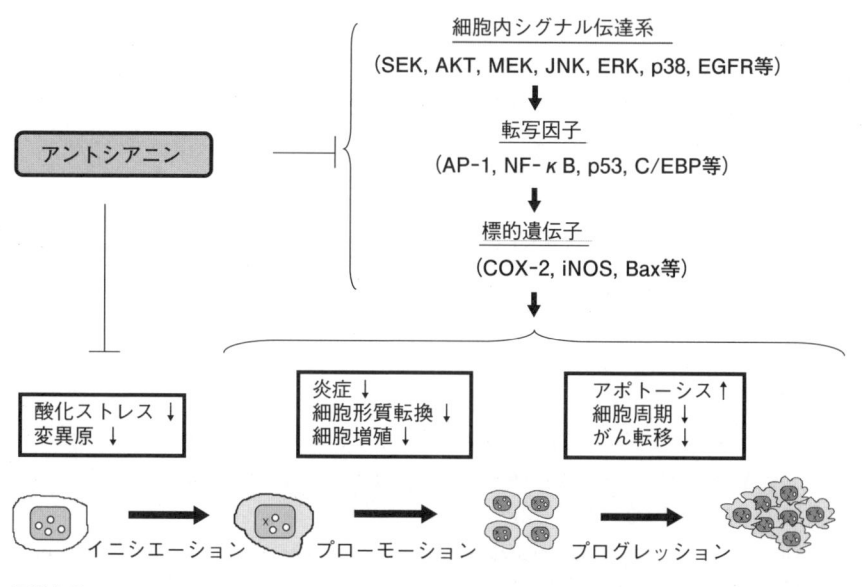

図8−6 アントシアニンのがん予防作用の分子機構の模式図

謝　辞

本研究は，文部科学省科学研究補助金（13660130および18580125）および鹿児島大学フロンティアサイエンス研究センターの支援を受けたものである。ここに感謝の意を表す。

文　献

1) Kelloff G.J., Hawk E.T., Karp J.E. et al : Progress in clinical chemoprevention. Semin Oncol 1997 ; 24 ; 241 – 252.
2) Hong W.K., Sporn M.B. : Recent advances in chemoprevention of cancer. Science 1997 ; 278 ; 1073 – 1077.
3) Boutwell R.K., Verma A.K., Ashendel, C.L. et al : A useful model system for studying the mechanism of chemical carcinogenesis. Carcinog Compr Surv 1982 ; 7 ; 1 – 12.
4) Park E.J., Pezzuto J.M. : Botanicals in cancer chemoprevention. Cancer Metastasis Rev 2002 ; 21 ; 231 – 255.
5) Surh Y.-J. : Cancer chemoprevention with dietary phytochemicals. Nat Rev Cancer 2003 ; 3 ; 768 – 780.
6) Aggarwal B.B., Shishodia S. : Molecular targets of dietary agents for prevention and therapy of cancer. Biochem Pharmaco 2006 ; 71 ; 1397 – 1421.
7) Manach C., Williamson G., Morand C. et al : Bioavailability and bioefficacy of polyphenols in humans. I. Review of 97 bioavailability studies. Am J Clin Nutr 2005 ; 81 ; 230S – 242S.
8) Kähkönen M.P., Hopia A.I., Heinonen M. : Berry phenolics and their antioxidant activity. J Agric Food Chem 2001 ; 49 ; 4076 – 4082.
9) Dragsted L.O., Strube M., Leth T. : Dietary levels of plant phenols and other non-nutritive components : could they prevent cancer? Eur J Cancer Prev 1997 ; 6 ; 522 – 528.
10) Hertog M.G.L., Hollman P.C.H., Katan M.B. et al : Intake of potentially anticarcinogenic flavonoids and their determinants in adults in The Netherlands. Nutr Cancer 1993 ; 20(1) ; 21 – 29.
11) Hou D.-X. : Potential mechanisms of cancer chemoprevention by anthocyanins. Curr Mol Med 2003 ; 3 ; 149 – 159.
12) Cooke D., Steward W.P., Gescher A.J. et al : Anthocyans from fruits and

vegetables-does bright colour signal cancer chemopreventive activity? Eur. J. Cancer 2005 ; 41 ; 1931 – 1940.
13) Colditz G.A., Branch L.G., Lipnick R.J. : Increased green and yellow vegetable intake and lowered cancer deaths in an elderly population. Am J Clin Nutr 1985 ; 41 ; 32 – 36.
14) Adlercreutz H. : Epidemiology of phytoestrogens. Baillieres Clin Endocrinol Metab 1998 ; 12 ; 605 – 623.
15) Almendingen K., Hofstad B., Vatn M.H. : Dietary habits and growth and recurrence of colorectal adenomas : results from a three-year endoscopic follow-up study. Nutr Cancer 2004 ; 49 ; 131 – 138.
16) Detre Z., Jellinek H., Miskulin M. : Studies on vascular permeability in hypertension : action of anthocyanosides. Clin Physiol Biochem 1986 ; 4 ; 143 – 149.
17) Hagiwara A., Miyashita K., Nakanishi T. et al : Pronounced inhibition by a natural anthocyanin, purple corn color, of 2-amino-1-methyl-6-phenylimidazo [4,5-b] pyridine (PhIP)-associated colorectal carcinogenesis in male F344 rats pretreated with 1,2-dimethylhydrazine. Cancer Lett 2001 ; 171 ; 17 – 25.
18) Hagiwara A., Yoshino H., Ichihara T. et al : Prevention by natural food anthocyanins, purple sweet potato color and red cabbage color, of 2-amino-1-methyl-6-phenylimidazo [4,5-b] pyridine (PhIP)-associated colorectal carcinogenesis in rats initiated with 1,2-dimethylhydrazine. J Toxicol Sci 2002 ; 27 ; 57 – 68.
19) Harris G.K., Gupta A., Nines R.G. et al : Effects of lyophilized black raspberries on azoxymethane-induced colon cancer and 8-hydroxy-2'-deoxyguanosine levels in the Fischer 344 rat. Nutr Cancer 2001 ; 40 ; 125 – 133.
20) Lala G., Malik M., Zhao C. et al : Anthocyanin-rich extracts inhibit multiple biomarkers of colon cancer in rats. Nutr Cancer 2006 ; 54 ; 84 – 93.
21) Kang S.Y., Seeram N.P., Nair, M.G. et al : Tart cherry Anthocyanins inhibit tumor development in Apc (Min) mice and reduce proliferation of human colon cancer cells. Cancer Lett 2003 ; 194 ; 13 – 19.
22) Cooke D., Schwarz M., Boocock D. et al : Effect of cyanidin-3-glucoside and an anthocyanin mixture from bilberry on adenoma development in the ApcMin mouse model of intestinal carcinogenesis-relationship with tissue anthocyanin levels. Int J Cancer 2006 ; 119 ; 2213 – 2220.
23) Singletary K.W., Stansbury M.J., Giusti M. et al : Inhibition of rat mammary tumorigenesis by concord grape juice constituents. J Agric Food Chem 2003 ;

51 ; 7280 - 7286.
24) Afaq F., Saleem M., Krueger C.G. et al : Anthocyanin-and hydrolysable tannin-rich pomegranate fruit extract modulates MAPK and NF-kappaB pathways and inhibits skin tumorigenesis in CD-1 mice. Int J Cancer 2005 ; 113 ; 423 - 433.
25) Ding M., Feng R., Wang S.Y. et al : Cyanidin-3-glucoside, a natural product derived from blackberry, exhibits chemopreventive and chemotherapeutic activity. J Biol Chem 2006 ; 281 ; 17359 - 17368.
26) Koide T., Kamei H., Hashimoto Y. et al : Antitumor effect of hydrolyzed anthocyanin from grape rinds and red rice. Cancer Biother Radiopharm. 1996 ; 11 ; 273 - 277.
27) Seeram N.P., Adams L.S., Zhang, Y. et al : Blackberry, black raspberry, blueberry, cranberry, red raspberry, and strawberry extracts inhibit growth and stimulate apoptosis of human cancer cells in vitro. J Agric Food Chem 2006 ; 54 ; 9329 - 9339.
28) Meiers S., Kemeny M., Weyand U. et al : The anthocyanidins cyanidin and delphinidin are potent inhibitors of the epidermal growth factor receptor. J Agric Food Chem 2001 ; 49 ; 958 - 962.
29) Zhang Y., Vareed S.K., Nair, M.G. : Human tumor cell growth inhibition by nontoxic anthocyanidins, the pigments in fruits and vegetables. Life Sci 2005 ; 76 ; 1465 - 1472.
30) Lazze M.C., Savio M., Pizzala R. et al : Anthocyanins induce cell cycle perturbations and apoptosis in different human cell lines. Carcinogenesis 2004 ; 25 ; 1427-1433.
31) Katsube N., Iwashita K., Tsushida T. et al : Induction of apoptosis in cancer cells by Bilberry (*Vaccinium myrtillus*) and the anthocyanins. J Agric Food Chem 2003 ; 51 ; 68-75.
32) Marko D., Puppel N., Tjaden Z. et al : The substitution pattern of anthocyanidins affects different cellular signaling cascades regulating cell proliferation. Mol Nutr Food Res 2004 ; 48 ; 318 - 325.
33) Olsson M.E., Gustavsson K.E., Andersson S. et al : Inhibition of cancer cell proliferation in vitro by fruit and berry extracts and correlations with antioxidant levels. J Agric Food Chem 2004 ; 52 ; 7264 - 7271.
34) Zhao C., Giusti M.M., Malik M. et al : Effects of commercial anthocyanin-rich extracts on colonic cancer and non-tumorigenic colonic cell growth. J Agric Food Chem 2004 ; 52 ; 6122-6128.

35) Fimognari C., Berti F., Nusse M. et al : Induction of apoptosis in two human leukemia cell lines as well as differentiation in human promyelocytic cells by cyanidin-3-O-beta-glucopyranoside. Biochem Pharmacol 2004 ; 67 ; 2047-2056.
36) Fimognari C., Berti F., Cantelli-Forti G. et al : Effect of cyanidin 3-O-beta-glucopyranoside on micronucleus induction in cultured human lymphocytes by four different mutagens. Environ Mol Mutagen 2004 ; 43 ; 45-52.
37) Hyun J.W., Chung H.S. : Cyanidin and malvidin from Oryza sativa cv. Heugjinjubyeo mediate cytotoxicity against human monocytic leukemia cells by arrest of G(2)/M phase and induction of apoptosis. J Agric Food Chem 2004 ; 52 ; 2213-2217.
38) Hou D.-X, Ose T., Lin S. et al : Anthocyanidins induce apoptosis in human promyelocytic leukemia cells : structure-activity relationship and mechanisms involved. Int J Oncol 2003 ; 23 ; 705-712.
39) Hou D.-X., Tong X., Terahara N. et al : Delphinidin 3-sambubioside, a Hibiscus anthocyanin, induces apoptosis in human leukemia cells through reactive oxygen species-mediated mitochondrial pathway. Arch Biochem Biophys 2005 ; 440 ; 101-109.
40) Cowley S., Paterson H., Kemp P. et al : Activation of MAP kinase kinase is necessary and sufficient for PC12 differentiation and for transformation of NIH 3T3 cells. Cell 1994 ; 77 ; 841-852.
41) Minden A., Lin A., McMahon M. et al : Differential activation of ERK and JNK mitogen-activated protein kinases by Raf-1 and MEKK. Science 1994 ; 266 ; 1719-1723.
42) Bode A.M., Dong Z. : Signal transduction pathways : targets for chemoprevention of skin cancer. Lancet Oncol 2000 ; 1 ; 181-188.
43) Kallunki T., Su B., Tsigelny I. et al : JNK2 contains a specificity-determining region responsible for efficient c-Jun binding and phosphorylation. Genes Dev 1994 ; 8(24) ; 2996-3007.
44) Seger R., Krebs E.G. : The MAPK signaling cascade. FASEB J 1995 ; 9 ; 726-735.
45) Hou D.-X., Kai K., Li J.-J. et al : Anthocyanidins inhibit activator protein-1 activity and cell transformation : structure-activity relationship and molecular mechanisms. Carcinogenesis 2004 ; 25 ; 29-36.
46) Hou D.-X., Yanagita T., Uto T. et al : Anthocyanidins inhibit cyclooxygenase-2 expression in LPS-evoked macrophages : Structure-activity relationship and

molecular mechanisms involved. Biochem Pharmacol 2005 ; 70 ; 417-425.
47) Angel P., Karin M. : The role of Jun, Fos and the AP-1 complex in cell-proliferation and transformation. Biochim Biophys Acta 1991 ; 1072 ; 129-157.
48) Dong Z., Birrer M.J., Watts R.G. et al : Blocking of tumor promoter-induced AP-1 activity inhibits induced transformation in JB6 mouse epidermal cells. Proc Natl Acad Sci USA 1994 ; 91 ; 609-613.
49) Sawai H., Okazaki T., Yamamoto H. et al : Requirement of AP-1 for ceramide-induced apoptosis in human leukemia HL-60 cells. J Biol Chem 1995 ; 270 ; 27326-27331.
50) Adler V., Pincus M.R., Polotskaya A. et al : Activation of c-Jun-NH2-kinase by UV irradiation is dependent on p21ras. J Biol Chem 1996 ; 271 ; 23304-23309.
51) Lamb R.F., Hennigan R.F., Turnbull K. et al : AP-1-mediated invasion requires increased expression of the hyaluronan receptor CD44. Mol Cell Biol 1997 ; 17 ; 965-976.
52) Pinkus R., Weiner L.M., Daniel V. : Role of oxidants and antioxidants in the induction of AP-1, NF-κB and glutathione S-transferase gene expression. J Biol Chem 1996 ; 271 ; 13422-13429.
53) Young M.R., Li J.-J., Rincon M. et al : Transgenic mice demonstrate AP-1 (activator protein-1) transactivation is required for tumor promotion. Proc Natl Acad Sci USA 1999 ; 96 ; 9827-9832.
54) Chen N., Nomura M., She Q.B. et al : Suppression of skin tumorigenesis in c-Jun NH(2)-terminal kinase-2-deficient mice. Cancer Res 2001 ; 61 ; 3908-3012.
55) Aggarwal B.B. : Nuclear factor-kappaB : the enemy within. Cancer Cell 2004 ; 6 ; 203-208.
56) Doyle S.L., O' Neill L.A.J. : Toll-like receptors: From the discovery of NF-κB to new insights into transcriptional regulations in innate immunity. Biochem Pharmacol 2006 ; 72 ; 1102-1113.
57) Gloire G., Legrand-Poels S., Piette J. : NF-κB activation by reactive oxygen species : Fifteen years later. Biochem Pharmacol 2006 ; 72 ; 1493-1505.
58) Hecht S.S., Huang C., Stoner G.D. et al : Identification of cyanidin glycosides as constituents of freeze-dried black raspberries which inhibit anti-benzo[a]pyrene-7,8-diol-9,10-epoxide induced NF-κB and AP-1 activity. Carcinogenesis 2006 ; 27 ; 1617-1626.
59) Hahn W.C., Weinberg R.A. : Rules for making human tumor cells. N Engl J Med 2002 ; 347 ; 1593-1603.

60) Funk C.D., Funk L.B., Kennedy M.E. et al : Human platelet/erythroleukemia cell prostaglandin G/H synthase : cDNA cloning, expression, and gene chromosomal assignment. FASEB J 1991 ; 5 ; 2304-2312.
61) Hempel S.L., Monick M.M., Hunninghake G.W. : Lipopolysaccharide induces prostaglandin H synthase-2 protein and mRNA in human alveolar macrophages and blood monocytes. J Clin Invest 1994 ; 93 ; 391-396.
62) Kelley D.J., Mestre J.R., Subbaramaiah K. et al : Benzo[a]pyrene up-regulates cyclooxygenase-2 gene expression in oral epithelial cells. Carcinogenesis 1997 ; 18 ; 795-789.
63) Mitchell J.A., Belvisi M.G., Akarasereenont P. et al : Induction of cyclooxygenase-2 by cytokines in human pulmonary epithelial cells : regulation by dexamethasone. Br J Pharmacol 1994 ; 113 ; 1008-1014.
64) Hla T., Ristimaki A., Appleby S. et al : Cyclooxygenase gene expression in inflammation and angiogenesis. Ann NY Acad Sci 1993 ; 696 ; 197-204.
65) Mestre J.R., Chan G., Zhang F. et al : Inhibition of cyclooxygenase-2 expression. An approach to preventing head and neck cancer. Ann NY Acad Sci 1999 ; 889 ; 62-71.
66) Chinery R., Beauchamp R.D., Shyr Y. et al : Antioxidants reduce cyclooxygenase-2 expression, prostaglandin production, and proliferation in colorectal cancer cells. Cancer Res 1998 ; 58 ; 2323-2327.
67) Seeram N.P., Zhang Y., Nair M.G. : Inhibition of proliferation of human cancer cells and cyclooxygenase enzymes by Anthocyanidins and catechins. Nutr Cancer 2003 ; 46 ; 101-106.
68) Maeda H., Akaike T. : Nitric oxide and oxygen radicals in infection, inflammation, and cancer. Biochem (Moscow) 1998 ; 63 ; 854-865.
69) Akaike T., Fujii S., Kato A. : Viral mutation accelerated by nitric oxide production during infection in vivo. FASEB J 2000 ; 14; 1447-1454
70) 侯 徳興: ビルベリーのアントシアニンと機能性. Food Style21 2006 ; 10 ; 101-105.
71) Wang J., Mazza G. : Inhibitory effects of anthocyanins and other phenolic compounds on nitric oxide production in LPS/IFN-gamma-activated RAW 264.7 macrophages. J Agric Food Chem 2002 ; 50 ; 850-857.
72) Thompson, C.B. : Apoptosis in the pathogenesis and treatment of disease. Science 1995 ; 267 ; 1456-1462.
73) Galati G., Teng S., Moridani M.Y. et al : Cancer chemoprevention and apoptosis

mechanisms induced by dietary polyphenolics. Drug Metabol Drug interact 2000 ; 17 ; 311 – 349.
74) Steller H. : Mechanisms and genes of cellular suicide. Science 1995 ; 267 ; 1445 – 1449.
75) Hou D.-X., Fujii M., Terahara N. et al : Molecular mechanisms behind the chemopreventive effects of anthocyanidins. J Biomed Biotechnol 2004 ; 5 ; 321 – 325.

第9章 アントシアニンの代謝・吸収
－最近の知見から－

松 本　　均*

1. はじめに

　これまでに各章でアントシアニンの生理機能の紹介がされてきているが，アントシアニンを主に食品として経口摂取し，これらの生理機能を発揮するためには，目標とする臓器や器官に必要な量のアントシアニンが到達する必要がある。そのため，アントシアニンの体内への吸収量の評価と臓器・器官内分布の確認は重要である。

　さらに，消化管あるいは肝臓などの臓器で代謝や分解を受ける場合は，目標とする臓器に到達する際には別の物質となる。そのために，代謝物あるいは分解物の評価も重要となる。最近のLC-MS/MSなどの分析機器の普及によりng/mL程度の微量な濃度でアントシアニンの定量が可能となり多くの研究が報告されてきた。本章では，アントシアニンの吸収性と代謝物の生成量について最近の知見を中心に他のポリフェノールとの比較，アントシアニン成分間の比較についてまとめた。

2. アントシアニンの吸収性

(1) 他のポリフェノール類と比較したアントシアニンの吸収性

　アントシアニンを含むポリフェノールの代謝・吸収に関する研究は，昨今，目覚しい進歩を遂げている。ポリフェノールとは，分子内に2個以上のフェ

---

*明治製菓(株)食料健康総合研究所機能研究センター

ノール性水酸基を有する化合物である。一般的に低分子化合物が重合し多量体化したポリフェノールの吸収性が低いことは知られているが，単量体のポリフェノールにおいても一見構造は似ているように見えるが，その吸収性と体内における代謝様式は大きく異なる。Manach[1]らは，ポリフェノールのヒトにおける吸収性についてまとめており，表9-1に示す。

大豆に含まれるイソフラボンであるDaidzin, Gallic acidは尿中への回収率として平均40％前後と高値となっている。また，緑茶，カカオなどに含まれるepicatechin, catechinも最高で尿中に55％回収されている。一方，アントシアニンは，その尿中回収率が平均で0.4％，低いものでは0.004％と，epigallocatechin gallate（EGCG）と並んで極端に低い。そのためにアントシアニンの生理活性は，他のポリフェノールと比較して低いと考えられてきた。

一方，アントシアニンは他のポリフェノール配糖体と比較すると吸収速度は速く，最高濃度到達時間（T_{max}）は平均1.5時間であり，Gallic acid, Epicatehin, EGCGなどの糖を持たないポリフェノール類と同等である。これは他の配糖体ポリフェノールは，消化酵素あるいは腸内細菌によってその糖が加水分解され，アグリコンの状態になった後に吸収されるために時間を要すると考えられる。アントシアニン類も，当然，同様の加水分解が起きていると考えられるが，アグリコン状態（アントシアニジン）での中性領域での安定性が著しく劣るために，アントシアニジンでの吸収はほとんど認められていない。アントシアニンの吸収性もその構造によって大きく異なる。代表的なものを以下に記す。

(2) Cyanidin-3-Glucoside（Cya3Glc）の吸収性

代表的なアントシアニンであるCya3Glcの吸収性がこれまで最も多く研究されてきた。宮澤ら[2]は，ラットに経口摂取（320mg/kg）させてその動態解析よりCya3Glcの最高血中濃度 $C_{max} = 1.56\mu g/mL$ および $T_{max} = 15min$ を得ているが，EGCGの1/2.83の利用率であると報告している。さらに，ヒト（8名）にCya3Glc（2.7mg/kg）またはEGCG（2.7mg/kg）を経口摂取させて，血中への移行量を調べている。EGCG群では，グルクロン酸および硫酸抱合体をも含め

表9-1 ポリフェノール類のヒトにおける吸収性の比較

ポリフェノール	T_{max} (h) 平均	範囲	C_{max} (μM) 平均	範囲	尿中排泄率（摂取量に対する%）平均	範囲
Daidzin	6.3±0.6	4.0–9.0	1.92±0.25	0.36–3.14	42.3±3.0	21.4–62.0
Genistin	6.5±0.6	4.4–9.3	1.84±0.27	0.46–4.04	15.6±1.8	6.8–29.7
Hesperidin	5.5±0.1	5.4–5.8	0.46±0.21	0.21–0.87	8.6±4.0	3.0–24.4
Naringin	5.0±0.2	4.6–5.5	0.50±0.33	0.13–1.50	8.8±3.17	1.1–30.2
Rutin	6.5±0.7	4.3–9.3	0.20±0.06	0.09–0.52	0.7±0.3	0.07–1.0
Epicatechin	1.8±0.1	0.5–2.5	0.40±0.09	0.09–1.10	18.5±5.7	2.1–55.0
EGC	1.4±0.1	0.5–2.0	1.10±0.40	0.30–2.70	11.1±3.5	4.2–15.6
EGCG	2.3±0.2	1.6–3.2	0.12±0.03	0.03–0.38	0.06±0.03	0.0–0.1
Gallic acid	1.6±0.2	1.3–1.5	4.00±0.57	2.57–4.70	37.7±1.0	36.4–39.6
Anthocyanins	1.5±0.4	0.7–4.0	0.03±0.02	0.001–0.20	0.4±0.3	0.004–5.1

て換算した血中濃度は0.738μg/mLとなり，ラットの値の$\frac{1}{5}$レベルと低くはあったが，Cya3Glc群ではさらに低く，30分後に0.011±0.003μg/mL，60分後に0.013±0.00μg/mLとなり，ラットの値に比べて僅か$\frac{1}{125}$に過ぎなかった。津田ら[3]は，同じCya3Glcをラットに経口摂取（404mg/kg）させた血液および臓器（胃，十二指腸，肝，腎）を経時的（15，30，60，240分後）に摘出して，吸収性を評価している。血液中にCya3Glcは0.4μM検出されたが，プロトカテキュ酸（PCA）が2.6μM検出されていた。しかし，その後のいくつかの研究では，PCAは報告されていない。PCAは，Cyaの分解物として知られており[4]，血中のCyaの分解の進み方によって検出されるのではないかと考えられている。また，肝臓にはメチル化されたCya3Glcが検出されている。

　配糖体として存在するフラボノイドは加水分解によりアグリコンに変換した後，吸収過程で第2相解毒酵素によってグルクロン酸抱合体や硫酸抱合体となることが知られている[5]。また，門脈から肝臓に移行し，一部はさらに抱合体化やメチル化などの二次代謝を受けて血流に移行する。また，その一部は胆汁から消化管に分泌され，再吸収され，さらに同様の代謝を受ける場合もある。このように，体内のフラボノイドの一部は消化管と肝臓を循環しており，腸肝循環と呼ばれる。Quercetin glucosideは摂食後30分で血中に吸収される[6]が，この吸収はglucose transporter 1ルートを経由する直接吸収であり，糖の加水分解を伴う吸収に比べて，吸収速度が速い[7]とされる。

　2007年に，Vitaglioneらが，71mgのCya3Glcを含むブラッドオレンジジュースをヒトに摂取させた試験を報告している[8]。その血中濃度は未変化体が1.9nmol/Lに対して，PCAは492nmol/Lであり摂取したCya3Glcの44%にも達している。しかし，PCAは尿中にはまったく検出されていない。Vitaglioneらは，肝臓で代謝され胆汁を通して便中に排泄されると考察しているが，これまでの他の研究では，血中のアントシアニンおよびその代謝物は，大部分が尿中へ排泄されており，血中と尿中の組成に大きな違いは認められないため，異なる結果となっている。尿中にはCya3Glcとそのメチル化体とグルクロン酸抱合体が検出され，尿中への回収率は摂取量の1.2%以下と他の研究と大きな隔た

りはなく，この結果はさらなる検証が必要と考える。

　Bitschらは，Cya3Glc，Cya3Sam（Sambubioside，Glucoseが2分子結合）を多く含むエルダーベリージュースをアントシアニンとして3.57gヒトに摂取させ，5時間後まで1時間ごとに尿を採取し，排泄されるアントシアニンの量を測定した[9]。排泄量は1時間後がピークであり，代謝を受けない未変化体が平均1.876mg（摂取量の0.053%）排泄された。グルクロン酸抱合体は平均0.116mg（摂取量の0.003%）と少量であるが排泄されている。メチル化体は検出されず，ヒトでは，腸肝循環がラットよりも少ないため胆汁から便中に排泄されていると考えられた。PCAは検出されなかった。摂取量は最大3.5倍以上も異なり，個人差が大きい結果となっている。

(3) Cyanidin-3-Galactoside（Cya3Gal）の吸収性

　Kayらは，Cya3Galを多く含むチョークベリージュースを2名の健常者に1.3gのCya配糖体（899mgのCya3Gal，321mgのCyanidin-3-Arabinoside，51mgのCyanidin-3-Xyloside，50mgのCya3Glc）を摂取させ，血中と尿中のアントシアニンを測定した[10]。尿中は，未変化体のCya3Galが最も多く9.9μmol/Lであった。メチル化体も他のアントシアニンより多く検出され，モノメチル体4.5μmol/L，ジメチル体計0.6μmol/Lと高値を示した。グルコースが外れた後にグルクロン酸抱合されたものが0.8μmol/L，また，グルクロン酸抱合体がさらにメチル化，ジメチル化されたものが計1.1μmol/L検出された。血中でも濃度は低いがほぼ同様のピークを検出している。

　また，一柳らは，ビルベリーのアントシアニンをラットに経口投与した場合，アグリコンの構造に関わらず，Galactoside，Glucoside，Arabinosideの順に吸収性が高いことを報告[11]しており，主成分ではないが多くのメチル化体，グルクロン酸抱合体を検出している[12,13]。

(4) Pelargonidin-3-Glucoside (Pel3Glc) の吸収性

Felginesらは，イチゴのアントシアニンであるPel3Glcの吸収性をラットで調べており，代謝を受けない形で53%，グルクロン酸抱合体が47%の割合で尿中へ排泄しており，少量のグルコシドのグルクロン酸抱合体も検出している[14]。また，ヒトでの吸収性も調べており，179μmolのPel3Glcを含むイチゴを被験者6名に摂取させ，尿中へ排泄されるアントシアニンを測定した[15]。24時間後までの尿中へ回収されたアントシアニンは摂取した1.80%と他のアントシアニンより高値となった。検出されたアントシアニンの80%がグルクロン酸抱合体（2895nmol）であり，未変化体（118nmol）と同程度の硫酸抱合体（134nmol），少量のアグリコンであるpelargonidin（79nmol）を検出している。未変化体の摂取量に対する尿中への排泄率は0.066%で他のアントシアニンと同等であることから，pelargonidinは，糖が切れた後も他のアントシアニンよりも安定で抱合化を受けやすいものと考えられた。Pel3Glcアントシアニンの中では最も代謝物の割合が多い物質であり，他には見られない硫酸抱合体やアグリコンとして検出される特異なアントシアニンである。

(5) Rutinosideの吸収性

カシスに含まれる主要アントシアニン4成分は，Delphinidin（Del）とCyaの2種類のアグリコンとGlucoside（Glc）とRutinoside（Rut）の2種類の配糖体の組み合わせであり，大部分はGlucoseの6位にRhamnoseがついたRutinoside配糖体である[16]。ベリー類など果物から抽出されるアントシアニンの多くがGlucosideやGalactosideなどの単糖の配糖体であるが，二糖であるカシスのrutinoside配糖体に特徴ある吸収性を見いだした[17]。

1）ラット試験

39匹のwistar系ラットを3群に分けて，カシス由来アントシアニンの3種精製成分それぞれ（Del3Rut，Cya3Rut，Cya3Glc；800・mol/kgラット体重）を経口ゾンデで胃内投与した。投与して0.5, 1.0, 2.0, 4.0時間後にラット3匹ず

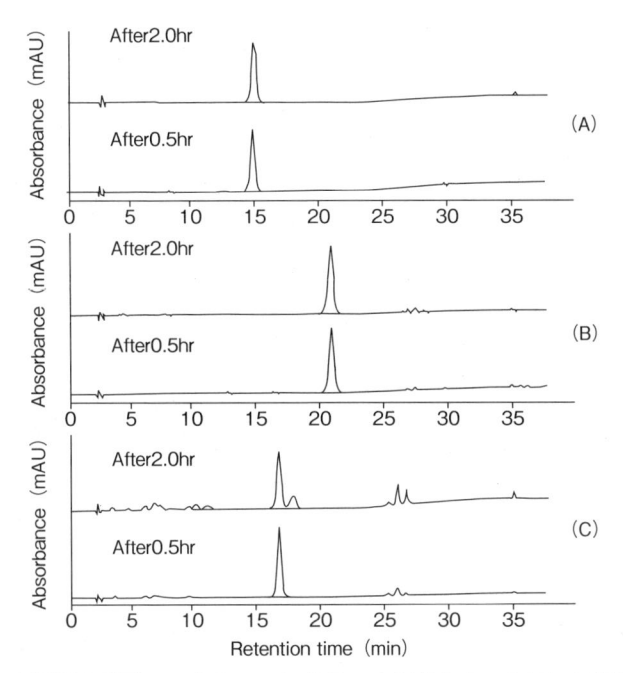

図9-1　3種類の精製アントシアニンをラットに投与し，0.5および2.0時間後に採取した血漿のHPLCクロマトグラム．
(A) Del3Rut；(B) Cya3Rut；(C) Cya3Glc

つを屠殺し，採血しアントシアニン成分を定量した．投与0.5および2.0時間後のクロマトグラムを図9-1に，血中濃度の経時的変化を図9-2に示した．Del3RutとCya3Rutは，未変化体のほぼ単一のピークを示しているのに対し，Cya3Glcのスペクトルには経時的に代謝物のピークが副生している．また，Cya3Glcの最高濃度到達時間は0.5時間以内にあるのに対し，Del3RutやCya3Rutは1～2時間と異なっていることが示されており，血中の持続時間が長くなっている．

2）ヒト試験

試験前日からアントシアニン類を含む食事を摂らないように指導した8名の健常者に，カシス由来のアントシアニン（33.0mg/kg体重）を摂取させ，経時的に（1.0, 2.0, 4.0, 6.0, 8.0時間後）採血した．また，2時間ごとに4回採尿し，アントシアニンの定量を行った．結果を図9-3および図9-4に示す．

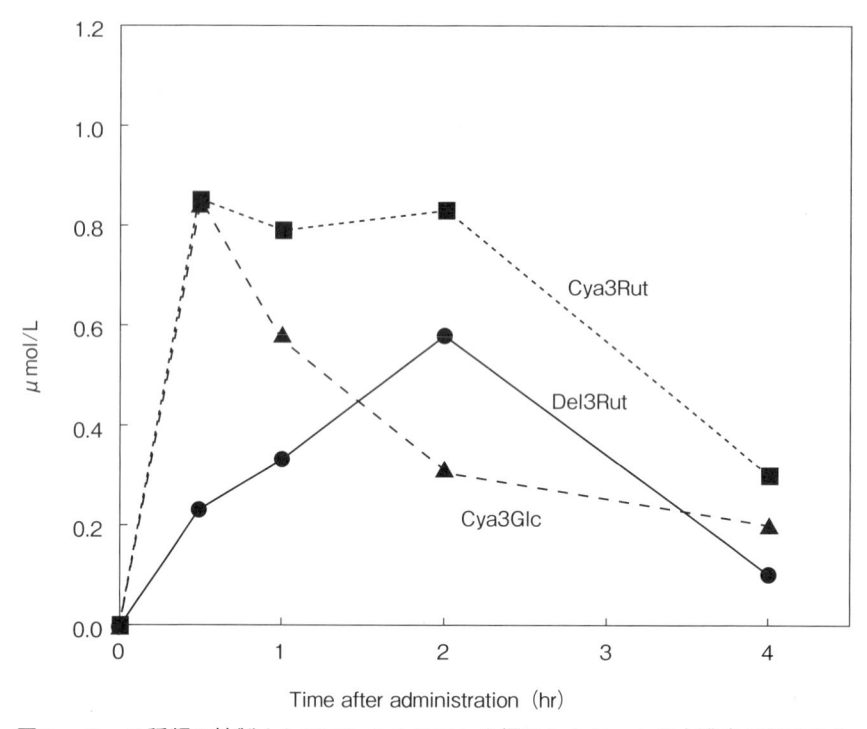

図9－2　3種類の精製カシスアントシアニンを摂取したラット血中濃度の経時変化

　図9－3は，血漿（A）と尿中（B）のアントシアニン量を分析したHPLCクロマトグラムを示しており，保持時間の短い左側からDel3Glc，Del3Rut，Cya3Glc，Cya3Rutのピークを明瞭に確認できる。図9－4－(A)は血漿中に検出された4成分のアントシアニン量の経時的変化を示し，図9－4－(B)は2時間ごとに検出された尿中排泄量を示す。薬動力学的パラメーターを表9－2に示す。Tmaxは，アグリコン構造により変化し，ラットとヒト共にDel配糖体はCya配糖体より長くなった。また，配糖体構造による変化もあり，Rut配糖体はGlc配糖体よりも長くなる。最高尿中排泄濃度到達時間でも，Rut配糖体（2～4時間）はGlc配糖体（0～2時間）よりも明らかに長くなっている。これらの特徴をもたらす理由として，DelおよびRut配糖体の吸収速度が穏やかであるか，または生体内代謝を受けにくいかによることが推論される。

　このように，アントシアニンの吸収・排泄様式はアグリコンや配糖体の構造

表9-2 カシスに含まれる4種のアントシアニンのラットおよびヒトにおける薬動力学パラメーター（平均値±SD）

		T_{max} (hr)	C_{max} (nmol/L)	$T_{1/2}$ (hr)	AUC0-obs (nmol・hr/L)
rats (n=3)	Del3Rut	2.0	580± 410	0.79	1330
	Cya3Rut	0.5	850± 120	1.36	2540
	Cya3Glc	0.5	840± 190	2.08	1510
humans (n=8)	Del3Rut	1.75 ± 1.04	73.4± 35.0	3.18 ± 1.33	287.9 ± 110.1
	Cya3Rut	1.50 ± 0.53	46.3± 22.5	3.45 ± 2.74	167.6 ± 74.9
	Del3Glc	1.50 ± 0.53	22.7± 12.4	1.25 ± 4.30	68.8 ± 27.4
	Cya3Glc	1.25 ± 0.46	5.0± 3.7	1.33 ± 0.42	9.1 ± 7.1

により影響されることがわかってきた。

3）生体利用率

これまでに説明してきた吸収率は，血中濃度の積算値や尿中への排泄量で算出してきた。しかし，pHが中性である生体内では，アントシアニンは分解が進み，正確な生体利用率が算出されているとはいえない。そこで，筆者らはラットに対して精製したDel3Rutを経口投与と静脈投与を行い，その正確な生体利用率を算出した[18]。経口投与した量に対する血中濃度の積算値の割合を，静脈投与した量に対する血中濃度の積算値で割って算出したDel3Rutの生体利用率は0.49％であり，

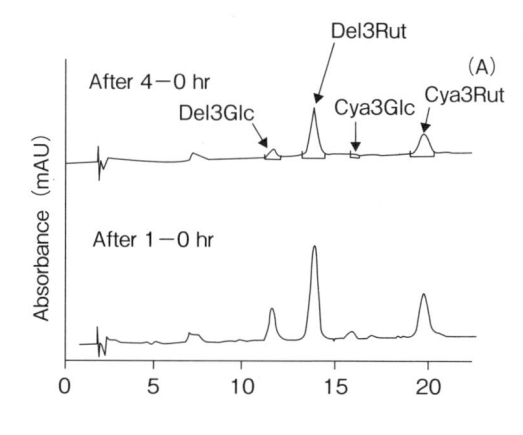

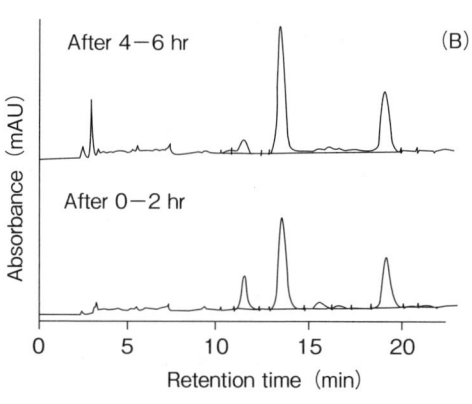

図9-3 カシスアントシアニン摂取後のヒト血漿中(A)および尿中(B)に検出された構成成分を示すHPLCクロマトグラム

第9章 アントシアニンの代謝・吸収−最近の知見から−

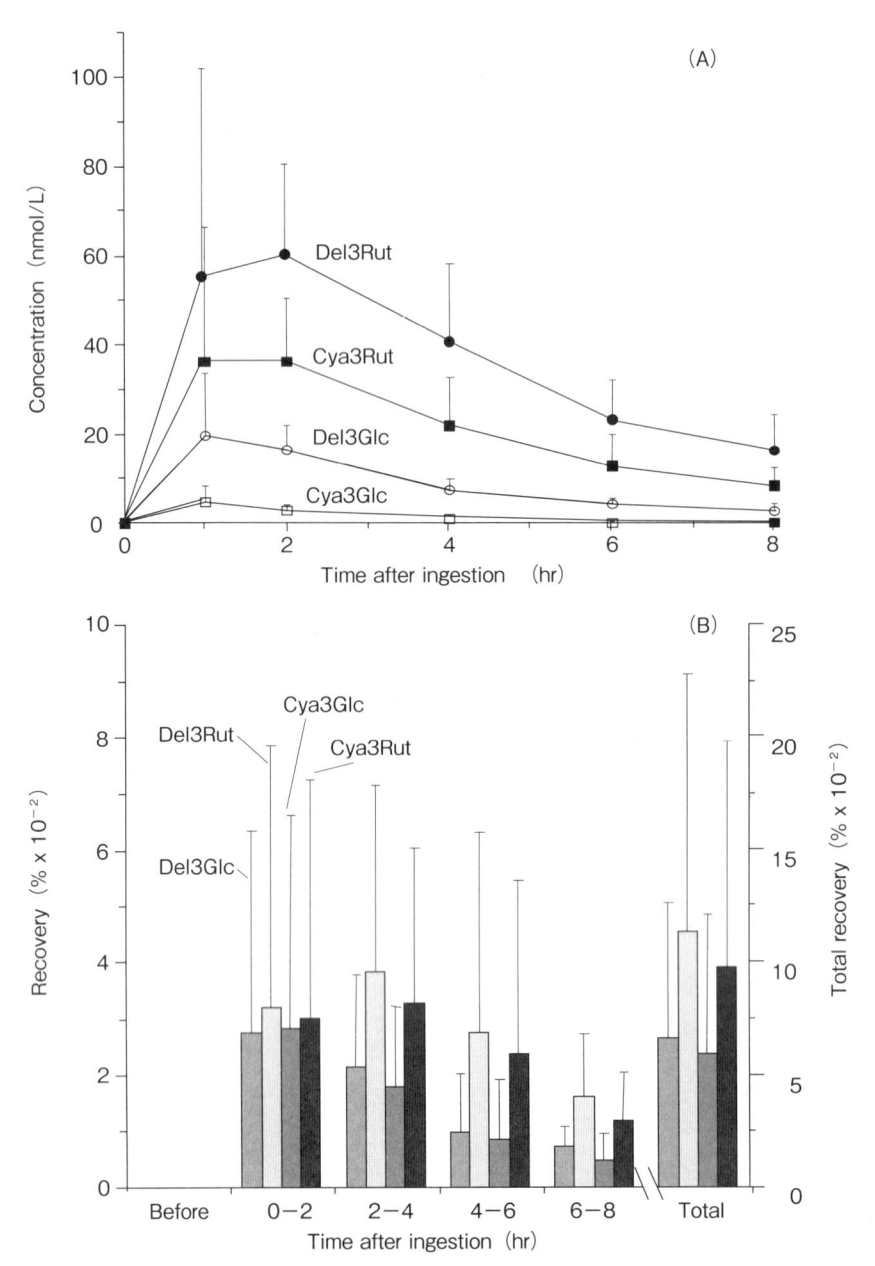

図9−4 カシスアントシアニン摂取後に検出された構成4成分の血中濃度(A)と尿中排泄濃度(B)の経時変化 (n=8)

他のポリフェノールより低いことが確認された。

しかし,胆汁にカテーテルを挿入しボールマン形ケージで拘束したラットの生体利用率は18.14%にまで上昇した[18]。本章5節に述べるように,ストレスなどで消化管の活動が鈍ることにより吸収性が上昇することが推測された。

(6) アシル化アントシアニンの吸収性

アントシアニン類には,caffeoyl基,coumaroyl基などのアシル基が結合したアシル化アントシアニンが紫サツマイモや紫キャベツ,赤ダイコンなどに広く存在する。アシル基を持つアントシアニン類は安定性に優れているために食品用色素などに広く用いられてきた。

原田らは,紫サツマイモアントシアニンをラットに経口摂取させ,血中,尿中への吸収性を比較している[19]。紫サツマイモアントシアニンは8種のアシル化アントシアニンからなっているが,cyanidinとpeonidinのcaffeoyl-sorphorosyl-glucosideの2種のモノアシル化体は血中,尿中から検出されたが,他の6種のジアシル化体は,血中,尿中のいずれからも検出されなかった。ヒト試験においても,2種のモノアシル化アントシアニンのみ検出され,その尿中回収率は,0.01～0.03%と非アシル化アントシアニンより低い結果となった。アントシアニンの吸収性は,非アシル化体,モノアシル化体,ジアシル化体の順に高いものと考えられた。

3. アントシアニンの吸収部位

これまで述べたように,アントシアニンは経口摂取後,速やかに血中に吸収される。筆者らの予備的検討では,ヒトにおいても摂取後15分以内に循環血中にアントシアニンの未変化体が認められており,胃および小腸上部からの吸収が考えられていた。

Talaveraらは,麻酔をしたラットを開腹し,幽門を結紮し,胃から小腸への物質輸送を遮断した状態で,胆管カニューレして胆汁を採取できるモデルを作

成した[20]。そこへビルベリーまたは，ブラックベリーのアントシアニンを経口投与し，胆汁中へのアントシアニンの排泄と血中への吸収を確認した。結果，投与後30分で投与したアントシアニンの20～30%が血中へ吸収された。また，吸収されたアントシアニンは胆汁から大部分がメチル化体として検出されている。以上のことから，ラットにおいては，アントシアニンは胃からも吸収され，胆汁からメチル化体として排泄されることが確認された。単糖の配糖体（Cya3Glc，Cya3Gal，Malvidin-3-glucoside）と比較してCya3Rutは胃からの吸収が低いことが示唆されている。

同様に，Talaveraらは，ビルベリーおよびブラックベリーのアントシアニンの小腸からの吸収も確認している[21]。すなわち，同様に麻酔下ラットの十二指腸，空腸部にカニューレを挿入し，アントシアニンを含む緩衝液を45分間還流させて，その間に吸収されるアントシアニン量を測定した。その結果，投与量の8～22%が吸収されることを確認している。胃からの吸収と同様に肝臓でメチル化され，胆汁中に排泄されることを報告している。アントシアニンの構造の違いとしては，小腸からの吸収に関しては，Cya3Glcが他の配糖体より高いと報告している。

以上まとめると，アントシアニンの吸収量は，胃および小腸上部から同程度の割合で吸収されることが確認できた。

4．アントシアニンの組織内分布

アントシアニンが種々の機能性を発揮するためには，目標とする臓器・部位に有効な濃度で到達することが重要である。アントシアニンの最も有名な効果である眼に対する効果も，眼の主要部位にアントシアニンが到達していなければならない。筆者らは，カシスのアントシアニンを摂取した際の眼球中の分布を調べた[22]。

最初にwistar系ラットに，カシスのアントシアニンを100 mg/kgになるように経口投与し，経時的に屠殺した。全眼を摘出後磨り潰して抽出し，血中と

4．アントシアニンの組織内分布

ともにアントシアニン濃度を測定した。投与した4種のアントシアニンのピークのみが，血中，全眼中ともに検出された（図9－5）。30分後に最高濃度に達したが，濃度の減衰は，全眼のほうが緩やかであった（図9－6）。眼球中の各部位の濃度を調べるには，ラットへの経口投与では濃度が低いと考えられたため，腹腔内投与試験を行った。9週齢のwistar系ラットに，108mg/kgになるように腹腔内投与し，投与30分後に眼球を摘出し洗浄した後，房水を採取

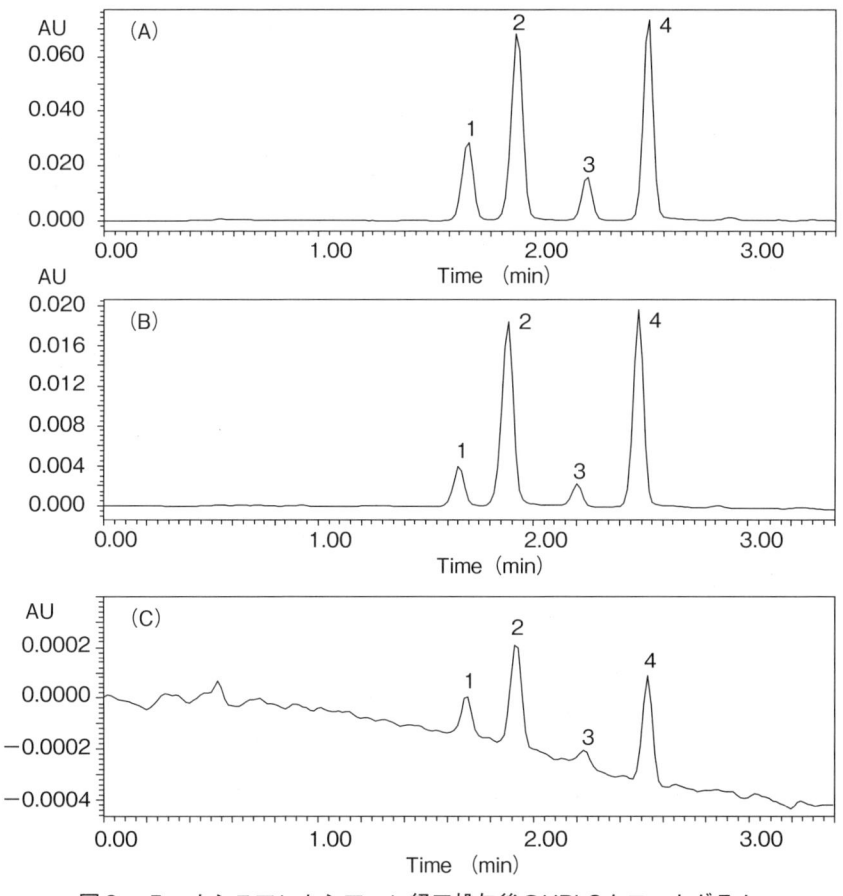

図9－5　カシスアントシアニン経口投与後のHPLCクロマトグラム
(A)カシスアントシアニン，(B)ラット血漿，(C)ラット全眼
ピーク：1：Del3Glc，2：Del3Rut，3：Cya3Glc，4：Cya3Rut

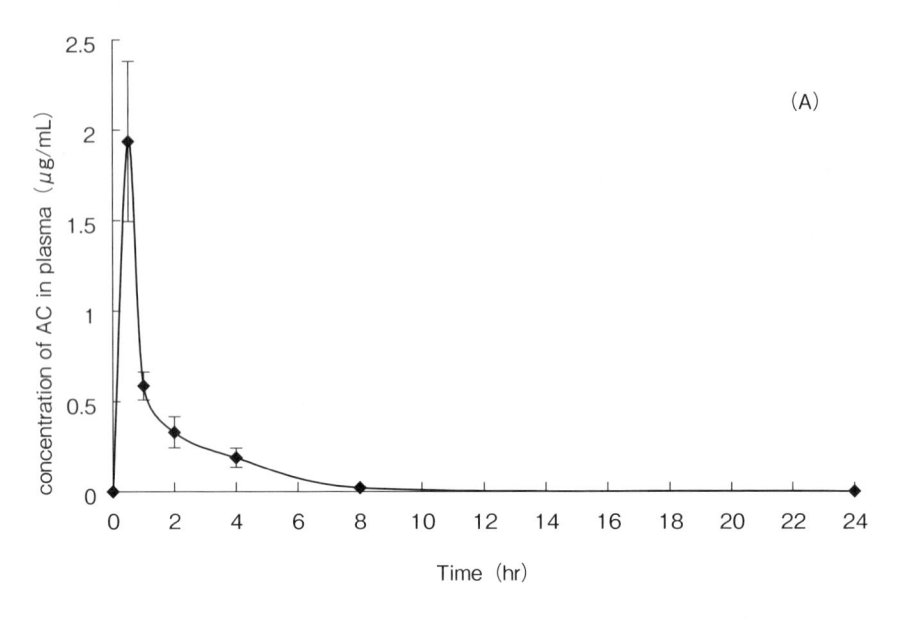

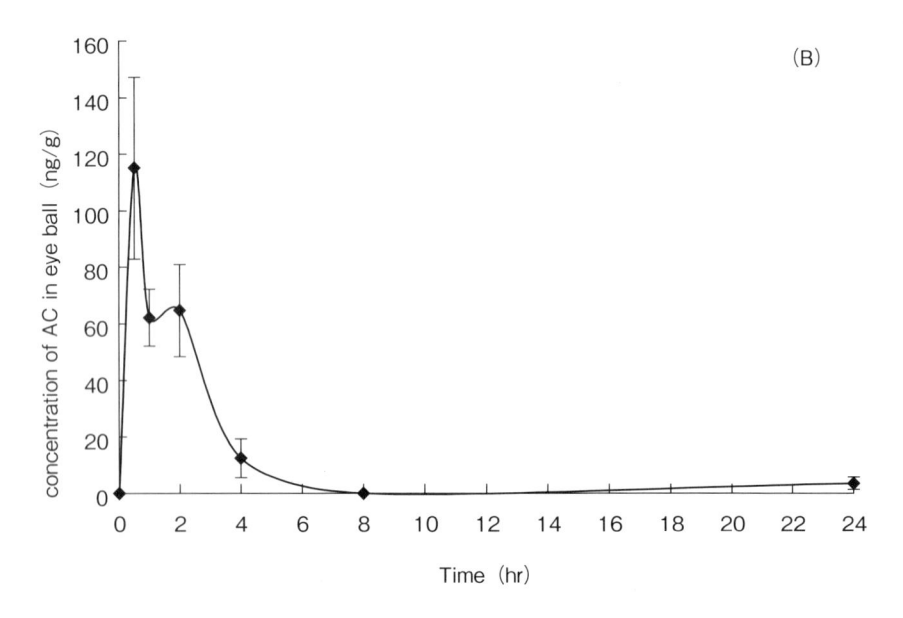

図9-6 ラットにおけるカシスアントシアニン経口投与後の血中(A)および全眼中濃度(B)の推移(平均値±SE, n=5)

後，眼球の各部位を切り分けて，アントシアニンを抽出し，血中濃度と比較した。結果を表9-3に示す。強膜，脈絡膜に最も多くのアントシアニンが検出され，血中濃度の100倍に達した。網膜，毛様体，虹彩，角膜にも血中濃度を上回るアントシアニンが検出された。房水にも，血中濃度と同等のアントシアニンが検出された。房水は前眼部への物質輸送の機能を担っており，房水を通じてアントシアニンが運ばれることがわかる。また，網膜，毛様体，脈絡膜などに血中濃度を上回るアントシアニンが検出されたことから，血液のコンタミネーションではなく，アントシアニンが眼球の各部位へ運ばれていることが確認できた。これにより，アントシアニンは，血液網膜関門，血液房水関門を通過することが示唆された。

また，ウサギを用いて，4.32mg/kgになるようにカシスのアントシアニンを静脈へ注射し，経時的に屠殺して，濃度の推移を調べた。結果を表9-3，図9-7に示す。静脈内投与でも，眼球中の各部位でアントシアニンは検出され，強膜，角膜などの結合組織や，脈絡膜，毛様体などのぶどう膜部分に多くのアントシアニンは存在した。水晶体や硝子体にはアントシアニンはほとんど存在しなかった。しかし，静脈投与の場合は，各部位でのアントシアニン濃度は，血中濃度より低かった。これは，アントシアニンが各組織に蓄積される性質があると考えられる。実際，静脈投与4時間後で血中にはアントシアニンはほとんど見られないが，眼球の各部位ではアントシアニンが十分認められる。しかし，24時間後にはほとんど消失しており，長期の蓄積性はないと考えられる。

また，一柳らは，ビルベリーのアントシアニンをラットに経口投与あるいは静脈内投与した後の，肝臓や腎臓への分布を調べた[11]。肝臓および腎臓ではメチル化したアントシアニンと未変化のアントシアニンを検出した。わずかな量のグルクロン酸抱合体も検出している。Kaltらは，ブルーベリーを含む餌を4週間与えた豚の眼，肝臓，大脳，小脳でアントシアニンを検出している[23]。したがって，アントシアニンが血液脳関門を通過するとしている。このように，アントシアニンは体内の多くの部分に分布することが示されている。

表9-3 カシスアントシアニンをラット腹腔内投与，ウサギ静脈内投与後の血中および眼球各部位のアントシアニン濃度（平均値±SE）

	ラット腹腔内投与1時間後		ウサギ静脈内投与30分後	
	アントシアニン (µg/g tissue)	分布率 (%)	アントシアニン (µg/g tissue)	分布率 (%)
房水	6.72	0.88	1.19 ± 0.21	10.54
角膜	20.62	3.67	0.55 ± 0.05	4.89
強膜	245.04	89.09	3.02 ± 0.09	26.73
脈絡膜			3.00 ± 0.06	26.57
毛様体	12.93	1.39	2.04 ± 0.28	18.07
虹彩			1.11 ± 0.08	9.81
網膜	6.89	4.76	0.27 ± 0.02	2.41
硝子体	0.60	0.14	0.11 ± 0.02	0.98
水晶体	0.36	0.06	0.00 ± 0.00	0.00
血漿*	2.30 ± 0.76		12.42 ± 1.25	

*：µg/mL

4. アントシアニンの組織内分布 195

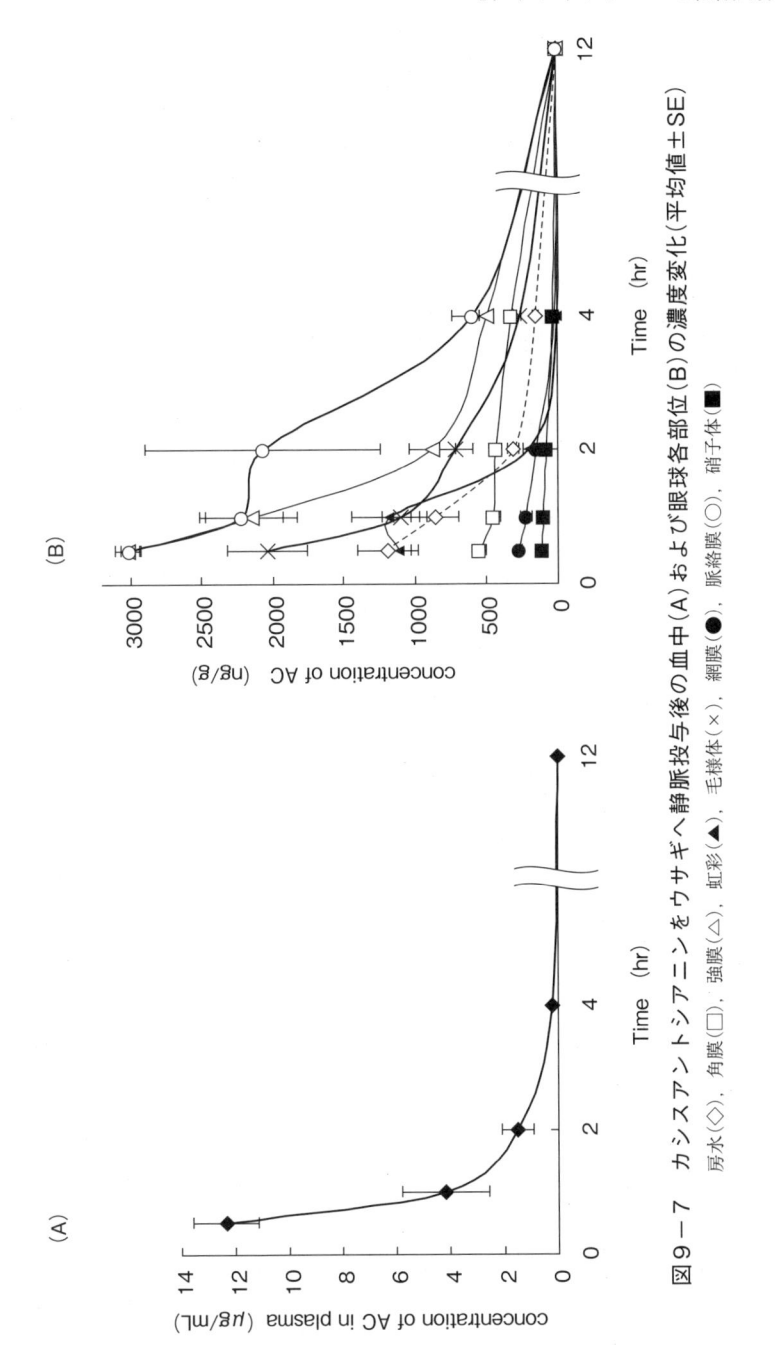

図9-7 カシスアントシアニンをウサギへ静脈投与後の血中(A)および眼球各部位(B)の濃度変化(平均値±SE)
房水(◇), 角膜(□), 強膜(△), 虹彩(▲), 毛様体(×), 網膜(●), 脈絡膜(○), 硝子体(■)

5. アントシアニン吸収性に関する食品成分の相互作用

　アントシアニンは食品として摂取されるため，他の成分と同時に摂取される。他の食品成分との相互作用を検討することは重要である。特に，アントシアニン成分は中性からアルカリ性では，安定性が不十分であるため，多くの場合，酸を加えてpHを下げて安定化させる。筆者らは，食品に使用可能な酸から検索した結果，フィチン酸が最もアントシアニンの安定化に効果があることを見いだした。さらに，このフィチン酸とアントシアニンの混合物に吸収性を改善する効果があることも見いだした[24]。

　カシス由来のアントシアニン241mgをフィチン酸溶液（0.25, 0.5, 1.0, 2.5％），5％クエン酸溶液，あるいは水20mLに溶解し，体重1kgあたり241mgのアントシアニン量になるように7週齢wistar系ラットにゾンデを用いて強制経口投与した。投与後4時間まで，4〜8時間まで，8〜24時間までの尿を採集して，尿中へ排泄されるアントシアニン量を測定した。結果を図9−8に示す。フィチン酸添加群では用量依存的にアントシアニンの尿中排泄率が上昇した。特に，2.5％フィチン酸添加群では約10倍に上昇した。5％クエン酸添加群でもフィチン酸添加群ほどではないが回収率は上昇した。

　回収された尿のpHはほぼ同じであり，尿中での安定性の違いによるものではないと考えられた。この吸収促進効果はフィチン酸のカルシウム塩であるフィチンには認められなかった。また，ビルベリーとエルダーベリーのアントシアニンにも同様の吸収促進効果が認められた。

　また，この吸収促進効果の検証を行うために24匹のwistar系ラットを用いて，体重あたり100mgのアントシアニンを2.5％のフィチン酸溶液に溶解して投与した。投与前と投与2，4，6時間後にラットを屠殺し，血液と胃，十二指腸，空腸，回腸の内容物の重量（表9−4）とアントシアニン含量（表9−5）を測定し，対照群（フィチン酸0％）と比較した。血中でのアントシアニン量は，対照群ではこれまでと同様に2時間以内にピークに達し，その後減少したが，

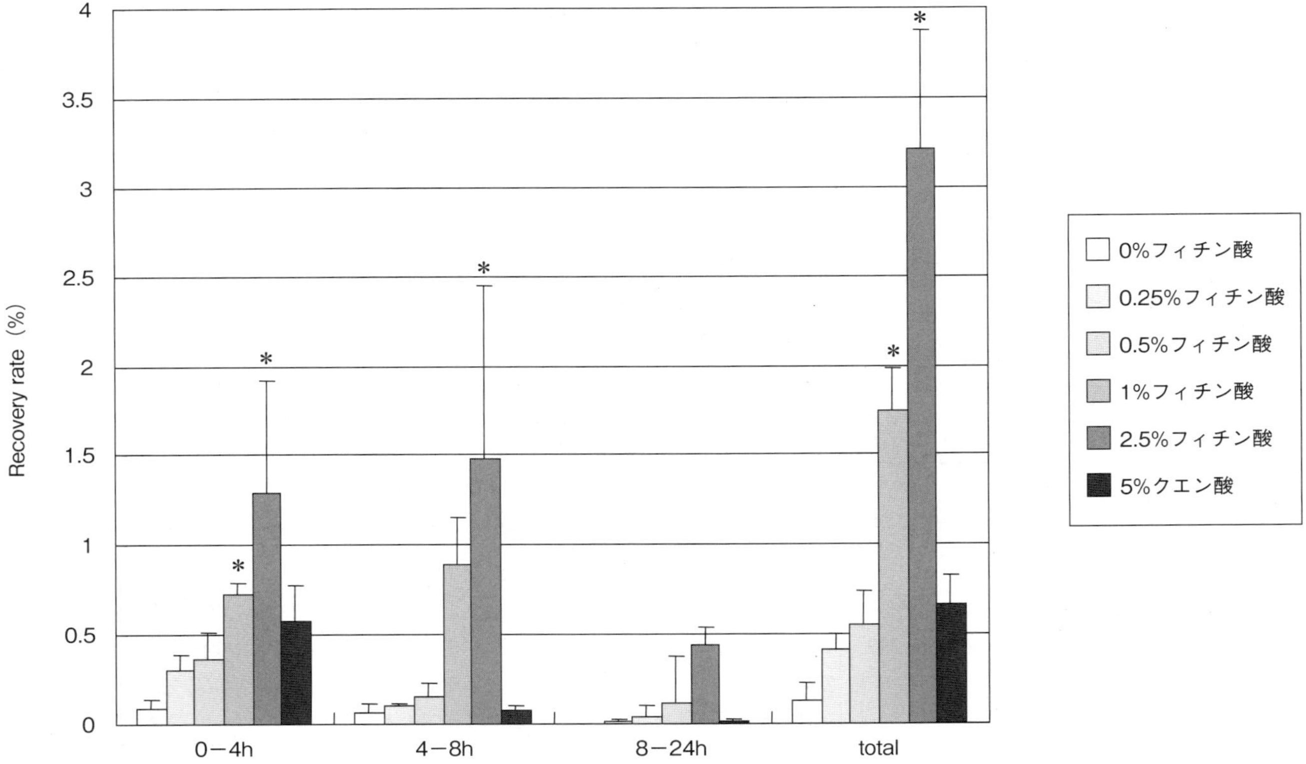

5．アントシアニン吸収性に関する食品成分の相互作用　197

図9-8　酸溶液に溶解したアントシアニンを経口摂取したラットの尿中へのアントシアニンの回収率（%）
（平均値±SE, n=6, *$p<0.05$ vs 0%フィチン酸）

198　第9章　アントシアニンの代謝・吸収 − 最近の知見から −

表9−4　アントシアニンを投与したラットの胃、小腸内容物重量（平均±SE, n=3, *：p<0.05 vs 0%フィチン酸）

投与後時間	胃 (g)		十二指腸 (mg)		空腸 (mg)		回腸 (mg)	
	2.5%フィチン酸	0%フィチン酸	2.5%フィチン酸	0%フィチン酸	2.5%フィチン酸	0%フィチン酸	2.5%フィチン酸	0%フィチン酸
0	0.36±0.10	0.36±0.10	165.9±15.7	165.9±15.7	712.6±91.7	712.6±91.7	1194.2±105.8	1194.2±105.8
2	*5.98±0.73	0.19±0.07	218.3±52.5	190.9±25.3	*2488.4±282.0	1084.2±38.7	2128.8±251.7	1528.5±133.4
4	*7.52±0.60	0.19±0.01	126.3±12.9	185.1±29.8	*1834.2±281.6	680.6±44.2	1829.2±327.3	1042.3±175.6
6	*2.92±0.40	0.22±0.09	153.7±12.0	167.9±28.2	*1097.8±113.4	563.4±78.1	1233.0±221.8	850.4±142.7

表9−5　アントシアニンを投与したラットの胃、小腸内容物に含まれるアントシアニン量（平均±SE, n=3, *：p<0.05 vs 0%フィチン酸）

投与後時間	血液 (μg/mL)		胃 (μg)		十二指腸 (μg)	
	2.5%フィチン酸	0%フィチン酸	2.5%フィチン酸	0%フィチン酸	2.5%フィチン酸	0%フィチン酸
0	0.00±0.00	0.00±0.00	0.00±0.00	0.00±0.00	0.00±0.00	0.00±0.00
2	1.93±0.30	1.29±0.32	*11.45±1.49	0.29±0.16	125.24±38.68	5.40±4.93
4	*2.15±0.16	0.09±0.01	*4.74±0.82	0.01±0.00	*23.86±5.36	0.23±0.17
6	*1.00±0.08	0.05±0.02	2.48±0.79	0.02±0.01	5.94±3.79	0.24±0.06

投与後時間	空腸 (μg)		回腸 (μg)	
	2.5%フィチン酸	0%フィチン酸	2.5%フィチン酸	0%フィチン酸
0	0.00±0.00	0.00±0.00	0.00±0.00	0.00±0.00
2	431.92±122.19	495.14±184.11	*373.66±1191.69	3338.64±502.32
4	*218.43±28.68	4.45±3.25	642.47±166.54	345.22±282.69
6	136.23±34.28	2.50±1.39	*344.36±26.32	81.94±41.39

フィチン酸群では，投与4時間後まで高値を維持した。消化管内容物では，対照群では胃中には，ほとんど何もなく2時間以内に消化されたと考えられたが，フィチン酸群では4時間後が最大となり，胃内容物は水分の少ないゲル状に変化していた。小腸各部位においても内容物の重量はフィチン酸群が高値を示した。消化管内のアントシアニン量も同様に，フィチン酸群が長時間高値を維持し，血中濃度のデータとよく合致した。以上のことから，フィチン酸とアントシアニンを同時に摂取することにより，アントシアニンの吸収部位である胃と小腸の滞留時間が延長し，吸収性が向上していると考えられた。このような滞留時間の延長が起こる原因は定かではないが，フィチン酸は1分子内に6個のリン酸基を持ち，強いキレート作用があることが知られており，アントシアニンは金属イオンと結合して超分子構造を有することが知られている[25]。フィチン酸はその強いキレート力により，この超分子構造を変化させることでアントシアニン溶液をゲル化させるのではないかと予想している。

　フィチン酸のアントシアニン吸収促進効果は，6名の健常男性においても確かめた。フィチン酸群として，カシスアントシアニンを1％フィチン酸とpH調整剤として1％クエン酸ナトリウムを含む溶液に溶解し，体重あたりカシスアントシアニン4mgになるように摂取した。対照群としてカシスアントシアニン水溶液を用い，ランダム割付クロスオーバー試験を行った。摂取前と摂取1，2，4，6，8時間後に血中濃度を測定し（図9-9），2時間ごとに8時間後までと24時間後まで尿を採取し，尿中への排泄量を測定した（図9-10）。被験者全員でフィチン酸群のアントシアニン血中濃度が上昇し，24時間後までの尿中への排泄量は4倍以上に上昇した（フィチン酸群 355.57±95.17μg，コントロール群 79.19±31.12μg）。消化管内の滞留時間が延長することが予想されたが，被験者において胃もたれなどの不快感もなく，特に有害事象，副作用も認められなかった。

　このように通常の食品に使用可能な量のフィチン酸をアントシアニンに加えることによって，容易に吸収性を向上させることができた。食品成分の吸収性を検討する場合は，他に摂取する食品との相互作用を検討する必要があること

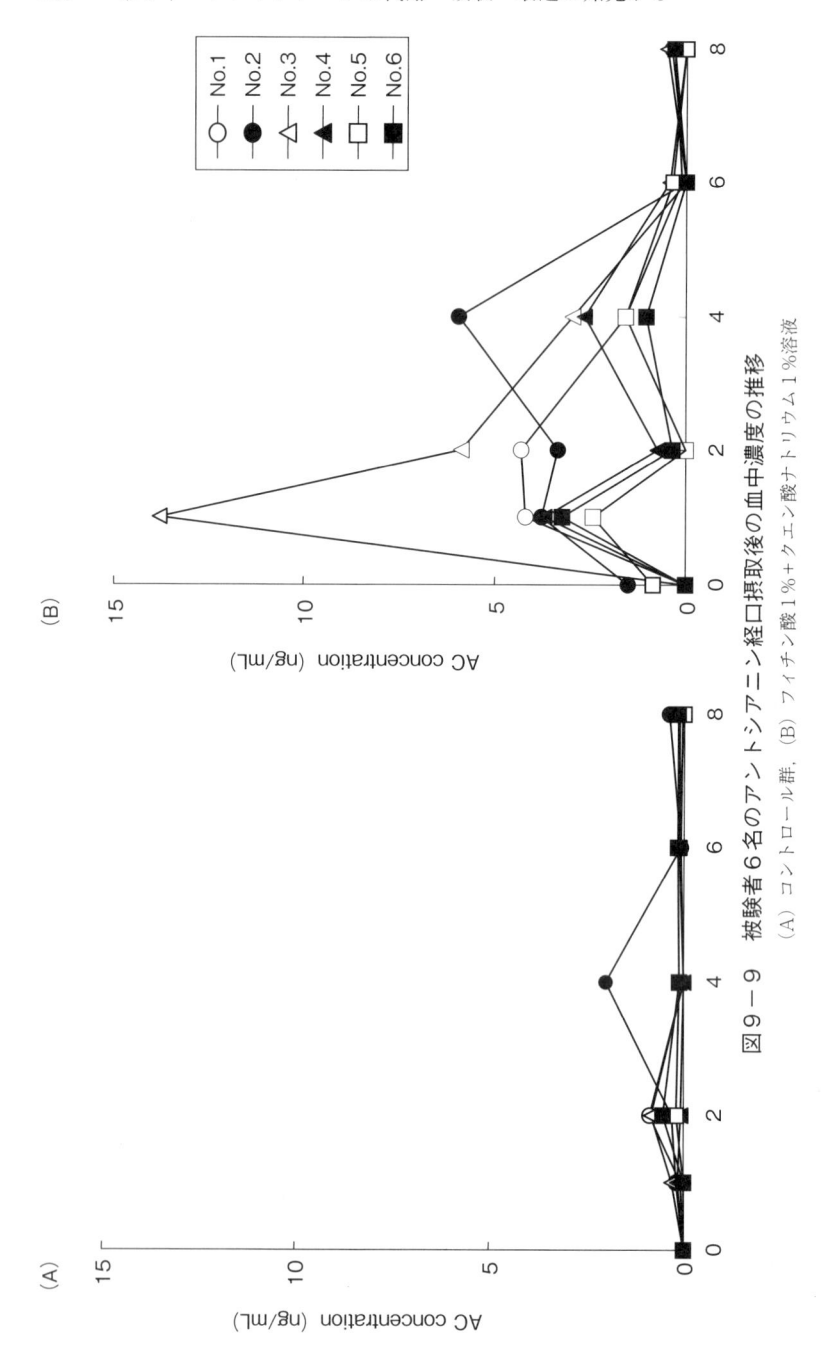

200　第9章　アントシアニンの代謝・吸収-最近の知見から-

図9-9　被験者6名のアントシアニン経口摂取後の血中濃度の推移
(A) コントロール群，(B) フィチン酸1%+クエン酸ナトリウム1%溶液

5. アントシアニン吸収性に関する食品成分の相互作用　201

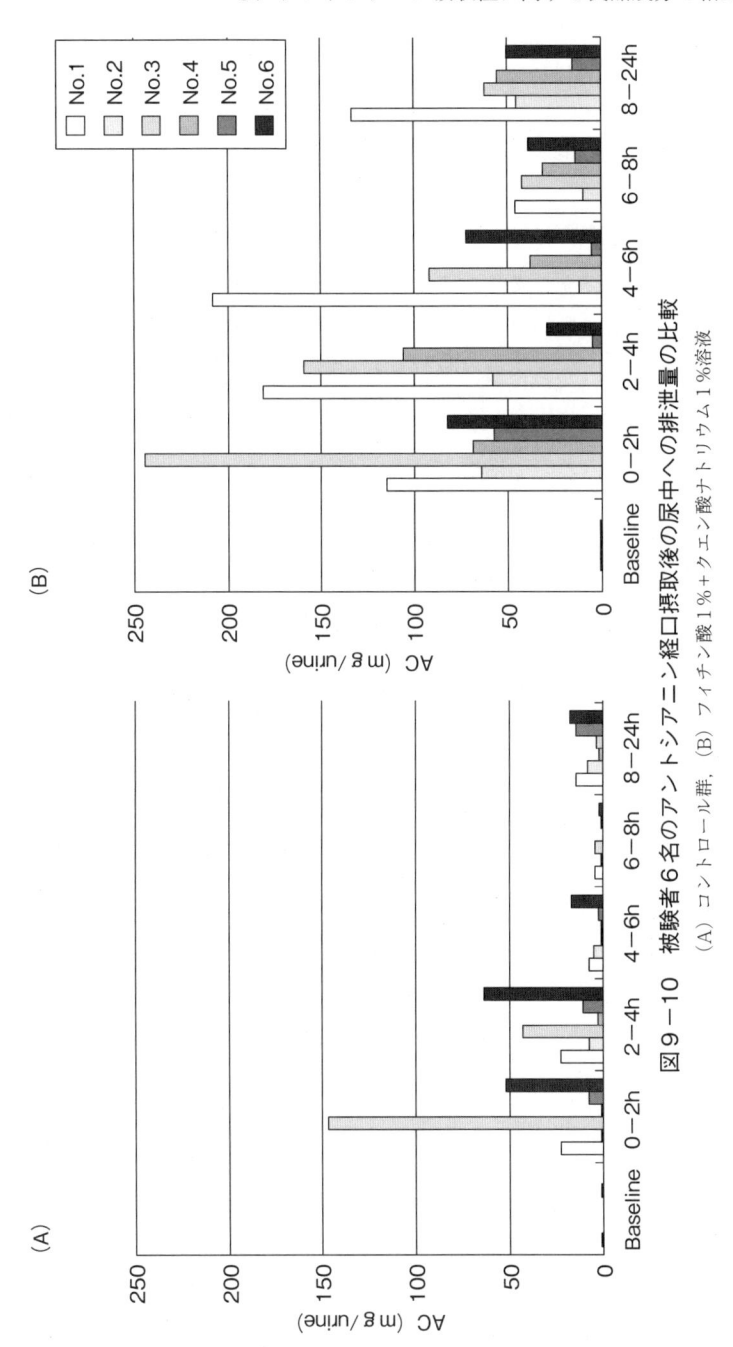

図9-10　被験者6名のアントシアニン経口摂取後の尿中への排泄量の比較
(A) コントロール群，(B) フィチン酸1％＋クエン酸ナトリウム1％溶液

がわかる。

6. まとめ

　これまでに述べてきたようにアントシアニンといっても，その構造によって吸収率や代謝物の種類は様々である．また，吸収される量は個人差が大きく，ストレス状態によっても吸収性は変化し，一緒に摂取する食品成分によってもその吸収性は変化することから一概に吸収量を考察することは難しいが，共通していえることはフラボノール類やカテキン類に比べてアントシアニン類は極めて吸収されにくいということである．

　しかし，体内での分布に関しては，眼球内の毛様体筋や皮膚などの組織にはアントシアニンが蓄積されることがわかってきており，血中濃度以上の組織濃度に到達することにより，種々の生理活性を発揮しているのではないかと考えられ，今後の研究課題となっている．

文　献

1) Manach C., Williamson G., Morand C. et al : Bioavailability and bioefficacy of polyphenols in humans. I. Review of 97 bioavailability studies. Am J Clin Nutr 2005 ; 81 ; 230S−242S.
2) Miyazawa T., Nakagawa K., Kudo M. et al : Direct intestinal absorption of red fruit anthocyanins, cyanidin-3-glucoside and cyanidin-3,5-diglucoside into rats and humans. J Agric Food Chem 1999 ; 47 ; 1083−1091.
3) Tsuda T., Horio F., Osawa T. : Absorption and metabolism of cyanidin-3-O-β-glucoside in rats. FEBS Lett 1999 ; 449 ; 179−182.
4) Keppler K., Humpf H.U. : Metabolism of anthocyanins and their phenolic degradation products by the intestinal microflora. Bioorg Med Chem 2005 ; 13 ; 5195−5205.
5) Day A.J., Canada F.J., Diaz J.C., Kroon P.A., Mclauchlan R., Fauld C.B., Plumb G.W., Morgan M.R., Williamson G. : Dietary flavonoid and isoflavone glycosides are hydrolyzed by the lactase site of lactase phlorizin hydrolase. FEBS Lett 2000 ; 468 ; 166−170

6) Hollman P.C.H., de Vries J.H.M., van Leewen S.D. et al. : Absorption of dietary quercetin glycosides and quercetin in healthy ileostomy volunteers. Am J Clin Nutr 1995 ; 62 ; 1276-1282.
7) Gee J.M., Dupont M.S., Day A.J. et al : Intestinal transport of quercetin glycosides in rats involves both deglycosylation and interaction with the hexose transport pathway. J Nutr 2000 ; 130 ; 2765-2711.
8) Vitaglione P., Donnarumma G., Napolitano A. et al : Protocatechuic Acid Is the Major Human Metabolite of Cyanidin-Glucosides. J Nutr 2007 ; 137 ; 2043-2048.
9) Bitsch R., Netzel M., Sonntag S. et al : Urinary excretion of cyanidin glucosides and glucronides in healthy humans after elderberry juice ingestion. J Biomed Biotech 2004 ; 5 ; 343-345.
10) Kay CD., Mazza G., Holub B.J. et al : Anthocyanin metabolites in human urine and serum. Br J Nutr 2004 ; 91 ; 933-942.
11) Ichiyanagi T., Shida Y., Rahman MM. et al : Bioavailability and tissue distribution of anthocyanins in bilberry (*Vaccinium myrtillus* L.) extract in rats. J Agric Food Chem 2006 ; 54 ; 6578-6587.
12) Ichiyanagi T., Shida Y., Rahman MM. et al : Extended glucuronidation is another major path of cyanidin 3-O-β-D-glucopyranoside metabolism in rats. J Agric Food Chem 2005 ; 53 ; 7312-7319.
13) Ichiyanagi T., Shida Y., Rahman MM. et al : Metabolic pathway of cyanidin 3-O-beta-D-glucopyranoside in rats. J Agric Food Chem 2005 ; 53 (1) ; 145-50.
14) Felgines C., Texier O., Besson. et al : Strawberry pelargonidin glycosides are excreted in urine as intact glycosides and glucuronidated pelargonidin derivatives in rats. Br J Nutr 2007 ; 98 ; 1126-1131.
15) Felgines C., Talavera S., Gonthier M. P. : Strawberry anthocyanins are recovered in urine as glucuro- and sulfo-conjugates in humans. J Nutr 2003 ; 133 (5) ; 1296-1301.
16) Matsumoto H., Hanamura S., Kawakami T. et al : Preparative-scale isolation of four anthocyanin components of black currant (*Ribes nigrum* L.) fruits. J Agric Food Chem 2001 ; 49 ; 1541-1545.
17) Matsumoto H., Inaba H., Kishi M. et al : Orally administered delphinidin 3-rutinoside and cyanidin 3-rutinoside are directly absorbed in rats and humans and appear in the blood as the intact forms. J Agric Food Chem 2001 ; 49 ; 1546-1551.
18) Matsumoto H., Ichiyanagi T., Iida H. et al : Ingested delphinidin-3-rutinoside is

primarily excreted to urine as the intact form and to bile as the methylated form in rats. J Agric Food Chem 2006 ; 54 ; 578−582.
19) Harada K., Kano M., Takayanagi T. et al : Absorption of acylated anthocyanins in rats and humans after ingesting an extract of *Ipomoea batatas* purple sweet potato tuber. Biosci Biotechnol Biochem 2004 ; 68 (7) ; 1500−1507.
20) Talavera S., Felgines C., Texier O. et al : Anthocyanin are efficiently absorbed from the stomach in anesthetized rats. J Nutr 2003 ; 133 ; 4178−4182.
21) Talavera S., Felgines C., Texier O. et al : Anthocyanin are efficiently absorbed from the small intestine in rats. J Nutr 2004 ; 134 ; 2275−2279.
22) Matsumoto H., Nakamura Y., Iida H. et al : Comparative assessment of distribution of blackcurrant anthocyanins in rabbit and rat ocular tissues. Exp Eye Res 2006 ; 83 (2) ; 348−356.
23) Kalt W., Blumberg JB., Mcdonald JE. et al : Identification of anthocyanins in the liver, eye, and brain of blueberry-fed pigs. J Agric Food Chem 2008 ; 56 ; 705−712.
24) Matsumoto H., Ito K., Yonekura K. et al : Enhanced absorption of anthocyanins after oral Administration of phytic acid in rats and humans. J Agric Food Chem 2007 ; 55 ; 2489−2496.
25) Kondo T., Yoshida K., Nakagawa A. et al : Structural basis of blue-color development in flower petals from *Commelina communis*. Nature 1992 ; 358 (6386) ; 515−518

第3編
アントシアニンの特性を活用した食品加工

第10章 食品着色料としてのアントシアニンの
利用と最近の開発動向
……………………香田 隆俊

第11章 紫サツマイモの機能性と製品開発の動向
……………………須田 郁夫

第12章 アントシアンを活用した醸造酒の
開発と商品化
……………………大庭 理一郎

第13章 有色馬鈴薯の加工利用技術の開発
……………………津久井 亜紀夫

第10章　食品着色料としてのアントシアニンの利用と最近の開発動向

香田　隆俊*

1. 概　要

　食品での着色料の有用性としては，① 食品原料の色調の変動を補い食品の色調を一定にすること，② 食品の加工工程や保存中の変色や退色を補い色調を整えること，③ 食品に彩りを添えおいしさや楽しさを演出すること，および ④ 多様化する新しい加工食品を生み出す重要な因子であることがあげられる。近年，様々な加工食品が市場に流通するようになり，食品そのものの色や包装の色彩は，その食品の嗜好性や消費者の購買意欲を決定する要素としてますます重要となってきている。

　食品添加物は，消費者の天然物志向の高まりにより現在では天然添加物が主流となっている。着色料も同様の傾向であり，過去30年間の安全性再評価の過程で，合成着色料（タール色素）は使用実績が少ないなどの理由から1960年当時の24品目から現在の12品目に半減し，同時に使用量も減少した。一方，天然着色料の需要は最近35年間で大きな伸びを示した。

　天然着色料であるアントシアニンは，多くの食品に幅広く使用されている。その色調は，自然界では赤〜青色の色調を表しているが，食品中では色素の実用的な安定性の面から，酸性条件下で橙赤〜赤紫色を呈する着色料として利用されている。

　本章では，食品用着色料としてのアントシアニンの法的規制，種類・市場性，

---

*三栄源エフ・エフ・アイ㈱取締役第三事業部長

有用性,食品中での性質,原料と製造法,安全性,最近の開発動向などについて述べる。

2. 食品用着色料としてのアントシアニンの法的規制

食品用着色料として利用されているアントシアニンは,わが国の食品衛生法によって食品添加物の着色料の範疇に定義されている。法的には,食品に使用できるすべての食品添加物がポジティブリストとしてリスト化されており,逆にリストされていない物質は食品には使用できないことになっている。どんな原料から得られたアントシアニンでも使用できるわけではなく,着色料として使用できる色素としてリストに掲載されたものしか食品に使用することはできない。食品用着色料としてのアントシアニンは,国内でどのような法的規制[1]がとられているかを以下に述べる。

現在の食品添加物規制の基盤となっているのは,1947(昭和22)年12月24日に制定された「食品衛生法」(法律第233号)である。以後,順次改定が行われ,1957(昭和32)年には食品の安全性をよりいっそう確保する目的で,食品添加物の規格基準を定める内容の条文が制定された。それを受けて,食品添加物等の規格基準(昭和34年12月28日,厚生省告示第370号)が定められた。この告示は,その後も改正が重ねられており,食品添加物のみならず,食品,容器などの規格が収載されたもので食品衛生行政の根本となっている。

(1) 食品添加物の中でのアントシアニンの位置づけ

食品衛生法では,第4条第2項で「この法律で添加物とは,食品の製造の過程において又は食品の加工若しくは保存の目的で,食品に添加,混和,浸潤その他の方法によって使用する物をいう。」と定義されている。

食品添加物の区分としては,次の三つに分かれる。
① 食品衛生法第10条に基づいて厚生労働大臣によって指定されている食品添加物であり,食品衛生法施行規則別表第1に記載されている「指定添

物」

② 厚生労働大臣により指定はされていないが，1996（平成8）年5月23日生活衛生局長通知「衛化第56号」の別添一に収載されている「既存添加物」

③ 同じく別添三の一般に食品として飲食に供される物であって添加物として使用される品目リストに収載されている「一般飲食物添加物」

この中の①は化学的に合成された添加物，②③は1995（平成7）年の法改正以前，すでに食品に使用されていた天然添加物である。天然着色料に限定すると，1996（平成8）年5月23日厚生省生活衛生局長通知「衛化第56号」（一部改正，生衛発第1711号（平成10年12月3日））の別添一の「既存添加物」リストには，通常あまり食用としては使用されない天然物を原料として作られた天然着色料66品目が記載されたが，その後2004（平成16）年7月にアカネ色素が動物試験結果より人の健康を損なうおそれがあると評価されたため「既存添加物」リストから消除された。さらに2003（平成15）年8月29日に施行された，食品衛生法等の一部を改正する法律（平成15年法律第55号）により，新たに「食品衛生法及び栄養改善法の一部を改正する法律」（平成7年法律第101号）附則第2条の3の規定が追加され，厚生労働大臣は，その販売，製造，輸入，加工，使用，貯蔵及び陳列（以下「販売等」という。）の状況からみて，現に販売の用に供されていない（流通実態がない）と認める既存添加物並びにこれを含む製剤及び食品について「消除予定名簿」を作成のうえ公示し，必要な手続を経て既存添加物名簿から消除することができることとされ，クサギ色素とピーナッツ色素が消除された。さらに2007（平成19）年にはエビ色素，スオウ色素，トウモロコシ色素が流通実態がないとして消除された。したがって，2008（平成20）年9月現在の別添一の「既存添加物」リスト記載品目は60品目となっている。また，このうちでアントシアニンが主色素であるものは4品目である。別添三の「一般飲食物添加物」リストには，一般に食用として利用されている有色の野菜，果物などを原料として作られる天然着色料44品目が記載されているが，アントシアニンが主色素であるものは32品目である。

(2) 食品添加物の規格基準

1960（昭和35）年に公表された第1版食品添加物公定書は以来約5年ごとに改正が行われ，現在，最も新しいものは2007（平成19）年8月に公表された第8版食品添加物公定書[2]である。天然着色料については，第7版で初めて18品目の規格が収載され，アントシアニンとしてはブドウ果皮色素とブラックカラント色素の2品目が収載された。また，第8版では新たにアントシアニンとしてムラサキイモ色素（図10-1），アカキャベツ色素，ムラサキトウモロコシ色素の3品が収載されている。第7版以降には，「色価測定法」が記載されている。食品用に販売されている天然色素の濃度は，ほとんどが「色価」という表現方法となっている。一般的に，天然色素は単一の色素成分で構成されているものが少なく，含量としての表現が難しいことから，この表現方法が採用されている。アントシアニン系色素もすべてこの方法で測定された数値が採用されている。図10-2に第8版に記載されている方法を示す。また，第8版に

ムラサキイモ色素（Purple Sweet Potato Color）

定　義　本品は，サツマイモ（*Lpomoea batatas* Poiret）の塊根から得られた，シアニジンアシルグルコシド及びペオニジンアシルグルコシドを主成分とするものである。デキストリン又は乳糖を含むことがある。

色　価　本品の色価（$E_{1cm}^{10\%}$）は50以上で，その表示量の90〜110%を含む。

性　状　本品は，暗赤色の粉末，ペースト又は液体で，わずかに特異なにおいがある。

確認試験　(1) 本品の表示量から，色価50に換算して1.0gに相当する量をとり，クエン酸緩衝液（pH3.0）100mlに溶かした液は，赤〜暗紫赤色を呈する。
(2) (1)の溶液に水酸化ナトリウム溶液（1→25）を加えてアルカリ性にするとき，液の色は，暗緑色に変わる。
(3) 本品をクエン酸緩衝液（pH3.0）に溶かした液は，波長515〜535nmに極大吸収部がある。

純度試験　(1) 重金属　Pbとして40μg/g以下（0.50g，第2法，比較液　鉛標準液2.0ml）
(2) 鉛　Pbとして8.0μg/g以下（1.25g，第1法）
(3) ヒ素　As_2O_3として4.0μg/g以下（0.50g，第3法，装置B）

色価測定法　色価測定法により次の操作条件で試験を行う。
　操作条件
　　測定溶媒　クエン酸緩衝液（pH3.0）
　　測定波長　波長515〜535nmの極大吸収部

図10-1　「ムラサキイモ」色素の第8版食品添加物公定書規格内容

色価測定法は，吸光度を測定することにより，着色料中の色素濃度（色価）を測定する方法である．通例，色価は，着色料溶液の可視部での極大吸収波長における吸光度を測定し，10w/v%溶液の吸光度に換算した数値（$E_{1cm}^{10\%}$）で表す．

操作法

別に規定するもののほか，次の方法による．ただし，吸光度の測定には，検液の吸光度が，0.3〜0.7の範囲に入るように調整したものを用いる．

別に規定するもののほか，表示された色価により，表に示される試料の量を精密に量り，メスフラスコに入れ，別に規定する溶媒約10mlを加えて溶かし，更に溶媒を加えて正確に100mlとし，必要があれば遠心分離又はろ過し，試料溶液とする．この試料溶液を吸光度測定用の検液とし，必要があれば表に示される希釈倍率に従って正確に希釈する．

別に規定するもののほか，検液を調製した溶媒を対照とし，別に規定する波長で液層の長さ１cmでの吸光度Ａを測定し，次式により色価を求める．色価の測定は，調製後の退色による影響を避けるため，検液の調製後，速やかに行うものとする．

$$色価 = \frac{10 \times A \times F}{試料の採取量（g）}$$

ただし，F：測定吸光度が，0.3〜0.7の範囲に入るように調整するための希釈倍率

色価	測定濃度(%)	吸光度	希釈方法	希釈液量(mL)	F
20	0.25	約0.5	0.25g→100ml	100	1
50	0.10	0.5	0.1g→100ml	100	1
100	0.05	0.5	0.5g→100ml→10ml→100ml	1,000	10
200	0.03	0.6	0.6g→100ml→5ml→100ml	2,000	20
400	0.015	0.6	0.3g→100ml→5ml→100ml	2,000	20
500	0.01	0.5	0.2g→100ml→5ml→100ml	2,000	20
700	0.01	0.7	0.2g→100ml→5ml→100ml	2,000	20
800	0.00625	0.5	0.25g→100ml→5ml→200ml	4,000	40
900	0.005	0.45	0.2g→100ml→5ml→200ml	4,000	40
1,000	0.006	0.6	0.3g→100ml→5ml→250ml	5,000	50
1,500	0.004	0.6	0.4g→100ml→5ml→50ml→5ml→50ml	10,000	100
2,000	0.003	0.6	0.3g→100ml→5ml→50ml→5ml→50ml	10,000	100
2,500	0.002	0.5	0.2g→100ml→5ml→50ml→5ml→50ml	10,000	100

備考：表の色価を超える場合は，希釈倍率を調整して測定する．

図10-2 色価測定法

収載されなかった主な天然着色料については，業界として自主的に作成した規格があり，日本食品添加物協会が厚生労働省の指導のもとで発行した第４版既存添加物自主規格（2008年刊）[3]にそれらの規格が収載されている．

(3) 天然着色料の使用基準[4]

食品用着色料の食品への使用に関しては，法的に使用基準が規定され消費者

をだますような着色行為を厳しく規制している。このため，天然着色料は，こんぶ類，食肉，鮮魚介類（鯨肉を含む），茶，のり類，豆類，野菜及びわかめ類に使用してはならない。ただし，のり類に金を使用する場合は，この限りでない。

(4) 食品への着色料表示[5]

　食品への食品添加物の表示は，原則として使用した食品添加物をすべて表示することとされている。着色料の場合には，用途名である「着色料」と着色料の名称を併記しなければならない。ただし，物質名に「色」の文字があれば用途名を併記する必要はない。次に例示するように，一部の天然色素は，類別名を表示することによって用途名と物質名の併記に代えることができる。
○野菜色素：アカキャベツ色素，ムラサキイモ色素，シソ色素，ビートレッドなど
○果実色素：エルダーベリー色素，ボイセンベリー色素，ブドウ果汁色素など
○アントシアニン色素：アカキャベツ色素，ムラサキイモ色素，
　　　　　　　　　　　ブドウ果皮色素，ブドウ果汁色素，
　　　　　　　　　　　ムラサキトウモロコシ色素，シソ色素など
○フラボノイド色素：ベニバナ黄色素，コウリャン色素，タマネギ色素など
○カロテノイド色素：アナトー色素，クチナシ黄色素，ニンジンカロテンなど

3．着色料アントシアニンの種類と市場性

(1) 食品に使用できるアントシアニンの種類

　アントシアニンは，上述のとおり食品衛生法の規制下で食品に使用されている。現在，食品に使用できるすべてのアントシアニンを，表10-1に示した。

3. 着色料アントシアニンの種類と市場性

表10-1 食品に使用可能なアントシアニン

◇ 既存添加物リスト収載品目

○	●	ブドウ果皮色素	○	●	ムラサキイモ色素
○	●	ムラサキトウモロコシ色素			ムラサキヤマイモ色素

◇ 一般飲食物添加物リスト収載品目

○	●	アカキャベツ色素		野菜ジュース
		アカゴメ色素		アカキャベツジュース
○		アカダイコン色素		シソジュース
		ウグイスカグラ色素		果汁
○		エルダーベリー色素		ウグイスカグラ果汁
		カウベリー色素		エルダーベリー果汁
		グースベリー色素		カウベリー果汁
		クランベリー色素		グースベリー果汁
		サーモンベリー色素		クランベリー果汁
○		シソ色素		サーモンベリー果汁
		ストロベリー色素		ストロベリー果汁
		ダークスィートチェリー色素		ダークスィートチェリー果汁
		チェリー色素		チェリー果汁
		チンブルベリー色素		チンブルベリー果汁
		デュベリー色素		デュベリー果汁
		ハイビスカス色素		ハクルベリー果汁
		ハクルベリー色素		ブドウ果汁
○		ブドウ果汁色素		ブラックカーラント果汁
	●	ブラックカーラント色素		ブラックベリー果汁
		ブラックベリー色素		プラム果汁
		プラム色素		ブルーベリー果汁
○		ブルーベリー色素		ベリー果汁
○		ボイセンベリー色素		ボイセンベリー果汁
		ホワートルベリー色素		ホワートルベリー果汁
		マルベリー色素		マルベリー果汁
		モレロチェリー色素		モレロチェリー果汁
		ラズベリー色素		ラズベリー果汁
		レッドカーラント色素		レッドカーラント果汁
		ローガンベリー色素		ローガンベリー果汁

表中の○印は市場に流通している主な品目，●印は第8版食品添加物公定書収載品目

(2) アントシアニンの市場規模

　食品用着色料市場におけるアントシアニンの位置づけを知るために，合成着色料と天然着色料に関する国内の市場を以下にまとめた。

日本でのタール色素の使用量（検体申請数量）は，1989（平成１）年度には273トンであったが，1997（平成９）年度に160トンとなり，その後，増減を繰り返しながら2007（平成19）年度には95トンであった。最近の10年間で55トンが天然色素への移行などで減少したことになる。表10－２中の数値は，2007（平成19）年４月～2008（平成20）年３月（１年間）のタール色素の検体申請数量である。

表10－２　合成色素（タール色素およびアルミニウムレーキ）の市場規模

品　名	検定数量（kg）
食用赤色２号	2,155.5
食用赤色３号	3,275.7
食用赤色40号	296.0
食用赤色102号	23,739.4
食用赤色104号	1,197.0
食用赤色105号	799.0
食用赤色106号	3,595.9
食用黄色４号	39,884.1
食用黄色５号	9,004.9
食用緑色３号	0.0
食用青色１号	4,890.4
食用青色２号	1,180.5
小　計	90,018.5
（アルミニウムレーキ）	
食用赤色２号	0.0
食用赤色３号	520.0
食用赤色40号	0.0
食用黄色４号	2,421.5
食用黄色５号	719.5
食用緑色３号	0.0
食用青色１号	936.8
食用青色２号	100.0
小　計	4,697.8
合　計	94,716.3

表中の数値は，2006年４月～2007年３月の１年間の検体申請数量。（厚生労働省ホームページ：http://www.mhlw.go.jp/topics/bukyoku/iyaku/syokuten/081030/h19.html）

天然色素については様々な濃度の色素製品が流通しており，タール色素のような検定制度がないため，正確な使用量の把握は難しいが，推定すると国内の使用量は図10－３のような状況であると考えられる。カラメルを除いた数量として比較すると，1973（昭和48）年にタール色素の使用量が減少傾向に転じた時期からみると，約３倍の量となっている。しかし，現在では，需要も落ち着いた状況となっており毎年若干の増加が見られる程度である。国内の天然色素の市場は，約3,500トン（カラメルの約18,500トンを除く）と推定しているが，そのうちアントシアニンは約450トンを占めている。

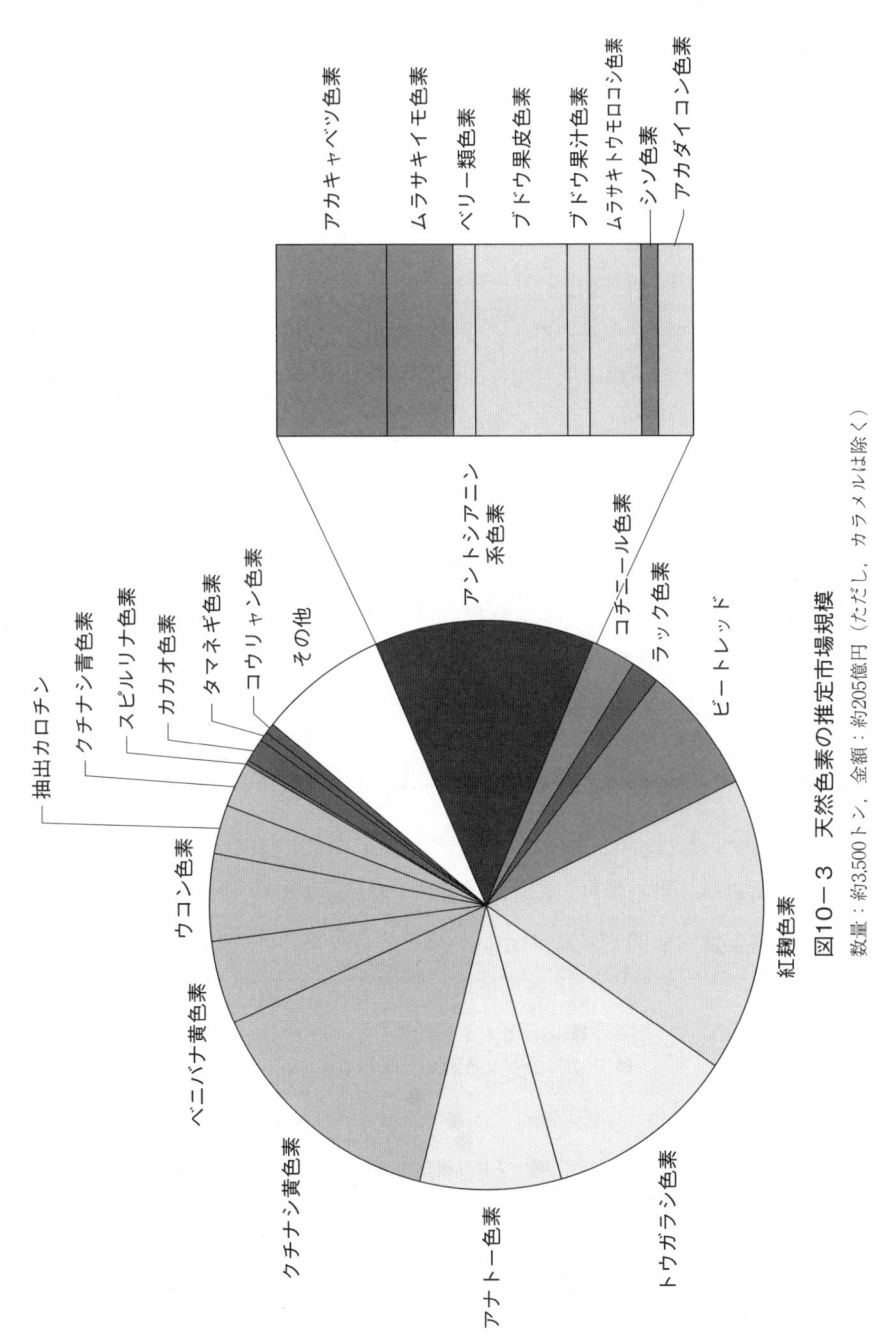

3. 着色料アントシアニンの種類と市場性　215

図10－3　天然色素の推定市場規模
数量：約3,500トン，金額：約205億円（ただし，カラメルは除く）

(円グラフのラベル)
アカキャベツ色素
ムラサキイモ色素
ベリー類色素
ブドウ果皮色素
ブドウ果汁色素
ムラサキトウモロコシ色素
シソ色素
アカダイコン色素

アントシアニン系色素
コチニール色素
ラック色素
ビートレッド
紅麹色素
トウガラシ色素
アナトー色素
クチナシ黄色素
ベニバナ黄色素
ウコン色素
抽出カロチン
クチナシ青色素
スピルリナ色素
カカオ色素
タマネギ色素
コウリャン色素
その他

4. 食品用着色料としてのアントシアニンの有用性

(1) アントシアニンの色調 (巻頭口絵3～7参照)

図10-4は，pH 3.0のクエン酸緩衝液中で可視部の極大吸収波長での吸光度を同じにした場合のアントシアニンの色調を表したものである。原料植物の違いで，色調が橙赤色～紫赤色となり，明度も異なっている。

また，色調を数値的に表現する場合，色素が三次元の色立体のどの位置に存在するかを数値化する種々の表現方法がある。ここでは一般的に使用されているハンター表色法を用いて市販されている主なアントシアニンの色調を比較した。0.3％のクエン酸水溶液に，極大吸収波長における吸光度が0.8となるように各種アントシアニンを添加し，測色計にてハンター表色法の3刺激値であるL，a，bを求め，各色素の測定値をa，b平面にプロットすることで，それぞれの色素の色相および彩度の比較ができる（図10-5）。

(2) アントシアニンのpHによる色調変化

アントシアニンはpHによって大きく色調が変化し，pHが高くなるにつれて色調が青味がかってくるとともに発色も悪く鮮やかさが低下する。また，その安定性（堅牢性）に関してはpHが低いほど安定である。食品に使用される場

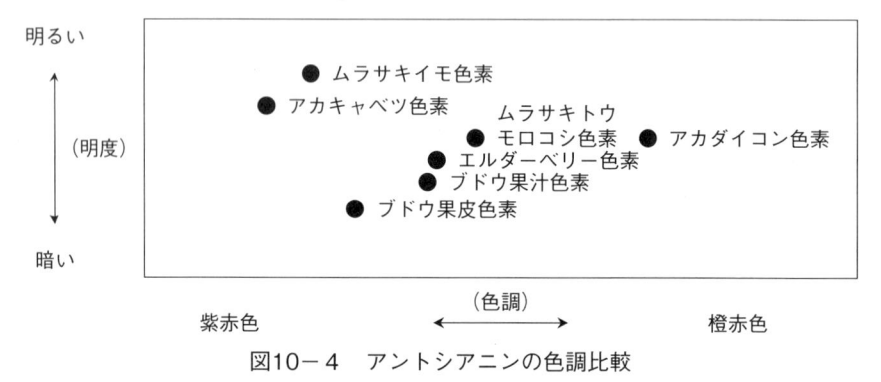

図10-4 アントシアニンの色調比較

4．食品用着色料としてのアントシアニンの有用性

【使用色素】
① アカキャベツ色素　② ムラサキイモ色素　③ ブドウ果汁色素
④ ブドウ果皮色素　⑤ ムラサキトウモロコシ色素　⑥ アカダイコン色素
⑦ エルダーベリー色素

【試験条件】
試　験　液：0.3% クエン酸水溶液
色素添加量：0.1%（色価80換算）
測　色　計：紫外可視分光光度計 V－560（日本分光製）

【説　明】
a値：＋の数値が大きいほど，赤味大，－の数値が大きいほど，緑味大
b値：＋の数値が大きいほど，黄味大，－の数値が大きいほど，青味大
Chroma（彩度）＝（$a^2＋b^2$）$^{1/2}$（原点からの長さであり，大きいほど鮮やか）

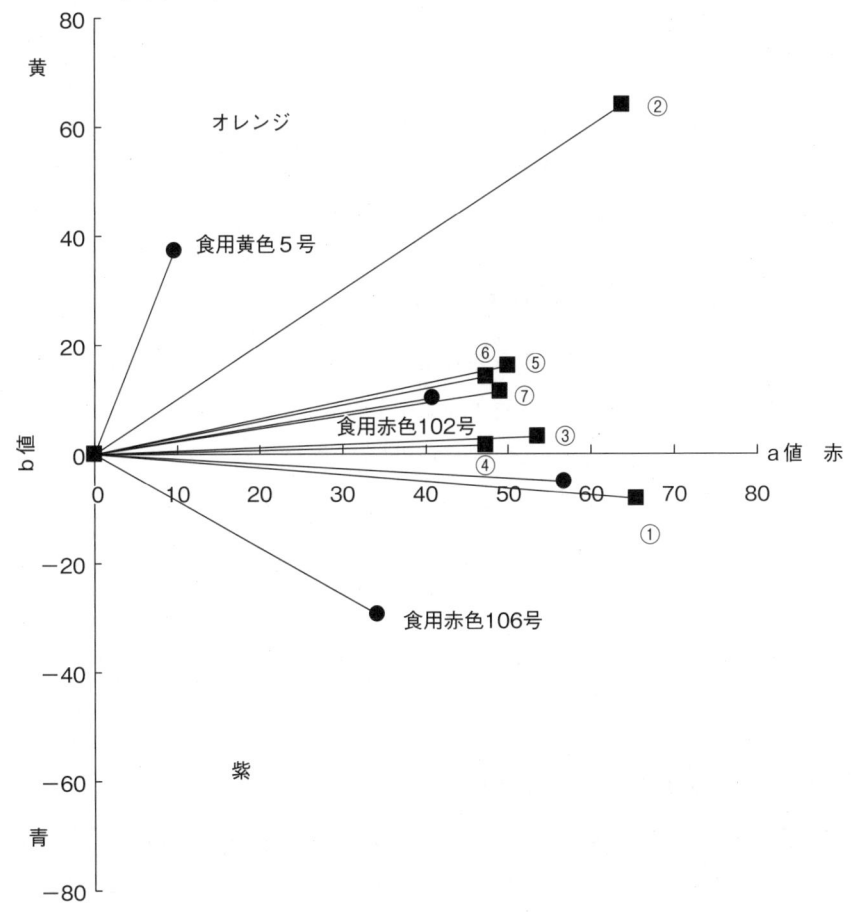

図10－5　アントシアニンの色調

合，実用的な安定性を考慮して一般的にpH 4.0以下の食品で使用されているため，色調的には橙赤色～紫赤色を呈する着色料として利用されている。

(3) アントシアニンの光安定性

　最近では，スーパーマーケットやコンビニエンスストアの営業時間が長くなり，店頭で食品が長時間蛍光灯に近い場所に置かれることが多くなっている。また，包装形態も中の食品が良く見えるように透明容器に入れられて販売されるケースが多い。

　図10－6は，市販アントシアニンの0.2％クエン酸水溶液における光安定性を比べたものである。フェードメーターにて，庫内温度を20℃に設定して，ガラス容器中で光を照射した場合の経時的な退色率をグラフにしたものである。7種類のアントシアニンの中では，ムラサキイモ色素，ブドウ果汁色素およびアカキャベツ色素が，光に対して安定であることがわかる。

(4) アントシアニンの熱安定性

　食品の色は，加工中に加えられる殺菌などの熱によって変化を受け，さらに流通や保存中・店頭展示中にも様々な温度条件での影響を受けている。

　図10－7は，市販アントシアニンの0.2％クエン酸水溶液における熱安定性を比べたものである。50℃における経時的な退色率をグラフにしたものである。7種類のアントシアニンの中では，ブドウ果汁色素およびムラサキイモ色素が，光と同様に熱に対しても安定であることがわかる。

(5) アントシアニンへの金属イオンの影響

　食品を製造する場合に使用される加工機械，水，原材料および容器などに由来する様々な金属イオンは，食品の変退色の原因となる。アントシアニンも比較的金属イオンの影響を受けやすい色素である。表10－3は，4種類のアントシアニンを用いて，pH 3.0の水溶液中での各種金属イオンによる変色の状況を調べた結果である。2価のスズ，アルミニウム，鉄，銅イオンが変色の原因に

4．食品用着色料としてのアントシアニンの有用性　219

【試験条件】
　試 験 溶 液：0.2％クエン酸水溶液
　照射試験機：キセノンロングライフフェードメーターXWL－75R（スガ試験機製）
　色素添加量：色価80換算0.05％

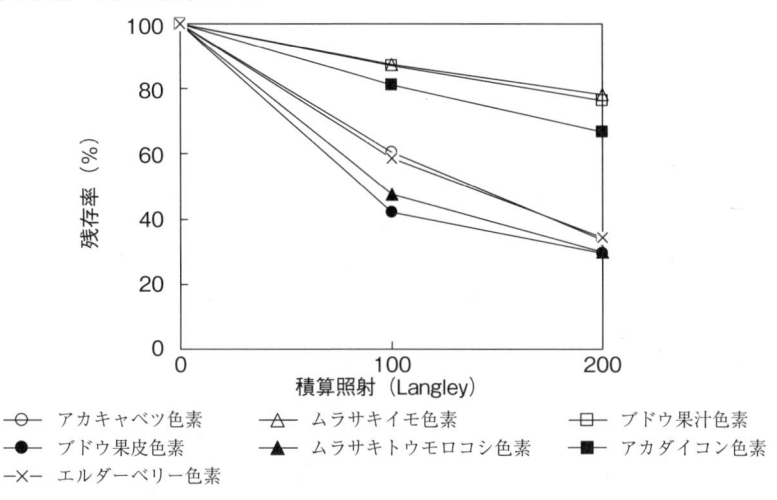

　　─○─　アカキャベツ色素　　　─△─　ムラサキイモ色素　　　─□─　ブドウ果汁色素
　　─●─　ブドウ果皮色素　　　　─▲─　ムラサキトウモロコシ色素　　─■─　アカダイコン色素
　　─×─　エルダーベリー色素

図10－6　市販アントシアニンの光安定性

【試験条件】
　試 験 溶 液：0.2％クエン酸水溶液
　加 熱 温 度：50℃恒温機
　色素添加量：色価80換算0.05％

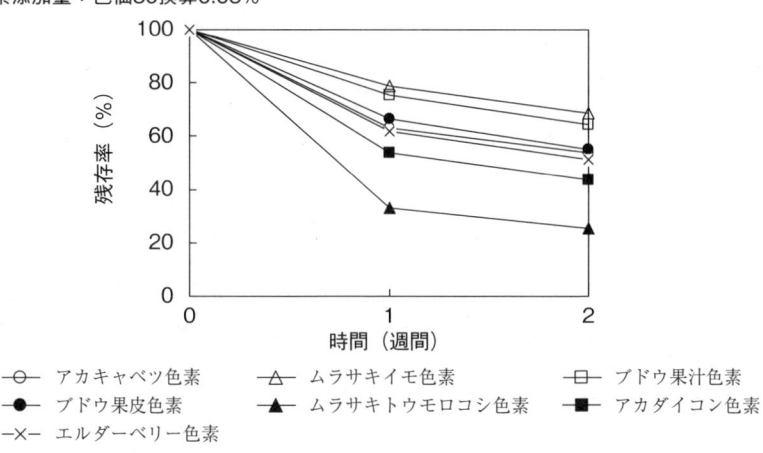

　　─○─　アカキャベツ色素　　　─△─　ムラサキイモ色素　　　─□─　ブドウ果汁色素
　　─●─　ブドウ果皮色素　　　　─▲─　ムラサキトウモロコシ色素　　─■─　アカダイコン色素
　　─×─　エルダーベリー色素

図10－7　市販アントシアニンの熱安定性

表10-3 天然色素に対する金属イオンの影響

pH=3.0の水溶液に金属イオン添加後,8℃にて3日間後の色調変化

色素名	Sn^{2+}	Al^{3+}	Fe^{2+}	Cu^{2+}	Pb^{2+}	Mg^{2+}	Ca^{2+}	Zn^{2+}
アカキャベツ色素	4	3	4	2	3	—	3	—
ムラサキトウモロコシ色素	4	2	3	1	—	—	—	—
ブドウ果汁色素	4	2	4	—	—	4	—	4
ムラサキイモ色素	2	2	2	2	1	—	—	—

(4) 1ppm以下でも変色　(3) 1～10ppmで変色　(2) 10～50ppmで変色
(1) 50～100ppmで変色　(—) 100ppmで変色しない

なりやすいことがわかる。

(6) アントシアニンの染着性

梅漬などに代表される酸性の漬物を赤色に着色することは,古くからシソ色素などを用いて行われてきた。近年,梅漬用の着色料としては,シソ色素より安価で色調も明るく染着性が良好な色素として,ムラサキイモ色素やアカキャベツ色素の使用が主流となっている。表10-4は,着色梅干しの漬け込み液に3種類のアントシアニンを使用して,梅干しの着色状況を比較したものである。シソ色素と比べた結果,ムラサキイモ色素とアカキャベツ色素は梅干し内部への色素浸透性に優れ,着色後の色調も明るい色調であった。

表10-4 梅漬にかかる日数と着色状態

使用色素	漬け込み日数	着色状態
ムラサキイモ色素	10日	内部まで均一に着色 鮮明な赤色
アカキャベツ色素	14日	内部まで均一に着色 紫味が少し強い赤色
シソ色素	10日	表面が少し濃く着色 暗い赤色

調味液100Lに対し梅は,60kgの割合。
色素は,調味液に対して0.4%(色価80換算)で添加。

(7) 酸乳飲料系でのアントシアニンの安定性

　酸乳飲料などの乳タンパクを含む系でアントシアニンを使用する場合，pH 4.0付近で使用されることが多い．3種類のアントシアニンを用いて，pH 3.5～5.0の下記の酸乳飲料モデル系で光および熱による影響を調べた結果を，マンセル表色法の色相（HUE）値として図10－8および図10－9に示した．ムラサキイモ色素が，最も光や熱の影響を受けにくく安定であった．

[使用色素]　①ムラサキイモ色素　②アカキャベツ色素　③エルダーベリー色素
[試験条件]

試験液	：	牛乳	20.0（%）
		グラニュー糖	10.0
		色素所定量	所定量
		大豆多糖類製剤（安定剤）	0.4
		イオン交換水	残量
		合計	100.0
pH	：	3.5, 4.0, 4.5, 5.0（クエン酸（結晶）にて調整）	
殺菌条件：		85℃　10分	

(8) アントシアニンが使用されている食品および用途

　アントシアニンは食品中で上記(1)～(7)のような性質を有しており，用途としては酸性の食品に橙赤～紫赤色の色調を付与するために広く使用されている．

　通常，アントシアニンは水溶性の色素であるが，界面活性剤を利用してW/O乳化を行うことで油脂類に容易に分散できる油溶性色素が市販されている．また，このW/O乳化型色素をさらに乳化しW/O/Wの二重乳化型色素も開発されており，デザートの2層ゼリーなどの着色時に色流れが起きない着色が可能になった．

　このように，アントシアニンは現在，様々な用途開発が進められており，ますます需要が拡大して行くものと考えられる．

222　第10章　食品着色料としてのアントシアニンの利用と最近の開発動向

照射試験機：キセノンロングライフフェードメータXWL－75R（スガ試験機製）
照射時間：5時間（20℃）

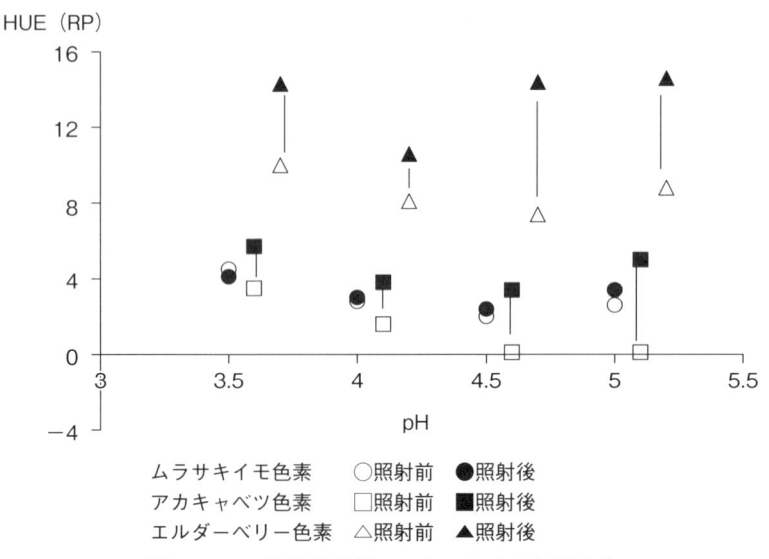

図10－8　乳性飲料系での光における色調変化

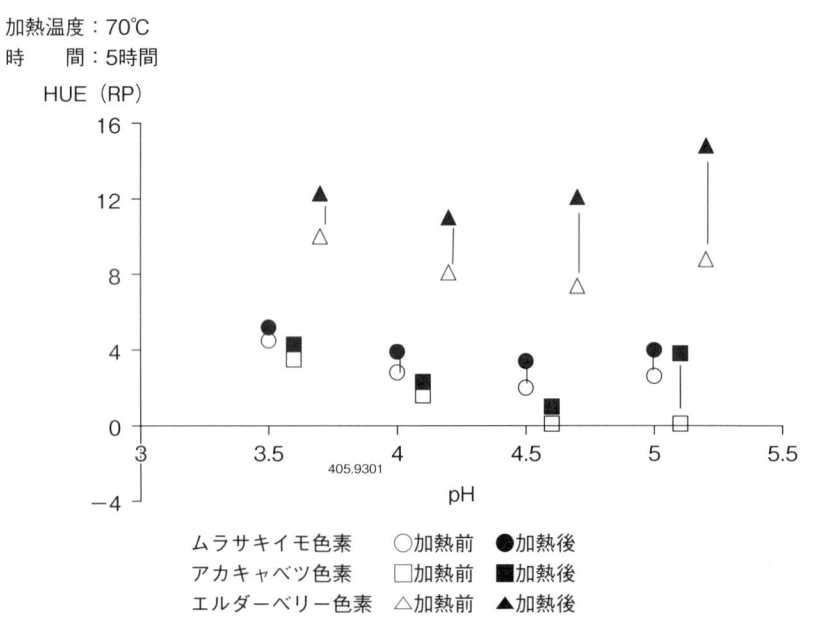

ムラサキイモ色素　　○照射前　●照射後
アカキャベツ色素　　□照射前　■照射後
エルダーベリー色素　△照射前　▲照射後

加熱温度：70℃
時　　間：5時間

図10－9　酸乳飲料系における熱による色調変化

ムラサキイモ色素　　○加熱前　●加熱後
アカキャベツ色素　　□加熱前　■加熱後
エルダーベリー色素　△加熱前　▲加熱後

アントシアニンは、具体的には、次のような用途で使用されている。

飲　　　料：果汁入り飲料，無果汁飲料，殺菌乳酸菌飲料など
酒　　　類：カクテル，着色梅酒，リキュールなど
冷　　　菓：アイスキャンデー，シャーベット，かき氷シロップなど
菓　　　子：ガム，キャンデーなど
デザート類：ゼリー，プリン，ムースなど
漬　　　物：梅干し，しば漬，桜漬など
農産加工品：ジャム，ドレッシングなど

5．アントシアニンの製造法

(1) アントシアニンの製造法

　アントシアニンを製造する際の原料は，赤キャベツ，紫サツマイモ，赤シソは国内での栽培原料が主体である。一方，紫トウモロコシは乾燥された植物体としてペルーから輸入，また，ブドウ果汁，ブドウ果皮およびベリー類は北米やヨーロッパから，赤ダイコンは中国から一次加工された粗抽出色素として輸入されている。

　一般的に天然着色料は，植物などの天然物（生または乾燥品）を洗浄や異物除去などの前処理を行ったうえで，水やアルコールなどの溶媒を使用して抽出し，得られた抽出液を精製・濃縮して製造される。製品の形態としては，液体のものとそれを粉末化したものが販売されている。また，天然着色料はほとんどの場合，精製によって品質が向上する場合が多く，同じ色素でもその用途，価格に応じた精製工程を選択導入しているのが現状である。

　図10-10は，アントシアニンの製法を簡単に表したものである。色素中には原料由来の香気成分，呈味成分およびタンパク質などが含まれているため，食品に着色した場合に異味・異臭や白濁・沈殿などの原因となることがある。これらの色素以外の不要な成分を取り除く意味で，精製は重要な工程である。精

製の方法としては，極性を持ったイオン交換樹脂や無極性の吸着樹脂，あるいはメンブレンフィルター（MF）膜，限外ろ過（UF）膜，逆浸透（RO）膜および電気透析膜などの機能性高分子膜による精製など様々な方法があり，目的に応じて単独または組み合わせて使用されている。

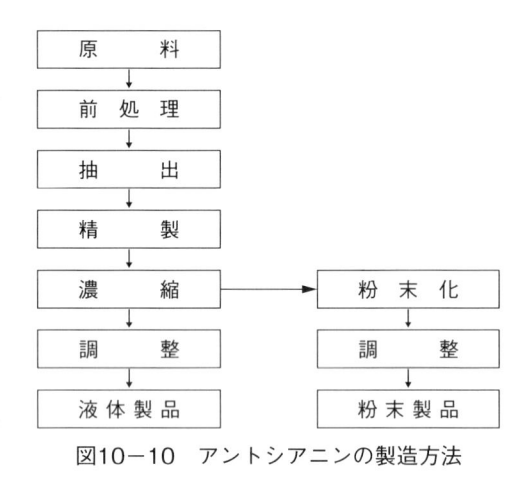

原料 → 前処理 → 抽出 → 精製 → 濃縮 → 調整 → 液体製品
濃縮 → 粉末化 → 調整 → 粉末製品

図10-10　アントシアニンの製造方法

(2) 食品中のアントシアニンの分析法

　アントシアニンに限らず，天然色素で着色された食品に法的に適正な表示が行われているかどうかを調べるうえで，食品に使用された色素の分析法の開発は重要な課題である。清水[6]らは，イオン化質量分析装置付高速液体クロマトグラフィー（LC-ESI-MS）およびフォトダイオードアレイ（3D）検出器を用いて食品中のアントシアニンの定性分析およびモデル実験系での定量分析を行い，実用的にほぼ満足できる結果を得ている。

6．アントシアニンの安全性

　天然色素は，生薬や食用の天然物由来の原料が多く，長年の使用経験からも安全であると考えられているが，科学的なデータに裏づけされる安全性の評価を行っておくことは当然必要である。

　これらの試験方法としては，現在，国際的標準とされる動物試験条件のガイドラインがあり，試験項目に応じて運用されている。日本においても1996（平成8）年「食品添加物の指定及び使用基準改正に関する指針」として，毒性試験についての新しいガイドラインが発表され，アントシアニンを含めた天然色

素全般について国による毒性試験が積極的に進められている。現時点で天然色素に関して毒性試験が終了し，安全性が確認されたものについて表10-5にまとめた。

7. 最近の開発動向

　日本において食品に天然着色料を使用する場合，「一般飲食物添加物」「既存添加物」リスト以外の天然着色料の使用は難しい状況である。しかしながら色調や機能性の面から特徴のある色素の開発は進められている。

　例えば，アカダイコン色素は多くのアントシアニン色素が赤〜紫赤色の色調であるのに対し，橙赤色を呈し，弱酸性域での安定性が高いことから漬物分野を中心に使用されている。しかし，原料由来のにおいが強いといった問題があり，脱臭タイプの開発が進められている。

　また，今まで食品への着色目的にしか利用されていなかった天然着色料が現在では様々な生理機能面で注目されており，すでに欧米では天然着色料を高濃度に含む医薬品が販売されており，日本でも生理機能を期待できる天然着色料を含む健康食品が上市されている。アントシアニン色素の機能性に関する研究も進められており，例えば，ムラサキトウモロコシ色素の場合，大腸発がん抑制効果[7,8]，肥満・糖尿病抑制効果[9,10]を有するといった実験結果が報告されている。

8. 今後の課題

　植物由来で古くから食用に供されてきた野菜や果物を原料とするアントシアニンは，消費者イメージも良く，安全な食品用着色料としてますます需要が拡大するものと考えている。しかし，アントシアニンの特有の性質のために，用途的には限られているのが現状である。今後の課題としては，① アントシアニンのきれいな色調をより安定に広範囲な食品で利用できるように優れた安定

表10-5 天然色素の安全性試験実施状況

色素名	試験名						
	急性毒性試験	反復投与試験	発がん性試験	慢性毒性試験	催奇形性試験	繁殖試験	変異原性試験
アカキャベツ色素	○	○	○*1				○
ムラサキトウモロコシ色素	○	○	○*1	○	○		
ムラサキイモ色素		○	○*2				○
シソ色素		○					○
ブドウ果汁色素		○				○	○
ブドウ果皮色素		○				○	
ベニバナ黄色素	○	○	○				○
ウコン色素	○	○	○	○			○
ニンジンカロテン	○	○	○			○	
トウガラシ色素	○	○	○	○			
アナトー色素	○	○	○*3	○		○	○
クチナシ黄色素	○	○	○	○			
ビートレッド	○	○	○	○		○	
ベニコウジ色素	○	○	○	○		○	
コチニール色素	○	○	○	○		○	○
ラック色素	○	○		○		○	
クチナシ青色素	○	○					
スピルリナ青色素	○	○		○	○		
カカオ色素	○	○		○			
コウリャン色素	○	○					○
タマネギ色素	○	○					○

○：安全性試験が実施済みのもの
＊1：中期大腸発がん性試験
＊2：中期大腸発がん性試験及び中期多臓器発がん性試験
＊3：中期肝発がん性試験

化方法などの開発，② 原料植物の品種改良や製造方法の改良によるコストダウンなどが必要と考えている。

文 献

1) 厚生省生活衛生局食品化学課編：食品衛生法改正に伴う既存添加物名簿関係法令通知集，日本食品添加物協会，1998
2) 日本食品添加物協会，第8版：食品添加物公定書　厚生省復刻版，2007年
3) 日本食品添加物協会：第4版　既存添加物自主規格，2008
4) 日本食品添加物協会：新　食品添加物マニュアル　第2版，2007
5) 食品添加物表示問題連絡会・日本食品添加物協会　共編：食品添加物表示の実務，日本食品添加物協会，2007
6) Shimizu T., Muroi T., Ichi T. et al : Analysis of red cabbage colors in commercial foods using high-performance liquid chromatography with photodiode array detection-mass spectrophotometry. J Food Hyg Scc Japan 1997 ; 38 ; 34-38
7) Hagiwara A., Miyashita K., Nakanishi T. et al : Pronounced inhibition by a natural anthocyanin, purple corn color, of 2-amino-1-methyl-6-phenylimidazo[4, 5-b]pyridine (PhIP)-associated colorectal carcinogenesis in male F344 rats pretreated with 1, 2-dimethylhydrazine. Cancer Lett 2001 ; 171 (1) ; 17-25.
8) Hagiwara A., Yoshino H., Ichihara T. et al : Prevention by natural food anthocyanins, purple sweet potato color and red cabbage color, of 2-amino-1-methyl-6-phenylimidazo[4, 5-b]pyridine (PhIP)-associated colorectal carcinogenesis in rats initiated with 1, 2-dimethylhydrazine. J Toxicol Sci 2002 ; 27 (1) ; 57-68.
9) Tsuda T., Horio F., Uchida K. et al : Dietary cyanidin 3-O-β-D-glucoside-rich purple corn color prevents obesity and ameliorates hyperglycemia in mice. J Nutr 2003 ; 133 ; 2125-2130.
10) Sasaki R., Nishimura N., Hoshino H. et al : Cyanidin 3-glucoside ameliorates hyperglycemia and insulin sensitivity due to downregulation of retinol binding protein 4 expression in diabetic mice. Biochem Pharmacol 2007 ; 74 (11) ; 1619-1627.

第11章　紫サツマイモの機能性と製品開発の動向

須田　郁夫[*]

1. はじめに

　食品にとって，色は味覚に先立ち商品の売れ行きを左右する大きなファクターである。過去，紫色は食欲を減退する色としての意識が強かったが，近年では，「紫色＝健康」のイメージが消費者に定着している。このような認識の変化は，紫サツマイモ，赤ワイン，ブルーベリーおよびそれらに含まれているアントシアニンの健康効果が知られるようになってからであり，今日ではその波及効果により，紫色をしたお菓子や飲料製品の種類が一気に増えてきている。また，製品を作る食品業界では，消費者の健康志向を反映して，合成着色料ではなく天然由来の色素を多く使うようになってきた。

　そこで本章では，近年，試験管内レベルだけではなく，実験動物レベル，ヒトレベルまで研究の進んでいる紫サツマイモの機能性について解説するとともに，その科学的根拠に支えられて「紫色旋風」とでもいうべき一大ブームを巻き起こした紫サツマイモを利用した商品開発事例について紹介する。

2. 食品素材としての特徴

　サツマイモには，身体のエネルギー源となる糖質や整腸作用のある食物繊維，ビタミンB_1，B_2，C，Eなどのビタミン類，カルシウム，マグネシウム，

---

[*]独立行政法人農業・食品産業技術総合研究機構産学官連携センター長

カリウム，亜鉛などのミネラル類を含んでいる[1]。タンパク質と脂質を除くほとんどすべての栄養素が含まれているため，準完全栄養食品といわれている。したがって，タンパク質・脂質を含む食材（例えば，大豆，魚介類，肉類など）とサツマイモとを組み合わせれば，栄養成分がほぼ満たされた完全栄養食品になる。通常見かけるサツマイモは，肉色（中身の色）が淡黄色のものが大半であるが，農研機構では，肉色が白色，濃黄色，オレンジ色，紫色をしたサツマイモも開発している（巻頭口絵8参照）。色鮮やかなサツマイモ品種には，淡黄色のサツマイモとほぼ同等な栄養成分が含まれているのに加えて，多様な機能性を発現する機能性色素が含まれていることに特徴がある。

近年，これらサツマイモの鮮やかな色である機能性色素（フラボン，β-カロテン，アントシアニンなど）の成分特性と機能性，品種個別の加工利用特性などを生かして，多数のサツマイモ加工食品が作られるようになった。一般的には，白色～黄色のサツマイモ品種は，主に青果用や焼酎用原料として利用されている。オレンジ色のサツマイモ品種は，オレンジ色の特徴を生かし，パウダーやジュースなどに利用されている。紫色のサツマイモ品種は，アントシアニン色素の赤色～紫色の特徴を生かし，天然色素として利用されているほか，ジュースや酢，お菓子などに利用されている（詳細については後述する）。

3. 紫サツマイモに含まれるアントシアニンの特徴

紫サツマイモの紫色はアントシアニン色素によるものである。色素原料用品種「アヤムラサキ」の場合には，約0.6mg YGM-5b（＝peonidin 3-caffeoylsophoroside-5-glucoside，YGM ＝ YamaGawa-Murasaki）相当量/gのアントシアニンを含んでいる[2,3]。紫サツマイモに含まれているアントシアニンの種類は9～13個と多く，その2/3以上がモノアシル化あるいはジアシル化されている[4,5]。主要なアントシアニンは8種であり，それらはすべてその構造中に少なくとも1個のカフェオイル基を有し（図11-1），高いラジカル消去活性を発現する要因となっている[6-8]。その組成は品種・系統により異なり，紫サツ

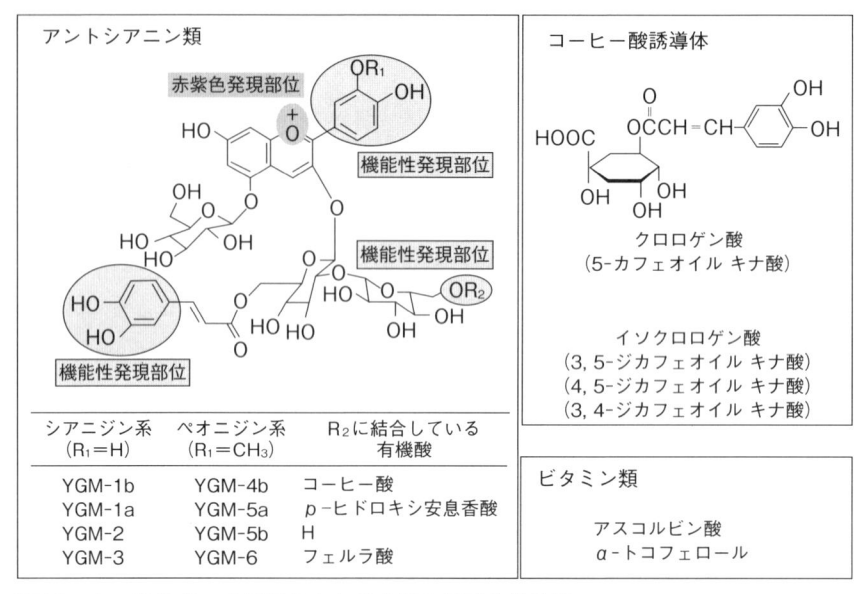

図11-1 紫サツマイモに含まれる主要な抗酸化性物質

アントシアニン類

赤紫色発現部位 / 機能性発現部位

シアニジン系 ($R_1=H$)	ペオニジン系 ($R_1=CH_3$)	R_2に結合している 有機酸
YGM-1b	YGM-4b	コーヒー酸
YGM-1a	YGM-5a	p-ヒドロキシ安息香酸
YGM-2	YGM-5b	H
YGM-3	YGM-6	フェルラ酸

コーヒー酸誘導体

クロロゲン酸
(5-カフェオイル キナ酸)

イソクロロゲン酸
(3, 5-ジカフェオイル キナ酸)
(4, 5-ジカフェオイル キナ酸)
(3, 4-ジカフェオイル キナ酸)

ビタミン類

アスコルビン酸
α-トコフェロール

マイモアントシアニンは，シアニジン系（YGM-1a，YGM-1b，YGM-2，YGM-3）とペオニジン系（YGM-4b，YGM-5a，YGM-5b，YGM-6）に大別される[6,7,9]。シアニジン系の多いサツマイモ（種子島紫，知覧紫，備瀬など）のペーストは青色が濃くなり，ペオニジン系の多いサツマイモ（山川紫，アヤムラサキ，ムラサキマサリなど）のペーストは赤色が濃くなる特徴がある（巻頭口絵9参照）[10]。

紫サツマイモにアシル化アントシアニンが数多く含まれていることは，利用の場面において様々な利点を示す。色調は，弱アルカリ性域で青色（注：やや不安定），色調が弱くなりがちな中性域でも紫色，酸性域では鮮やかな鮮紅色となり，連続した色調が続く（巻頭口絵10参照）。加熱や紫外線に対する安定性も，イチゴやブドウ，ナス，黒大豆，紫トウモロコシ由来のアントシアニンよりも高く，市販されているアントシアニン色素の中で最も安定とされている赤キャベツ由来のアントシアニンと同等である[11-14]。

4. 紫サツマイモの機能性

　紫サツマイモおよびそのアントシアニンには様々な機能性がある。これまで明らかにされている機能性として，試験管内レベルでは，抗酸化作用（スーパーオキサイドラジカル消去活性，DPPH（1,1-diphenyl-2-picrylhydrazyl）ラジカル消去活性，t-BuOO（tert-butylperoxyl）ラジカル消去活性，LDL（low density lipoprotein）酸化抑制など）[7, 9, 15, 16]，抗変異原作用[17, 18]，アンギオテンシンI変換酵素阻害作用[2, 19]，α-グルコシダーゼ阻害作用[20, 21]，ウシ初期胚発生率低下抑制作用[22]などが報告されている。なお，アントシアニンを含まない肉色が黄白色のサツマイモでは，がん細胞増殖抑制作用[23, 24]，抗体産生促進作用[25]，抗菌作用[26]，酵母増殖促進作用[27]，メラニン生成抑制作用[28]などの機能性が報告されており，それらの関与成分は紫サツマイモにも含まれていることから同様な効果が期待できる。実験動物レベル試験では，アントシアニンの体内吸収に伴う血中抗酸化能の上昇[29]，酸化ストレス回避作用[30]，肝機能障害軽減作用[30]，血糖値上昇抑制作用[31]，血管弛緩作用[32]，血流量増加作用[32-34]，血圧上昇抑制作用[35]などが明らかにされている。また，ヒトボランティア臨床試験では，肝機能改善効果[36, 37]，血圧上昇抑制効果[36]，便通促進効果[36]，血液流動性改善効果[34]，精神機能向上効果[38]が実証されている。これら機能性の中で紫サツマイモアントシアニンを一躍有名にしたのは，高い抗酸化（ラジカル消去）活性，肝機能改善効果，血圧上昇抑制効果，さらに近年では血液流動性改善効果である。

(1) 抗酸化活性，ラジカル消去活性

　生活習慣病の発症が生体内での活性酸素・フリーラジカルの過剰発生と関連し，ポリフェノール類などの抗酸化性物質を含む食材の摂取がその予防に有効であるとする知見が蓄積されつつある。さらに近年のアンチエージングの研究の進展に伴い，抗酸化性物質摂取の重要性がますます高まってきている。

紫サツマイモ塊根部抽出液の抗酸化（ラジカル消去）活性は，肉色が白色，黄色，オレンジ色のイモ抽出液に比べて高い（図11−2）[15, 16, 39]。紫サツマイモには，ビタミンCやビタミンEに加え，クロロゲン酸やイソクロロゲン酸などのコーヒー酸誘導体，YGM-5bを主組成とするアシル化アントシアニンなどの抗酸化性成分が含まれている（図11−1）。これらの中で紫サツマイモにおいて重要な抗酸化性成分は，コーヒー酸誘導体とアシル化アントシアニンである。両者の寄与率は品種により異なるが，「アヤムラサキ」，「ムラサキマサリ」の場合には，アシル化アントシアニンが主になる[9]。

(2) アントシアニンの体内吸収

　アントシアニンの体内吸収に関しては，cyanidin 3-glucoside（MW＝449），cyanidin 3, 5-diglucoside（MW＝611），delphinidin 3-rutinoside（MW＝611），cyanidin 3-rutinoside（MW=595）などが報告されているが，これらアントシアニンよりも分子量が大きくかつアシル化されているアントシアニンYGM-5b（MW=949）なども体内吸収され，2時間程度は血中に存在していることが明らかにされている（図11−3）[29, 40−42]。興味あることは，ラット血漿中には，投与液に含まれていたアントシアニンがそのまま（無傷のまま）の形で血漿中に検出されたことである。吸収されたアントシアニンは循環器系を通じて目標臓器に到達し，in vitro（試験管内）と同様にin vivo（生体内）でもその機能を発現するであろうと推測できる。実際，紫サツマイモアントシアニン濃縮物を経口投与すると，ラット血漿中の抗酸化活性は高まっている（巻頭口絵11参照）[3, 29]。また，飲用により尿のラジカル消去活性が上昇している[41]ことも，生体内に吸収されても活性は維持されていることを裏付けている。なお，投与された紫サツマイモアントシアニンの尿中回収率は0.01〜0.03％であり，赤ワインや赤ブドウ由来のアントシアニンと同程度である[40]。また，ラットと同様，ペオニジン系紫サツマイモアントシアニンを含む飲料（アントシアニン濃度：飲料A＜飲料B＜飲料C）を飲用した健常人の尿にもYGM-5bが検出される[43]。その濃度は，飲料A＜飲料B≦飲料Cと高濃度域ではやや頭打ちになる

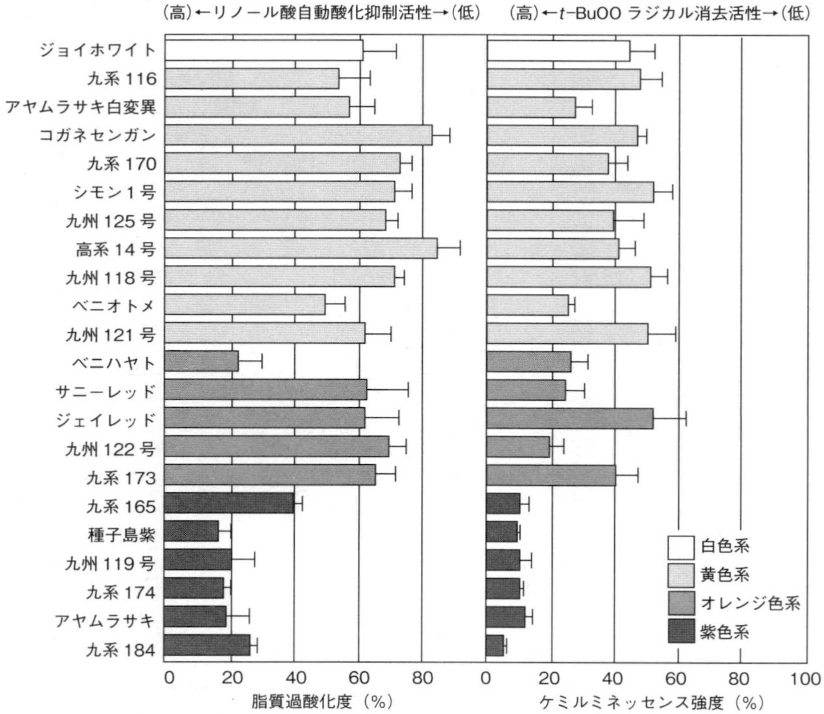

4. 紫サツマイモの機能性　233

図11-2　サツマイモ80%エタノール抽出液の抗酸化（ラジカル消去）活性
リノール酸自動酸化抑制活性は200μg新鮮重相当量/assay, t-BuOOラジカル消去活性は25μg新鮮重相当量/assayを用いて評価。試料無添加時を100%として表示。

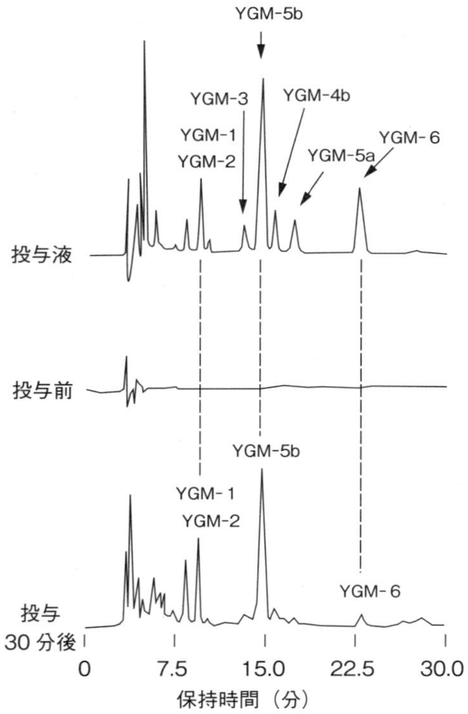

図11-3　紫サツマイモアントシアニン含有物を経口投与した際にラット血中に検出されるアントシアニン

ものの，投与飲料のアントシアニン濃度に比例して高まっている。

(3) 肝機能改善効果

今日，働き盛りの日本人の多くは脂肪肝などの肝機能障害を持つといわれ，その予防効果を持つ食品が注目されている。紫サツマイモ「アヤムラサキ」から作ったジュースや紫サツマイモアントシアニン含有物は，四塩化炭素で誘発されるラットの急性肝障害を軽減する[30]。また，肝機能要注意者16名（γ-GTP高値者10名，GOT高値者11名，GPT高値者12名）を対象にし，通常の食事やアルコール類などの飲食は維持しながら紫サツマイモジュース（120mL）を毎日1本ずつ44日間飲用してもらうボランティア試験では，飲用を続けていると血清のγ-GTP，GOT，GPT値が次第に正常レベルまで回復する人がいることが明らかにされている（図11−4）[36]。肝機能を回復した人たちの大半は肝機能要注意と指摘されてから5年未満の者であり，紫サツマイモジュースの効力は軽度の肝機能障害者に対して効果的に発現されると推測される。また，ヒトに対する肝機能改善効果は，ジュースの種類を変えても発現されることが，肝機能異常の境界域にいる健常男性を対象にした市販飲料飲用試験にて追試されている（図11−5）[37]。

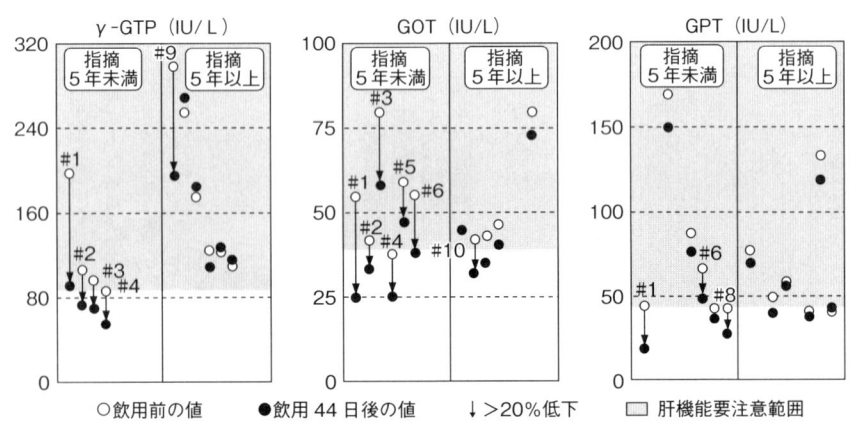

図11−4　肝機能要注意者の血清γ-GTP・GOT・GPT値に及ぼす紫サツマイモジュース（飲料A）の飲用効果

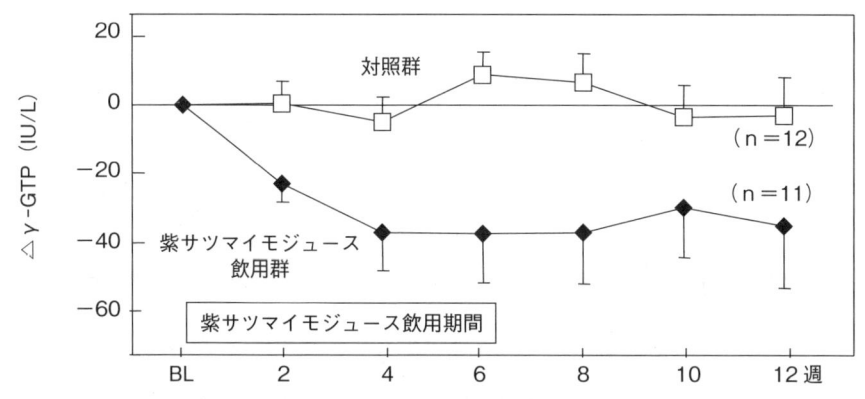

図11-5 軽度肝機能障害者のγ-GTP値に及ぼす紫サツマイモジュース（飲料C）の飲用効果

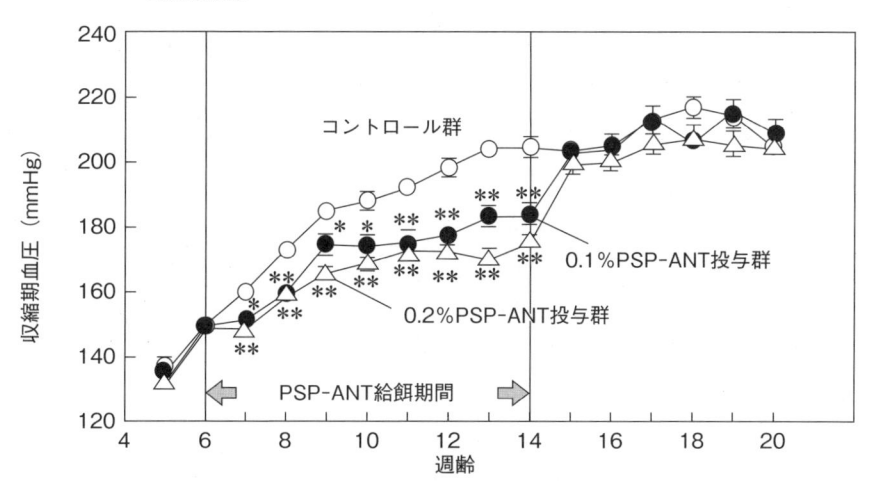

図11-6 紫サツマイモアントシアニン含有物（PSP-ANT）長期投与による高血圧自然発症ラットの血圧上昇抑制作用
　　　＊$p<0.05$でコントロール群との間に有意差あり
　　　＊＊$p<0.01$でコントロール群との間に有意差あり

(4) 血圧上昇抑制効果

　血圧が高いことも気になる症状である。高血圧自然発症ラットを用いた試験では，紫サツマイモアントシアニン含有物を給餌している期間中は最大（収縮期）血圧が下がっている（図11-6）[35]。また，最大血圧が140mmHg以上の高

血圧者を対象にした紫サツマイモジュース連続飲用ボランティア試験では，被験者12名のうち2名が20mmHg以上の低下，4人が10〜20mmHgの血圧低下を示すことが明らかにされている（図11－7）[36]。

(5) 血液流動性改善効果

血液がスムーズに流れていることは，健康な身体を維持し，脳梗塞や心筋梗塞などを予防する上で重要である。しかし，近年の食生活の乱れとストレスの多い現代社会を反映して，血液流動性の悪い（血液がドロドロとなった）方が多くなってきている。血液流動性は日々に変わり，例えば，働き盛りの中年男性が飲まず食べずに徹夜仕事をしていると，血液は一変してドロドロ状態となる。

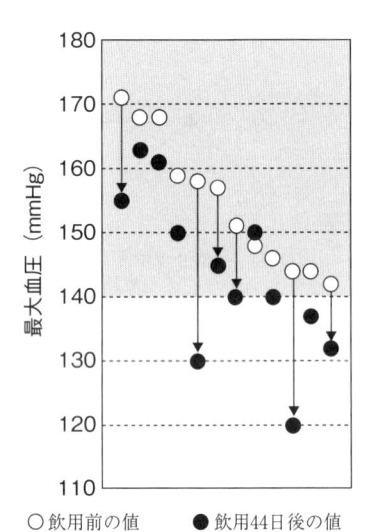

図11－7　高血圧者の最大血圧に及ぼす紫サツマイモジュース（飲料A）の飲用効果

ネズミでもストレス（飲食制限・全身拘束）が2回加わると血液がドロドロ状態になる。しかし，2回目のストレスを与えた直後に紫サツマイモアントシアニン含有物をラットに飲ませておくとその血液はサラサラ状態になる（図11－8）[33]。その効果は飲んでから1時間で発現される。また，ヒトボランティア試験でも，血液流動性の悪い（血液ドロドロの）中年男性が紫サツマイモから作ったジュースを飲むとその1〜2時間後には血液がサラサラになることも確認されている（図11－9）[34]。

(6) 血糖値上昇抑制効果

食後の急激な血糖値上昇を抑制する目的から，近年，α-グルコシダーゼ（小腸上皮に存在する酵素で，二糖類からグルコースの開裂を触媒する）に対して阻害作用を示す食品成分の検索が盛んに行われている。紫サツマイモに含まれ

4. 紫サツマイモの機能性　237

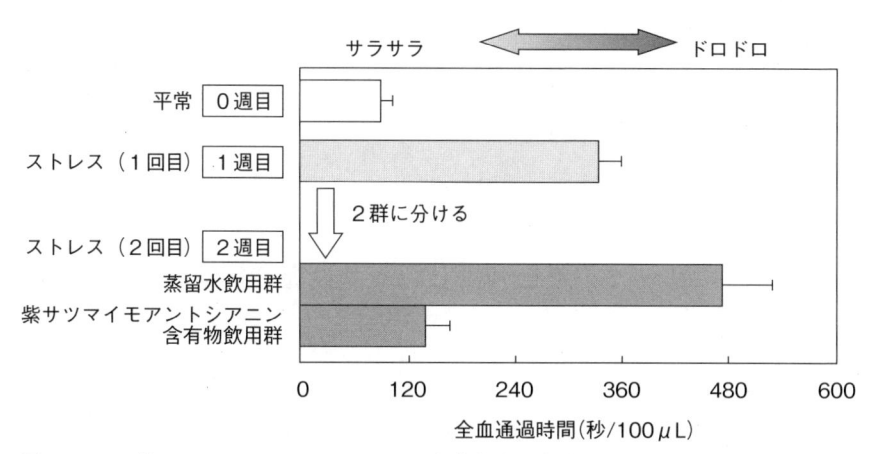

図11-8 紫サツマイモアントシアニン含有物経口投与によるストレス負荷ラットの血液流動性の改善作用

1）0週目：平常時の全血通過時間が60秒/100μL以上に達したWistar雄性ラット（11匹）を試験に供する。
2）1週目：ストレス（断水24時間，断食16時間，固定器にて拘束16時間）を加え，血液流動性が悪化していることを確認する。
3）2週目：ラット（11匹）を2群に分ける。全ラットに2）と同じストレスを加えた後，蒸留水（n＝6）もしくは紫サツマイモアントシアニン含有物（n＝5）を飲ませ，その1時間後に血液流動性を調べた。

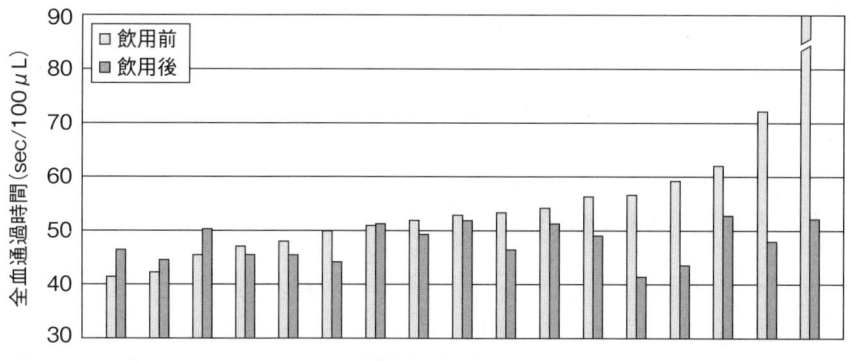

図11-9 紫サツマイモジュース（飲料C）飲用によるヒト男性ボランティアの血液流動性の改善

ているアシル化アントシアニン（YGM-3，YGM-4b，YGM-6）は強力なα-グルコシダーゼ（マルターゼ）阻害活性を示し，また，YGM-6（100mg/kg）をマルトース（2g/kg）に続けてラットに投与する*in vivo*研究では，30分後

の血糖値上昇が対照ラットよりも抑制されていることが確認されている[31]。これらの結果は，紫サツマイモのアシル化アントシアニンは，体内吸収されなくとも小腸内に残存していれば，α-グルコシダーゼ阻害を介して血糖値上昇抑制効果が発現できることを示している。

5．紫サツマイモを利用した製品開発に関する動向

(1) 開発されている商品

　色調が良く安定であり，高濃度回収が可能で，様々な機能性を持つ紫サツマイモアントシアニンの特徴が食品企業に伝わったことにより，アントシアニン高含有の紫サツマイモを利用した製品が多種多様に作られている（巻頭口絵12参照）[16,44,45]。天然食用色素[14,46,47]としての利用のほかに，イモ粉[44,45]，フレーク[45]，ペースト[45]，麺[48]，パン，ジャム，イモチップス[49]，かるかん[45]，ジュース[45,50]，発泡酒[51]，焼酎[52]，酒類[45,53,54]，食酢[55-57]，味噌[58]，ヨーグルト[59]，アイスクリーム，プリンなどに使用されている。また，最近，コンビニなどで進められている合成着色料不使用の流れの中で，天然色素であり，微妙な紫色を発現できる紫サツマイモアントシアニン（野菜色素と表示）の需要はますます伸びてきている[14]。

(2) 紫サツマイモ商品の特徴

　市場に流通している商品に比べて，紫サツマイモを原料にして作った商品は付加価値が高いとするデータが蓄積されつつある。例えば，紫サツマイモを原料にして作った商品は，原料イモと同様に，高い抗酸化（ラジカル消去）活性を有している。同一の手法，同一の条件で測定した抗酸化（ラジカル消去）活性の商品間比較を図11-10に示す。紫サツマイモから作った食酢，発泡酒の場合には，市場流通している商品に比較して，DPPHラジカル消去活性，スーパーオキサイドラジカル消去活性がともに高い。それら紫サツマイモから作った食

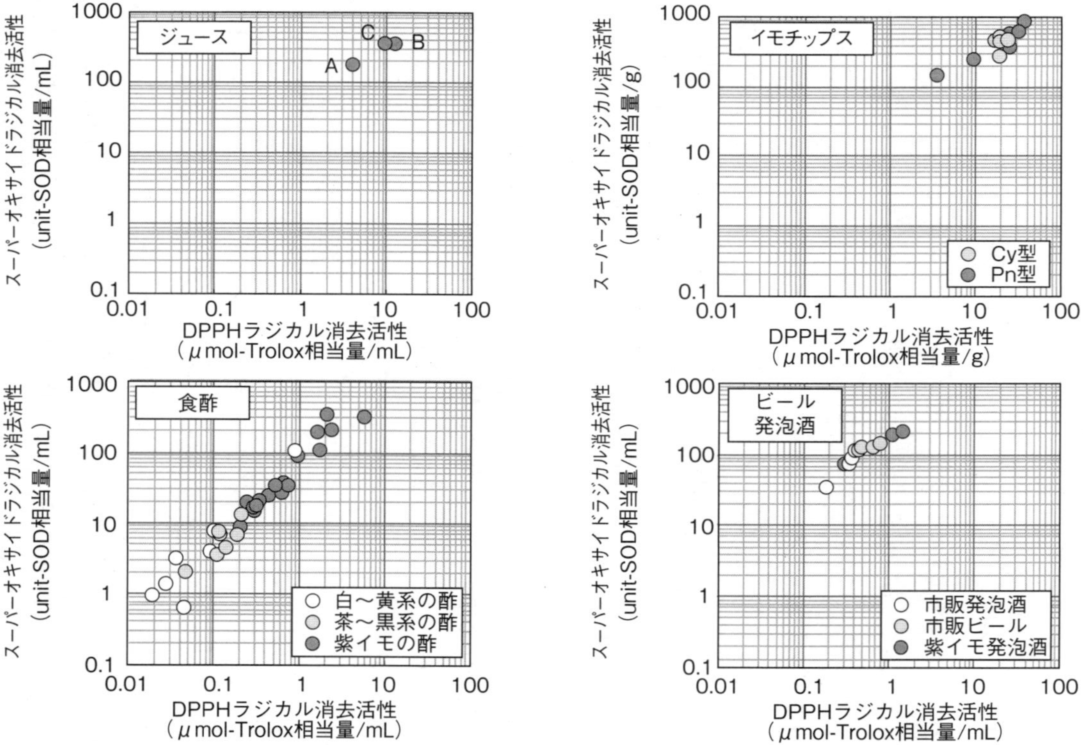

5．紫サツマイモを利用した製品開発に関する動向　239

図11-10　紫サツマイモ商品のDPPHラジカル消去活性とスーパーオキサイドラジカル消去活性

DPPHラジカル消去活性とスーパーオキサイドラジカル消去活性は文献49により測定。ジュース、ビール、発泡酒は商品のmL当たり、食酢は酸度を0.4％に調整した液のmL当たり、イモチップスは商品のg当たりで表記してある。

酢，発泡酒に比べて，紫サツマイモから作ったジュース，サツマイモチップスはさらに高い値を示す。ヒトボランティア臨床試験では，サツマイモジュース（飲料Ａ，飲料Ｃ）の摂取により肝機能改善効果，血圧上昇抑制効果，血液流動性改善効果が実証されているが，このことから推測すればこれらジュースが示すDPPHラジカル消去活性，スーパーオキサイドラジカル消去活性の位置が，機能性のある商品を開発する上での一つの目安になるかもしれない。なお，以降では，紫サツマイモ商品の中で関与成分の解明が進んでいるジュース，サツマイモチップス，味噌について特筆する。

1）紫サツマイモジュース

今では当たり前のように店頭に並んでいるジュースであるが，そのジュースの開発にあたってはいくつかの問題点を解決した。一つはデンプンを含むものはジュース原料には適さない，また，紫色は食欲を減退する色だとする社会通念の打破であり，もう一つはサツマイモを原料する際に必然的に起こるいも臭の発生，硬い細胞膜壁の残存により感じるザラツキ感をいかに低減させるかであった。これらについては，低デンプンで絞汁効率の高い品種を利用し，また，ジュース製造工程でブランチング処理，酵素処理を行うことによりデンプンの糖化，繊維質の軟化，いも臭の低減を施し，副素材に柑橘を用いることにより鮮紅色の商品に仕上げることなどにより問題解決にあたった[50]。これらの工夫が施されていないと，いも臭の強いざらざら感のある商品になってしまうので注意が必要である。

紫サツマイモジュースの商品としての魅力は，アントシアニン色素が主体となり肝機能改善効果，血圧上昇抑制効果，血液流動性改善効果を発現していることである。これまでのヒト介入試験の結果に基づくと，効果が強く発現されるのは，肝機能改善効果は飲料Ａであり，血液流動性改善効果は飲料Ｃである。副素材の存在が効果に影響を与えたと推測される。また，もう一つの魅力は，食物繊維とヤラピンが主体になった便通促進効果があげられる。飲料Ａを飲用した被験者45名（元々便通の良い者も含む）中18名が便通が良くなったと回答している。

5．紫サツマイモを利用した製品開発に関する動向　241

2）紫サツマイモチップス

濃紫色のサツマイモチップスは，紫サツマイモの加工品として多数店頭に並んでいる。その濃い紫色が示すように，紫サツマイモチップスの抗酸化（ラジカル）消去活性は高い（図11－10）。150℃の油中において紫サツマイモチップスを作る場合を想定したモデル試験によれば[49]，1分間の加熱ではアントシアニン含量はほとんど変わらないが，3分間の加熱ではアントシアニン含量は加熱前の64％まで減少する。しかし，スーパーオキサイドラジカル消去活性は，3分間の加熱でも約90％の活性を保持している。加熱調理によってアントシアニン骨格が崩壊，すなわちアントシアニンの含量が減少するものの，抗酸化機能を発現するカフェオイル基の構造は維持されているためと考えられる。

3）紫色の味噌

南九州地域では，「ムラサキマサリ」および「ジェイレッド」を使った味噌が製造・販売されている。これら味噌は鮮やかな紫色，オレンジ色の外観に加えて，味噌製造による発酵香，熟成香を持つとして高く評価されている。また，これら味噌をさらに加工利用したドレッシングや豚味噌，菓子等の商品開発も行われている。

紫色の味噌の特徴は，市販の豆味噌，米味噌，麦味噌よりも高いDPPHラジカル消去活性を有していることである。ラジカル消去に関与する成分は原材料に含まれていたアシル化アントシアニンと推測しがちだが，味噌の場合には発酵・熟成により他の成分へと活性本体が移っていく[58]。成分的には，初発時に含まれていたアシル化アントシアニンは発酵・熟成により減少し，その分解物と思われる非アシル化またはモノアシル化アントシアニンが増大する。また，初発時に含まれていたクロロゲン酸は，発酵味噌において消失するとともにカフェ酸が増大する。一方，発酵味噌のDPPHラジカル消去活性は，初発時に比べてやや上昇している。アシル化アントシアニンの量が減少しているにもかかわらず高い活性を示すのは，カフェ酸が新たに増えたためであることが，On-line HPLC-DPPHクロマトグラム法により確認されている。

(3) 抗酸化（ラジカル消去）活性の高い紫サツマイモの選抜法

紫サツマイモに含まれている抗酸化（ラジカル消去）成分であるアントシアニンが生体内での効果を発現していることが明らかになるにつれ，育種の現場でも高い抗酸化（ラジカル消去）活性を有する原料イモの開発が進んでいる。簡便な抗酸化活性評価手法としてはDPPH法があるが，ここでは抽出液の吸光度を測るのみで抗酸化活性の高い紫サツマイモを簡便にスクリーニングできる手法[7]を紹介する。

紫サツマイモの抽出液は，530 nmと325 nmに吸収極大を持つスペクトル特性を示すが，これら特異的な吸収帯は，アントシアニジンおよびカフェオイル基に基づいている（図11-11）。また，紫サツマイモのアントシアニン（YGM 1～6）には，その構造中に1個以上のカフェオイル基が含まれているため325 nmに吸収極大を持つ。これらのことを組み合わせれば，325 nmの吸光度を測定すれば，抗酸化（ラジカル消去）活性を推定できる。生イモに15%酢酸を加え抽出液を得る方法による実際の測定例（図11-11）において，抽出液の325 nmにおける吸光度とDPPHラジカル消去活性との間に高い相関性が認められる。非常に簡便な手法であるので活用していただきたい。

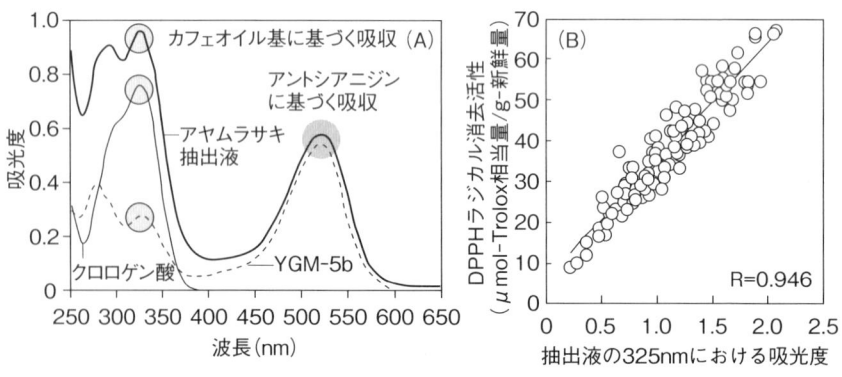

図11-11　紫サツマイモ抽出液の紫外－可視スペクトル(A)およびDPPHラジカル消去活性と325nmにおける吸光度との相関(B)

6. おわりに

　以上示したように，紫サツマイモおよびその活性本体と推測されるアントシアニンは，現代人が悩んでいる種々の生活習慣病に対して予防・改善できる機能を持っている。紫サツマイモに追随して，他のアントシアニン含有農作物（黒大豆，紫黒米，紫トウモロコシ，赤色や紫色のジャガイモ，ブルーベリーなど）でもその機能性が解明されつつある。しかし，ここで注意すべきことは，いくら健康に良いからといって一度に大量に摂取することは薦められない。アントシアニンは水溶性物質であるので過剰にとっても余分量はすぐに排泄されてしまう。毎日の食事の中で，食材の色を目で楽しみ，適切なアントシアニン量を摂ることが肝要である。

文　献

1) 須田郁夫，吉元誠，山川理：近年の食スタイルから見たサツマイモの生活習慣病効果．Food & Food Ingred J Jpn 1999；181；59-69.
2) 吉元誠，山川理，須田郁夫：紫サツマイモの生理機能．食品と開発 1998；33 (8)；15-17.
3) Suda I., Oki T, Masuda M. et al：Physiological functionality of purple-fleshed sweet potatoes containing anthocyanins and their utilization in foods. Japan Agric Res Quart 2003；37 (3)；167-173.
4) Goda Y., Shimizu T., Nakamura M. et al：Two acylated anthocyanins from purple sweet potato. Phytochemistry 1997；44 (1)；183-186.
5) Terahara N. et al：Six diacylated anthocyanins from the storage roots of purple sweet potato, *Ipomoea batatas*. Biosci Biotechnol Biochem 1999；63 (8)；1420-1424.
6) 寺原典彦，沖智之，松井利郎ほか：紫甘しょに含まれる主要アントシアニンの一斉定量．日食科工誌 2007；54 (1)；33-38.
7) Oki T., Osamu M., Masuda M. et al：Simple and rapid spectrophotometric method for selecting purple-fleshed sweet potato cultivars with a high radical-scavenging activity. Breed Sci 2003；53 (2)；101-107.

8) 森山洋憲，森田善彦，受田浩之ほか：アントシアニン色素のスーパーオキサイドアニオン消去能の測定．日食科工誌 2003；50（11）；499-505．
9) Oki T., Masuda M., Furuta S. et al : Imvolvement of anthocyanins and other phenolic compounds in radical-scavenging activity of purple-fleshed sweet potato cultivars. J Food Sci 2002 ; 67 (5) ; 1752-1756.
10) Yoshinaga M., Yamakawa O., Nakatani M. : Genotypic diversity of anthocyanin content and composition in purple-fleshed sweet potato (*Ipomoea batatas* (L.) Lam). Breed Sci 1999 ; 49 ; 43-47.
11) 津久井亜紀夫，鈴木敦子，小巻克巳ほか：さつまいもアントシアニン色素の組成比と安定性．日食科工誌 1999；46（3）；148-154．
12) Hayashi K., Ohara N., Tsukui A. : Stability of anthocyanins in various vegetables and fruits. Food Sci Technol Int 1996 ; 2 (1) ; 30-33.
13) 小竹欣之輔，畑中顕和，梶原忠彦ほか：紫甘しょ（山川紫）の食用色素原料としての品種改良と評価方法．日食工誌 1994；41（4）；287-293．
14) 青木宏光：アントシアニン色素．色から見た食品のサイエンス（高宮和彦，大澤俊彦，グュエン・ヴァン・チュエン編集），サイエンスフォーラム，東京，2004；p96-103．
15) Furuta S., Suda I., Nishiba Y. et al : High *tert*-butylperoxyl radical scavenging activities of sweet potato cultivars with purple flesh. Food Sci Technol Int Tokyo 1998 ; 4 (1) ; 33-35.
16) 山川理，須田郁夫，吉元誠：高アントシアニンサツマイモの開発と利用．Food & Food Ingred J Jpn 1998；178；69-77．
17) Yoshimoto M., Okuno S., Yoshinaga M. et al. : Antimutagenicity of sweet potato (*Ipomoea batatas*) roots. Biosci Biotechnol Biochem 1999 ; 63 (3) ; 537-541.
18) Yoshimoto M., Okuno S., Yamaguchi M. et al : Antimutagenicity of deacylated anthocyanins in purple-fleshed sweetpotato. Biosci Biotechnol Biochem 2001 ; 65 (7) ; 1652-1655.
19) 吉元誠：カンショ塊根のアンギオテンシンI変換酵素阻害．平成8年度九州農試年報 1996；46-48．
20) Matsui T., Ueda T., Oki T. et al : α-Glucosidase inhibitory action of natural acylated anthocyanins. 1. survey of natural pigments with potent inhibitory activity. J Agric Food Chem 2001 ; 49 (4) ; 1948-1951.
21) Matsui T., Ueda T., Oki T. et al : α-Glucosidase inhibitory action of natural acylated anthocyanins. 2. α-glucosidase inhibition by isolated acylated anthocyanins. J Agric Food Chem 2001 ; 49 ; 1952-1956.
22) Sakatani M., Suda I., Oki T. et al : Purple sweetpotato anthocyanin reduces the

intracellular hydrogen-peroxide (H_2O_2) level in bovine embryos caused by heat stress. Sweetpotato Research Front 2004 ; 18 ; 2.
23) 佐丸義夫：野菜．がん抑制の食品（西野輔翼編），法研，東京，1994, p40－45.
24) 道岡攻：さつまいも，がん抑制の食品（西野輔翼編），法研，東京，1994, p70－75.
25) Kong Z.-L., Fukushima T., Tsutsumi M. et al : Effect of extracts of some vegetables on proliferation and antibody secretion of human-human hybridoma cell lines cultured in serum-free medium. 日食工誌 1992 ; 39 (1) ; 79－87.
26) 奥野成倫，吉元誠，熊谷亨ほか：カンショ「ジョイホワイト」粉末の食中毒細菌に及ぼす影響．九州農業研究 1996 ; 58 ; 34.
27) 吉元誠，奥野成倫，熊谷亨ほか：カンショ粉末の酵母増殖促進効果．九州農業研究 1996 ; 58 ; 33.
28) 下園英俊，小堀真珠子，新本洋士ほか：サツマイモ抽出物によるマウスメラノーマ細胞のメラニン生成抑制．日食工誌 1996 ; 43 (3) ; 313－317.
29) Suda I., Oki T., Masuda M. et al : Direct absorption of acylated anthocyanin in purple-fleshed sweet potato into rats. J Agric Food Chem 2002 ; 50 (6) ; 1672－1676.
30) 須田郁夫，古田収，西場洋一ほか：紫甘しょジュース飲用ラットにおける四塩化炭素誘起肝障害の軽減．日食科工誌 1997 ; 44 (4) ; 315－318.
31) Matsui T., Ebuchi S., Kobayashi M. et al : Anti-hyperglycemic effect of diacylated anthocyanin derived from *Ipomoea batatas* cultivar Ayamurasaki can be achieved through the α-glucosidase inhibitory action. J Agric Food Chem 2002 ; 50 (25) ; 7244－7248.
32) 粂晃智，澤井保子，角尾肇：ムラサキサツマイモ由来の血液循環改善作用を有する食品素材．特開 2001-145471.
33) Oki T., Masuda M., Takeichi M. et al : Anthocyanins in purple-fleshed sweetpotato improve whole blood fluidity. Sweetpotato Research Front 2007 ; 21 ; 4.
34) 須田郁夫，竹市美和子，佐藤麻紀ほか：紫サツマイモ飲料がラット・ヒトの血液流動性に及ぼす影響．第12回日本ヘモレオロジー学会プログラム・抄録集 2005 ; p67.
35) 小林美緒，沖智之，増田真美ほか：紫サツマイモ「アヤムラサキ」から調製したアントシアニン含有物の高血圧自然発症ラットに対する血圧降下作用．日食科工誌 2005 ; 52 (1) ; 41－44.
36) 須田郁夫，山川理，松ヶ野一郷ほか：高アントシアニンカンショジュース飲用による血清 γ-GTP, GOT, GPT 値の変動．日食科工誌 1998 ; 45 (10) ; 611－617.
37) Suda I., Ishikawa F., Hatakeyama M. et al : Intake of purple sweet potato

beverage affect on serum hepatic biomarker levels of healthy adult men with borderline hepatitis. Eur J Clin Nutr 2008 ; 62 (1) ; 60-67.
38) 梶本修身, 高橋励, 高橋丈生：冬虫夏草菌糸体エキスおよびアヤムラサキアントシアニン配合飲料の精神機能の向上に及ぼす効果について．新薬と臨床 2000 ; 49 (9) ; 857-866.
39) Oki T., Nagai S., Yoshinaga M. et al : Contribution of β-carotene to radical scavenging capacity varies among orange-fleshed sweet potato cultivars. Food Sci Technol Res 2006 ; 12 (2) ; 156-160.
40) Harada K., Kano M., Takayanagi T. et al : Absorption of acylated anthocyanins in rats and humans after ingesting an extract of *Ipomoea batatas* purple sweet potato tuber. Biosci Biotechnol Biochem 2004 ; 68 (7) ; 1500-1507.
41) Kano M., Takayanagi T., Harada K. et al : Antioxidative activity of anthocyanins from purple sweet potato, *Ipomoea batatas* cultivar Ayamurasaki. Biosci Biotechnol Biochem 2005 ; 69 (5) ; 979-988.
42) 狩野光芳, 原田勝寿：アントシアニン高含有紫サツマイモの機能性食品素材としての可能性／アントシアニンの体内吸収性と健康機能性．化学と生物 2008 ; 46 (10) ; 670-672.
43) Oki T., Suda I., Terahara N. et al : Determination of acylated anthocyanin in human urine after ingesting a purple-fleshed sweet potato beverage with various contents of anthocyanin by LC-ESI-MS/MS. Biosci Biotechnol Biochem 2006 ; 70 (10) ; 2540-2543.
44) 山川理：カンショ加工食品が続々登場. 農林水産技術研究ジャーナル 1998 ; 21(3) ; 32-36.
45) 永浜伴紀, 藤本滋生, 立川倶子ほか：サツマイモ．地域資源活用食品加工総覧（坂本尚発行），農山漁村文化協会，東京，素材編第9巻，p315-372.
46) 清水孝重, 中村幹雄：ムラサキイモ色素, 概説・食品天然色素（藤井正美監修），光琳，東京，1993, p102-104.
47) 「食品と開発」編集部：食品色素の市場動向. 食品と開発 2003 ; 38 (11) ; 45-50.
48) 甲斐由美, 吉永優, 中谷誠：サツマイモ乾燥パウダーを混合しためんの官能評価. 日作九支報 1999 ; 65 ; 59-62.
49) 沖智之, 増田真美, 古田収ほか：紫サツマイモを原材料としたチップスのラジカル消去活性．日食科工誌 2001 ; 48 (12) ; 926-932.
50) 杉田浩一, 松ヶ野一郷, 須田郁夫ほか：カンショ飲料の開発とその特性. 食品工業 1998 ; 7月15日号 ; 50-58.
51) 鮫島吉廣・中島雅樹：サツマイモ発泡酒の開発. 日醸協誌 1998 ; 93 (8) ; 615-620.

52) Yoshinaga M. : Newfoundsweetpotato sprits "Akakirioshima" made from purple-fleshed variety "Murasakimasari". Sweetpotato Research Front 2004 ; 17 ; 2.
53) Saigusa N., Ohba R. : Healthy alcoholic beverage "Pa-Puru" from purple-fleshed sweetpotato. Sweetpotato Research Front 2006 ; 20 ; 2.
54) 三枝敬明, 堀井恒, 大庭理一郎：発酵酒の品質に及ぼす蒸煮工程の影響／カンショを用いた発酵酒の開発（第2報）．日醸協誌 2000；95（10）；771-775.
55) 須田郁夫, 松ヶ野一郷, 杉田浩一：アントシアニン含有カンショ酢のラジカル消去活性．九州農業研究 2000；62；20.
56) Suda I., Oki T. : Purple-fleshed sweetpotato vinegar as a healthy drink. Sweetpotato Research Front 2005 ; 19 ; 2.
57) Terahara N., Matsui T., Fukui K. et al : Caffeoylsophorose in red vinegar produced through fermentation with purple sweetpotato. Sweetpotato Research Front 2007 ; 21 ; 2.
58) 西場洋一, 鵜木隆文, 沖智之ほか：有色サツマイモ味噌製造におけるアントシアニン，ポリフェノールおよびβ-カロテンの変化．日食科工誌 2008；55（2）；69-75.
59) 工藤康文, 松田茂樹：サツマイモヨーグルトの色調及びアントシアニン含量に及ぼす乳酸菌の影響．日食科工誌 2000；47（8）；619-625.

第12章 アントシアニンを活用した醸造酒の開発と商品化

大庭 理一郎*

　画期的な学会発表であるフレンチパラドックス（1992年）[1]以来，アントシアニンが身体に健康効果および薬理効果を発現するということで世界的にアントシアニンの研究が精力的に進められてきた。その結果，ポリフェノール，フラボノイド類の中でも，特にブドウのアントシアニンについては，多くの食品学的機能性および薬学・医学的な成果が4〜5年の内に蓄積し，その後も現在に到るまでかなりの知見が得られている。日本人の活躍も目覚しかった。なかでもアントシアニンを高含有する紫サツマイモである「アヤムラサキ」が新規改良品種として登場したことは画期的なことであった。これは，当時の農水省九州農業研究試験場の山川室長の傑作であり，筆者らは山川室長からの依頼を受け，アヤムラサキを原料とする醸造酒の新規開発製品の創出の研究に入った。本章では，製品発売に至るまでの10年間の経緯について紹介する。なお紫サツマイモの機能性やその他の商品開発については，第11章にも記述してあるので参照していただきたい。

1. 醸造酒に最適な紫サツマイモの選抜[2-5]

　筆者らの研究は，紫サツマイモの中から最も醸造酒に適したサツマイモを選抜するための小規模な醸造試験からスタートした。供試したサツマイモの系統・品種は，高水分の九州119号と九系195（ともに75％）と低水分の九系194（55％），高澱粉の九系194（33％），アヤムラサキ（27％），次に高い九系

---
*崇城大学特任教授

165と九系174の6種類である。工程としては、皮付きサツマイモを蒸し器で1時間蒸し、蒸煮紫サツマイモの皮を取り除き、中身を潰して、各々重量を統一（80g）し、水を40mL加水、麹菌（Aspergillus niger）由来のグルコアミラーゼ製剤（AN-2）を糖化剤として添加、協会9号酵母により、初発pH3.5、25℃にて並行複発酵を行った。その結果、発酵力は、九系194（炭酸ガス発生量11.4g）＞アヤムラサキ（11.0g）＞九系165（10.2g）＞九系174（10.0g）であり、エタノール濃度は、アヤムラサキ（14.1%）＞九系194、九系174、九系165であった（表12－1）。発酵ろ過後の液量は、九系195がやや多かった。酸度（0.1NNaOHの滴定量で表記）は、九系165が最も高く、反対にアヤムラサキが最も酸度が低く飲みやすかった。香気テストにおいては、アヤムラサキを原料とした醸造酒が最も高い評価となり、イソアミルアルコールやイソブチルアルコール等の高級アルコール類の濃度も高く、ブドウを原料とする赤ワインの香りに類似したフルーティーなものとなった。機能性成分であるアントシアニンの含有量（発酵ろ液の530nmの吸光度で簡易判定）は、九系194、アヤムラサキ＞九系195、九系174＞九系165、九州119号となり、目視でもこの順に赤みが強かった。以上のことより、アヤムラサキが発酵酒の原料として最も期待できるとして選抜し、次の試験に移った。

表12－1 種々の紫サツマイモからの醸造酒の品質

		紫サツマイモの品種・系統番号					
		119	165	174	194	195	アヤムラサキ
エタノール	(%, v/v)	11.4	12.9	13.0	13.1	7.2	14.1
液量体積	(mL)	60	59	59	59	65	59
pH		3.7	3.8	3.9	4.0	4.0	3.7
酸度	(mL)	10.5	16.3	14.4	15.9	14.3	10.4
直接還元糖量	(mg/mL)	5.8	6.5	5.7	10.4	3.4	4.5
香気テスト*		＋	＋	＋	＋	＋	＋2

＊：＋値が高いほど香りが良好

2. 紫サツマイモ醸造酒の醸造に及ぼす発酵温度と酵母の検討[3,6]

　アヤムラサキを発酵原料，糖化剤（AN-2）を使用して，発酵温度と供試酵母（清酒に使用される協会7号酵母と協会9号酵母，ワイン製造に使用されるワイン4号酵母）が醸造に及ぼす影響を調べ，その結果を表12-2に示した。発酵速度は25℃の方がやや速く14日で終了した。pHおよび酸度は発酵温度と酵母の種にかかわらずほぼ同じ値であり，エタノール生成量は15℃の発酵酒が約1％高めであったが，3種の酵母ではほとんど同量が生成していた。香気成分については，清酒酵母である協会7号および9号酵母使用時にはエステル類（酢酸エチル，酢酸イソアミル）が多く生成したのに対し，ワイン酵母使用時には高級アルコールが多く生成し，ワイン風の香りが強くなり，官能検査でもワイン4号での醸造酒が好評であった。

表12-2　紫サツマイモ醸造酒に及ぼす発酵温度と酵母の影響

	発酵温度					
	15℃			25℃		
	酵母					
	協会7号	協会9号	ワイン4号	協会7号	協会9号	ワイン4号
pH	3.6	3.6	3.6	3.6	3.6	3.5
酸度	10.6	11.6	11.6	10.6	11.6	11.6
直接還元糖量 (mg/mL)	4.8	5.1	2.0	4.6	2.4	1.9
エチルアルコール (ppm)	13.1	13.4	13.7	11.9	12.2	11.9
イソブチルアルコール(ppm)	82	68	229	93	85	208
イソアミルアルコール(ppm)	213	203	404	283	384	454
n-プロピルアルコール(ppm)	30	29	31	32	85	35
酢酸エチル (ppm)	763	829	607	641	741	630
酢酸イソアミル (ppm)	4	4	3	1	4	2
アセトアルデヒド (ppm)	31	42	22	25	25	22
官能検査（香気*）	+2	+2	+3	+2	+2	+3

　＊：＋値が高いほど香りが良好

3．醸造酒に適する無蒸煮工程と蒸煮工程の検討[4-7]

　生（無蒸煮）のアヤムラサキを発酵原料に使用して醸造酒を製造することは省エネルギー的で有望な技術であることから，蒸煮アヤムラサキを原料にした場合との比較試醸試験を行い，その結果を表12-3に示した。生アヤムラサキ（8日）は蒸煮アヤムラサキ（4日）に比べて約2倍の発酵時間を要したものの，発酵終了時にはほぼ同程度の二酸化炭素発生量（約10g）を示した。香気成分については，生アヤムラサキ醸造酒にはイソブチルアルコール，イソアミルアルコール，n-プロピルアルコール等の高級アルコール類が蒸煮アヤムラサキ醸造酒に比べて多く含まれており，市販のワインと比較しても多く含まれる傾向にあった。香りは両醸造酒ともにブドウから製造した赤ワインに類似していたが，生アヤムラサキ醸造酒の方が香りが良好であった。液量は生アヤムラサキ醸造酒が多く，残渣（発酵もろみ残渣）は生アヤムラサキ醸造酒が蒸煮アヤムラサキ醸造酒に比べて約半分の重量と少なかった。

　次にアヤムラサキ醸造酒の特徴の一つである発酵酒の赤みについては，蒸煮アヤムラサキ醸造酒の方が生アヤムラサキ醸造酒に比べて，目視で赤色が強く濃く，色差計のハンターa値も3倍高く，530nmにおける吸収度も1.5倍高

表12-3　蒸煮および無蒸煮工程に及ぼす醸造酒の品質

	無蒸煮発酵酒	蒸煮発酵酒
最終pH	3.6	3.6
酸度（mL）	10.4	8.2
直接還元糖量（mg/mL）	3.0	5.6
エチルアルコール（%, v/v）	11.8	11.9
イソブチルアルコール（ppm）	131	65
イソアミルアルコール（ppm）	324	267
n-プロピルアルコール（ppm）	40	22
酢酸エチル（ppm）	148	121
酢酸イソアミル（ppm）	1.0	1.4
アセトアルデヒド（ppm）	25	45
発酵液（絞りろ過）量（mL）	63	50

くなった（図12-1）。このように生アヤムラサキ醸造酒と蒸煮アヤムラサキ醸造酒の品質に大きな違いが確認されたことから，次に両醸造酒のアントシアニン組成を TLC および HPLC にて分析した。アヤムラサキには，シアニジンおよびペオニジンを基本骨格とする少なくとも8種類以上のアントシアニン色素が報告されている[8-11]が，10種類同定することができた[12]（図12-2の(C)）。両醸造酒を比較すると，蒸煮アヤムラサキ醸造酒にはアシル化されたアントシアニン色素が多く含まれており，生アヤムラサキ醸造酒には非アシル化アントシアニン色素が比較的多く含まれる傾向にあった（図12-2，図12-3）。これは，生アヤムラサキをすり潰したことによって生アヤムラサキ中に存在する脱アシル化酵素がアントシアニン色素に作用したため，一方，蒸煮アヤムラサキにおいては熱処理工程により酵素が失活し，脱アシル化が起こらなかったためと推測された。以上の知見から，生（無蒸煮）のアヤムラサキを原料に用いて醸造酒を製造する場合には以下のことが期待できる。

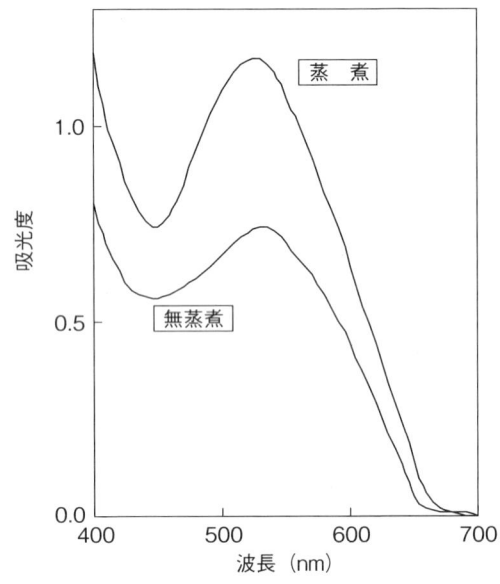

図12-1 蒸煮アヤムラサキと生アヤムラサキを原料とした醸造酒の分光光度計による吸収曲線

① 濃度的にはやや低くなるが，機能成分であるアントシアニン色素を含有した醸造酒である。
② 蒸煮工程を省くので，省エネルギーの観点から有効である。
③ 蒸煮発酵酒の液量に比べて無蒸煮醸造酒の液量が多いことよりに製造コストの面から有利である。
④ 発酵残渣が少ないので，環境問題の点から有効である。

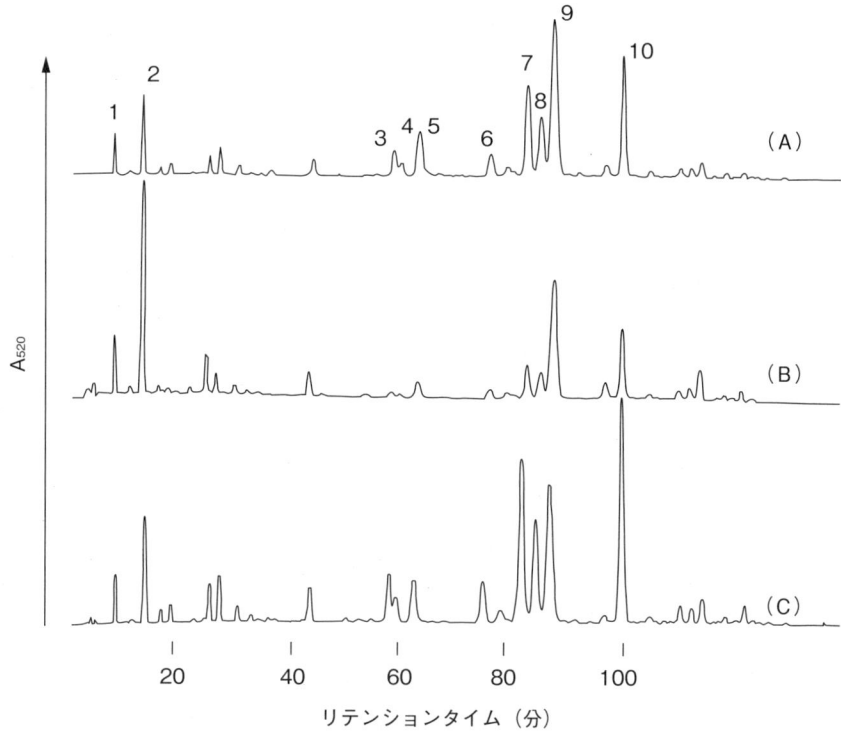

図12-2 蒸煮アヤムラサキ(A)，生アヤムラサキ(B)を原料とした醸造酒およびアヤムラサキ15%酢酸抽出液(C)のHPLCパターン

カラム：Inertsil ODS-3 (5μm) 4.6 I.D. × 250mm
溶出液：A) リン酸／水 (15/985)
　　　　B) リン酸／酢酸／アセトニトリル／水 (15/200/250/535)
濃度勾配：B45%---(30分)---55%---(70分)---65%
流速：1.0mL/分，温度：35℃，検出：530nm，
感度：0.064AUFS, 注入：20μL

⑤　香りがワインに類似しており，蒸煮発酵酒に比べて良好であるので，嗜好品として有利である。

　しかしながら，①でも触れたように，無蒸煮アヤムラサキ醸造酒は蒸煮アヤムラサキ醸造酒に比べて，赤色が淡く，アントシアニン色素含量が少ないことが欠点である。生（無蒸煮）アヤムラサキ醸造酒に含まれるアントシアニン色素をいかに多く保持するかが次の検討課題である。

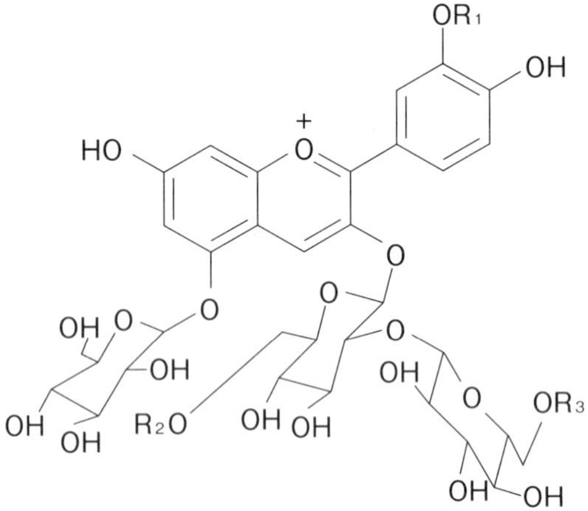

ピーク1 : R₁ = H, R₂ = H, R₃ = H
ピーク2 : R₁ = CH₃, R₂ = H, R₃ = H
ピーク3 : R₁ = H, R₂ = Caf, R₃ = Phb
ピーク4 : R₁ = H, R₂ = Caf, R₃ = Caf
ピーク5 : R₁ = H, R₂ = Caf, R₃ = H
ピーク6 : R₁ = H, R₂ = Caf, R₃ = Fer
ピーク7 : R₁ = CH₃, R₂ = Caf, R₃ = Caf
ピーク8 : R₁ = CH₃, R₂ = Caf, R₃ = Phb
ピーク9 : R₁ = CH₃, R₂ = Caf, R₃ = H
ピーク10 : R₁ = CH₃, R₂ = Caf, R₃ = Fer

図12-3　アヤムラサキ醸造酒に含まれるアントシアニン色素の構造
シンボル：Caf, カフェ酸；Phb, パラヒドロキシ安息香酸；
Fer, フェルラ酸

4．生アヤムラサキ醸造酒のアントシアニン退色制御法の検討 [5, 6, 7, 13]

　発酵酒を工場規模で製造する際には，生のアヤムラサキをすり潰して，発酵を開始するまでの間に起こるアントシアニン色素の退色を何らかの方法で制御する必要があり，その技術開発に取り組んだ。

　はじめに，温度による退色制御を試みた。試醸試験の工程および試験方法としては，温度・時間の影響を明らかにするために，皮をむいた生アヤムラサキをすり潰し，5℃あるいは30℃で1，2，3時間各々暗所にて放置した。その後はすべて同じく，酵母，麹菌由来のグルコアミラーゼ製剤および水を添加，

4．生アヤムラサキ醸造酒のアントシアニン退色制御法の検討　255

乳酸によるpH3.0への調整，発酵の工程をとり，各醸造酒の色調を放置時間0時間と比較した（図12－4）。その結果，生のアヤムラサキをすり潰して発酵を開始するまでの間放置しておく工程をとり，発酵した醸造酒は，5℃および30℃ともに，530 nmにおける吸光度の減少，すなわちアントシアニン色素の減少が確認された。その減少は放置時間の長さに依存した。また，色差計による色質評価でも，同様に，すり潰した後の放置時間が長くなるにつれ，赤色の強さの指標であるa値の減少と透明度の指標であるL値の増加がみられた。退色の原因はアヤムラサキ中のポリフェノールオキシダーゼ等のアントシアニン色素分解酵素によるものと推測された。5℃に設定したものは30℃に比べてわずかに退色が抑制されていたが，完全に制御することができなかったため，

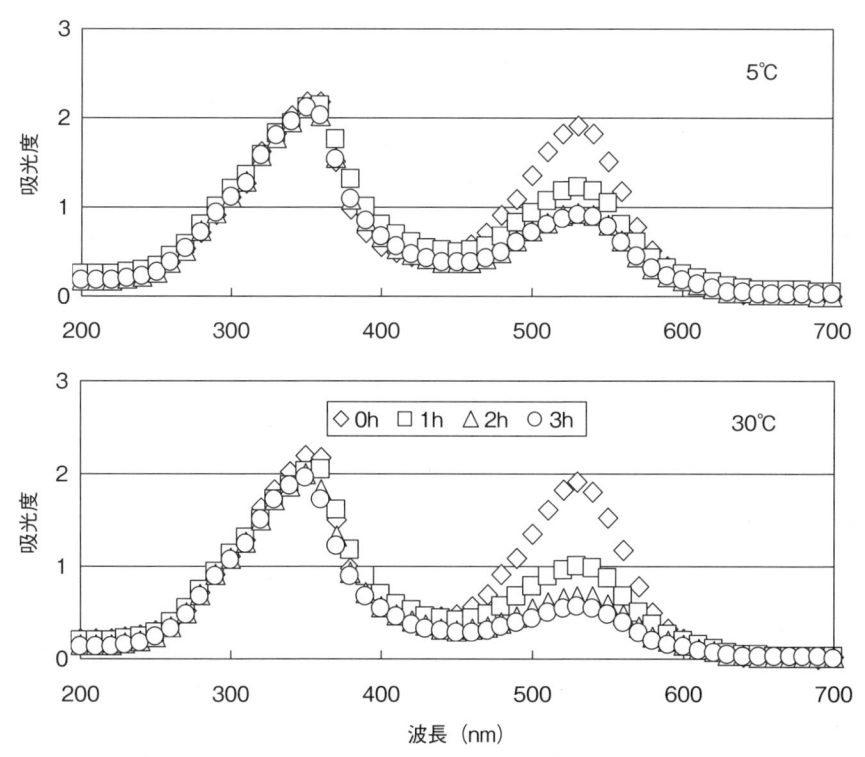

図12－4　生アヤムラサキ醸造酒の色調に及ぼす発酵開始装置時間と温度条件の影響—分光光度計による吸収曲線

温度抑制により、酵素反応による退色を抑制することは困難と判断した。

次に、pHによる退色制御について試みた。試験方法としては、蒸煮アヤムラサキ水抽出液に対して、生アヤムラサキ水抽出液（酵素活性あり）あるいはこの生アヤムラサキ水抽出液を沸騰水浴中にて10分間熱処理したもの（酵素活性なし）を各々添加し、反応液中のpHを3.0, 4.0, 5.0および6.0の4つの条件のもと、30℃で24時間反応させ、530 nmにおける吸光度を測定した（図12-5）。生アヤムラサキ水抽出液添加の場合、pH6.0で23％の退色、pH3.0では全く退色は見られなかった。一方、熱処理した水抽出液添加の場合には、すべてのpH条件において退色は見られなかった。pHを3.0に調整することで、生アヤムラサキのアントシアニン色素の退色を抑制できることが判明したことから、この制御技術を適用した次の5種類の発酵酒を試醸し、その530 nmに

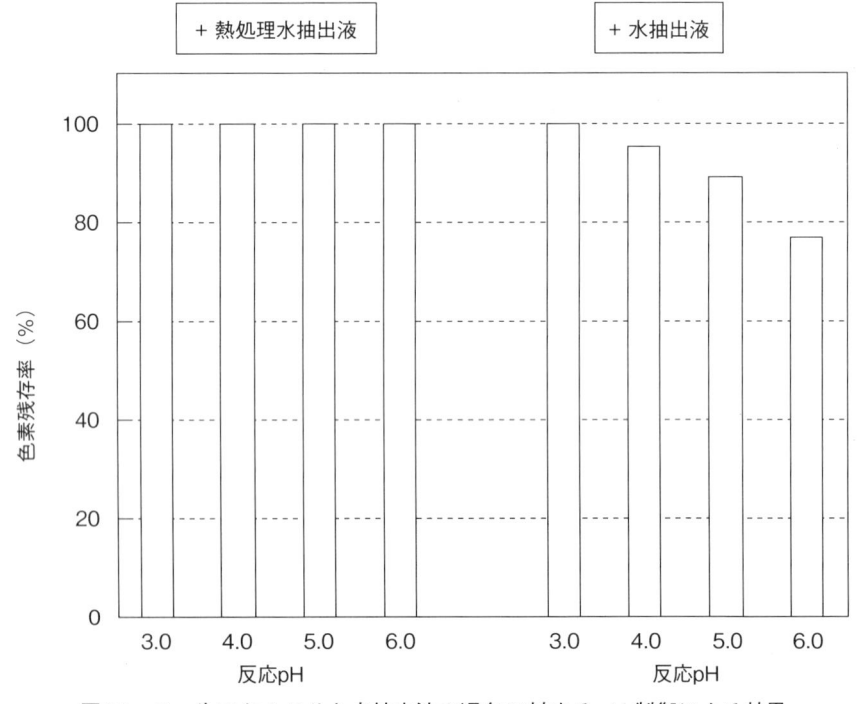

図12-5　生アヤムラサキ水抽出液の退色に対するpH制御による効果
色素残存率（％）は反応0時間に対する反応24時間の530nmにおける吸光度の比（A_{24}/A_0）

おける吸光度を測定することにより，退色制御のさらなる確認を行った。

（醸造酒A）蒸煮アヤムラサキに麹菌由来のグルコアミラーゼ製剤，協会ワイン4号酵母を添加し，乳酸にてpHを3.0に調整後，25℃にて発酵を行った。

（醸造酒B）生アヤムラサキを発酵原料とし，すり潰して直ぐに乳酸でpHを3.0に調整して，Aと同様に発酵を行った。

（醸造酒C）生アヤムラサキを発酵原料とし，すり潰してから30℃，3時間，暗所にて放置後，pHを乳酸にて3.0に調整して，Aと同様に発酵を行った。生アヤムラサキをすり潰して直ぐに，乳酸あるいはクエン酸でpHを3.0に調整し，30℃で3時間放置した後に，Aと同様に発酵を行った。

（醸造酒D，醸造酒E）生アヤムラサキをすり潰して直ぐに乳酸（醸造酒D）あるいはクエン酸（醸造酒E）でpH3.0に調整し，30℃で3時間放置した後に，Aと同様に発酵を行った。

5種類の発酵酒の530 nmにおける吸光度は醸造酒BとDが最も高く，次に醸造酒AとEであった（表12－4）。クエン酸添加による退色制御力は，乳酸添加に比べると弱かったが，生アヤムラサキ発酵酒の製造においてはまだ有効な技術と思われた。クエン酸で退色を制御した醸造酒には，高級アルコール類であるイソアミルアルコールとイソブチルアルコールが多く含まれる特徴を示し，今回試醸した5種類の中で最も香りが強く，官能的に良好であった。これはクエン酸がアルコール発酵の代謝経路に何らかの影響を及ぼしていたためと推察している。酸度は，乳酸あるいはクエン酸を添加した醸造酒がともに高く，この状態では酸味が強すぎて，飲むのに困難である弱点があった。しかし，生アヤムラサキ醸造酒の製造において，色調あるいは香りの点から，クエン酸添

表12－4　pH調整により退色を制御を適用して試醸したアヤムラサキ醸造酒の530 nmにおける吸光度

	アヤムラサキ醸造酒				
	A	B	C	D	E
A530	1.68	1.90	0.68	1.96	1.69

A：蒸煮醸造酒，B：生醸造酒（放置時間0時間），C：生醸造酒（放置時間3時間），
D：生醸造酒（乳酸添加・放置時間3時間），E：生醸造酒（クエン酸添加・放置時間3時間）
3回測定の平均値

加の有効性が示唆され，このことは，アントシアニン色素の機能性に加え，クエン酸の疲労回復効果を含む機能性醸造酒の開発に期待が持たれた。

さらに，クエン酸で退色を制御した仕込み方法において，各種酵母（清酒用，ワイン用，焼酎用）を用いて醸造酒を試醸した。その中でも，特に協会ワイン4号酵母を使用した発酵酒は，イソアミルアルコールとイソブチルアルコール濃度が最も多く含まれており，香りも良好であった。このことから，アヤムラサキ発酵酒の製造には協会ワイン4号酵母が最適であることも再確認された。

5．米麹を使用した最適仕込み配合の検討[3, 6]

前項において，生アヤムラサキ発酵酒の退色制御ならびに香りの改良にはクエン酸添加が効果的であり，さらに協会ワイン4号酵母を使用することが望ましいことを述べた。しかしながら，味に関しては，まだ課題が残されていた。そこで，筆者らは，クエン酸を生成する，白麹に着目して，紫サツマイモと白麹を原料とする醸造酒について検討した。

初発糖濃度を統一し，醸造酒のエタノール濃度が10％（v/v）になるように生アヤムラサキと白麹および水の割合をかえて仕込みを行った（表12-5）。その結果，発酵速度は米麹が多いほど速くなった。香気成分濃度においてはアヤムラサキの量が増すほど，高級アルコール濃度（n-プロピルアルコールを

表12-5　生アヤムラサキ醸造酒の品質に及ぼすアヤムラサキと米麹の仕込み割合の影響

アヤムラサキ	(g)	0	10	20	30	40	50	60
米麹（A. kawachii）	(g)	42.4	37.3	32.0	26.7	21.3	16.0	10.7
エチルアルコール	(%, v/v)	11.2	11.1	11.3	11.6	11.4	11.5	11.3
イソブチルアルコール	(ppm)	90	115	118	121	126	129	132
イソアミルアルコール	(ppm)	134	443	493	504	528	559	585
n-プロピルアルコール	(ppm)	89	53	52	48	47	50	48
酢酸エチル	(ppm)	15	63	149	228	368	403	549
酢酸イソアミル	(ppm)	1	2	2	2	2	2	2
アセトアルデヒド	(ppm)	14	13	12	10	9	11	10
官能検査（香気）*		＋	＋	＋4	＋3	＋3	＋2	＋
色調**		－	＋	＋2	＋2	＋2	＋	＋

＊：＋値が高いほど香りが良好，　＊＊：＋値が高いほど赤色濃度が濃い

除く）もエステル濃度も高くなった。アヤムラサキ20ｇ，米麹32ｇの時の醸造酒が香り豊かであり（表12－5），さらに発酵酒の色調においても良好であった。発酵温度は15℃に比べ25℃の方において発酵が速く進み，若干，香気成分濃度が高い醸造酒が得られた。

6．紫サツマイモ醸造酒の商品化試作と保存期間の検討[6]

酒母造りは白麹2kg，水2.4L，ワイン酵母4号を混ぜて25℃で5日間静置して酵母を育成させた。別に生アヤムラサキから糖化を行った：白麹1kg，皮をむき，おろし金ですりおろした生アヤムラサキ2kg，水4.2Lを混ぜて55℃で5時間糖化させた。この糖化液にワイン酒母4号を加え，さらに水を1.9L加えた。25℃で一晩発酵させた。その後遠心分離（3,000rpm）と定性ろ紙No101で自然ろ過した。得られたろ液を紫サツマイモ醸造酒とした。保存試験は90mLの小ビンに入れ，65℃で殺菌し，蓋を閉め，25℃の暗所で静置した。一定期間に表12－6の項目を検査した。エチルアルコールアルコールとポリフェノール量は18ヶ月の期間でやや低下（75％）したが，pH，酸度は低下しなかった。アントシアニン量（A530で示される）は18ヶ月間でかなりの低下（10ヶ月間で60％近くに，18ヶ月間で35％）が起こった。高級アルコール類や

表12－6　紫サツマイモ醸造酒の貯蔵中における品質変化（25℃，暗所）

	保存期間（月）				
	0	0.5	1	10	18
エチルアルコール　（％，v/v）	12	12	12	11	9
pH	3.4	3.5	3.5	3.5	3.4
酸度（mL）	6.3	6.9	6.9	6.3	6.8
吸光度　A 530	1.7	1.5	1.5	1.0	0.6
ポリフェノール　（μg/mL）	659	635	643	641	501
イソアミルアルコール（ppm）	158	161	146	147	160
イソブチルアルコール（ppm）	117	122	99	142	153
n-プロピルアルコール（ppm）	54	65	58	68	66
酢酸エチル　　　　　（ppm）	9	22	11	10	11
酢酸イソアミル　　　（ppm）	1.5	1.9	1.0	2.1	0.5
アセトアルデヒド　　（ppm）	114	117	135	130	156

エステル類は 10ヶ月までは特に変わった変化はなく香り・味の変化もなかった。上記醸造酒を5℃で同様に試験したが，10ヶ月までは変動係数は15℃の時の半分以下であり，香り・味・色ともにほとんど初期と変わらなかった。

しかし，ここまでは実験室規模での試験結果であり，今後はさらに商品化のために改良が必要である。

7. 紫サツマイモ醸造酒の食品学的生体機能性 [6, 12, 14, 15]

食品の機能性を評価する重要な項目に抗酸化能がある。50％エタノール存在下で抗酸化能を評価する DPPH（1,1-Diphenyl-2-picrylhydrazyl）ラジカル消去活性測定法（本試験では試料のアントシアニンの赤色を示す 530 nm の吸光度を 0.6 に調整）では，生アヤムラサキ醸造酒と蒸煮醸造酒の 2種の発酵酒は同一消去能を示し（図12-6），この強い消去能は市販の赤ワインの平均値と比較しても同一であった。さらに工場で試作した紫サツマイモ醸造酒（商品

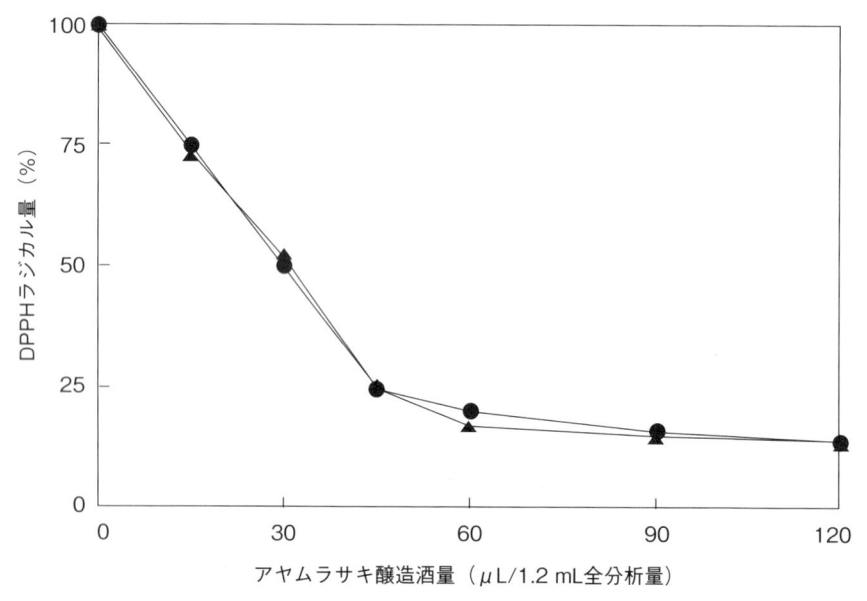

図12-6　生アヤムラサキ醸造酒と蒸煮醸造酒の DPPH ラジカル消去能
●アヤムラサキ無蒸煮醸造酒；▲アヤムラサキ蒸煮醸造酒

名：ぱーぷる）の抗酸化能を市販のビール，焼酎，清酒，赤ワイン，白ワインおよび黒酢と比較評価したところ（図12-7），筆者らの測定によれば酒類の中では芋焼酎や清酒はほとんどラジカル消去能がなく，ビール，白ワインが高い消去能を持ち，赤ワイン類は酒類の中で最も高い活性を示した。アヤムラサキ醸造酒は赤ワインと同等かまたはそれ以上の活性を示した。黒酢の活性は非常に弱かった。

次にDPPHラジカル消去活性測定法よりは脂溶性の抗酸化成分まで測定可能なβ-カロテン退色法を用いて醸造酒の抗酸化能を測定した（図12-8）。芋焼酎はほとんど活性がなかったが，清酒には活性がややあり，ビールにはやや強い活性があった。赤ワインには銘柄差異があるものの高い抗酸化能があり，さらにアヤムラサキ醸造酒に最も高い抗酸化能があることが判明した。これら両測定法の結果より，アヤムラサキ醸造酒は抗酸化能の高い醸造酒であるといえる。

一方，がんの発生予防の試験管内評価試験法としてよく用いられている抗変異原性テストをエイムス変法（*Salmonella*菌のDNA変異を調べる）を用いて行った。生アヤムラサキ醸造酒はプレート当たりの添加濃度が増加するに従って，*Salmonella typhimurium* TA98のヒスチジン非要求性復帰変異阻害が増加し，抗変異原性を示すことが明らかとなった（図12-9）。また，無蒸煮発酵酒の抗変異原性能も蒸煮発酵酒とほぼ同程度であった。

さらに，この新酒「ぱーぷる」のその他の成分として白麹から産生されるクエン酸（疲労回復効果があるといわれている）を8mg/mL含み，また，クロロゲン酸などのポリフェノールを多く含んでいることがあげられ，それらの成分による生体調節効果も期待できる。

8. 紫サツマイモ醸造酒「ぱーぷる」としての商品化[15-17]

筆者らは上述した紫サツマイモ醸造酒の市販化製造にあたって，アヤムラサキ発酵酒にさらに味の改良を行い，発酵酒を完成させた。最終的に確立した技術は，総仕込割合は「アヤムラサキ：白麹：水＝20：30：85」となるように

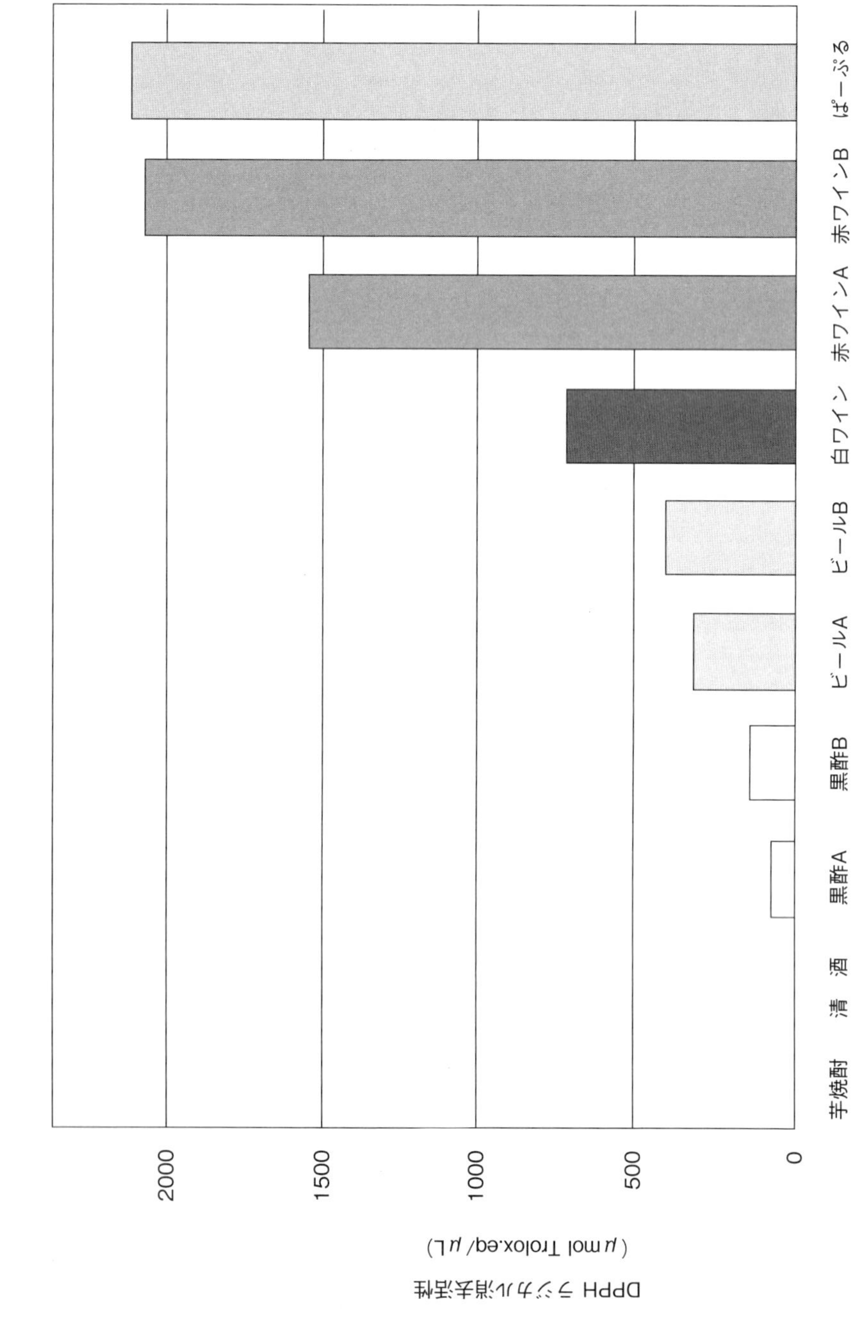

262　第12章　アントシアニンを活用した醸造酒の開発と商品化

図12-7　酒類などのDPPHラジカル消去活性

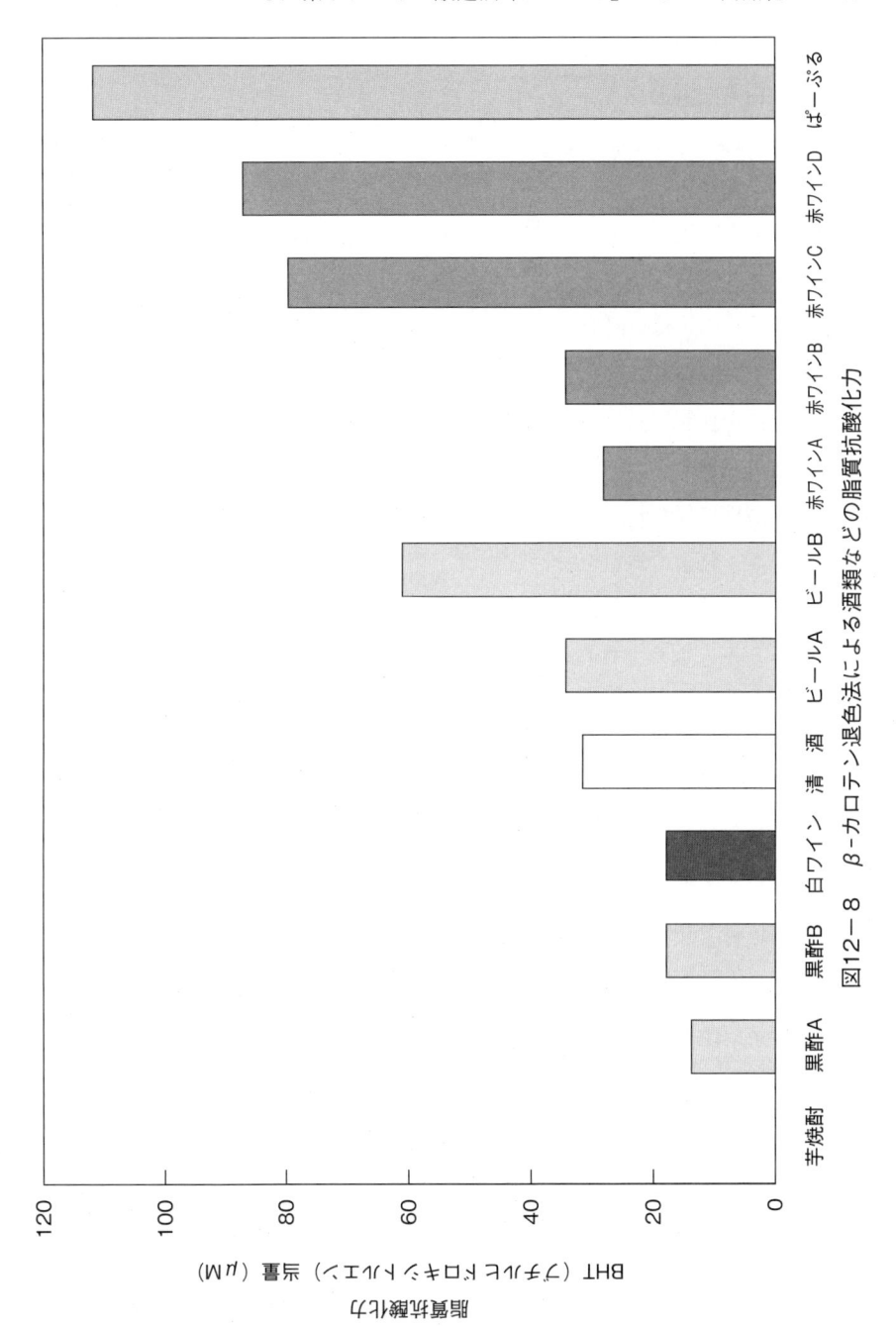

8. 紫サツマイモ醸造酒「ぱーぷる」としての商品化　263

図12-8　β-カロテン退色法による酒類などの脂質抗酸化力

264　第12章　アントシアニンを活用した醸造酒の開発と商品化

し，以下の手順による。はじめに，白麹，協会ワイン4号酵母および水を混合し，25℃で発酵させ，この発酵もろみを一次もろみとした。一方，白麹，生アヤムラサキおよび水を混合し，55℃で約6時間糖化し，糖化液を作製した。この糖化液は白麹のクエン酸により，酸性に保たれ，アントシアニン色素の退色を抑制している。この糖化液

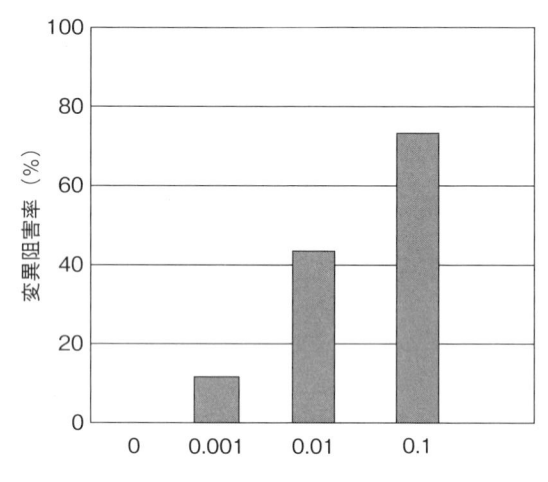

図12-9　無蒸煮（生）アヤムラサキ醸造酒の抗変異原性
菌体：サルモネラ菌(TA98)　変異原：Trp-P-1

を一次もろみに加え，さらに発酵させ（約一晩），米麹による酸味と糖化液による甘みが調和した時点でろ過し，醸造酒とした（図12-10）。

このようにして崇城大学・生物生命学部応用微生物工学科で開発されたアヤムラサキ醸造酒の製造技術はくまもとTLOより特許化され，熊本県山鹿市にある千代の園酒造株式会社へ2003年に技術移転された（図12-11）。産学共同のパイロット試験研究が一年間繰り返された後，原料のアヤムラサキイモは熊本県西原村で栽培されるものを使用し，本醸造酒のネーミング「ぱーぷる」

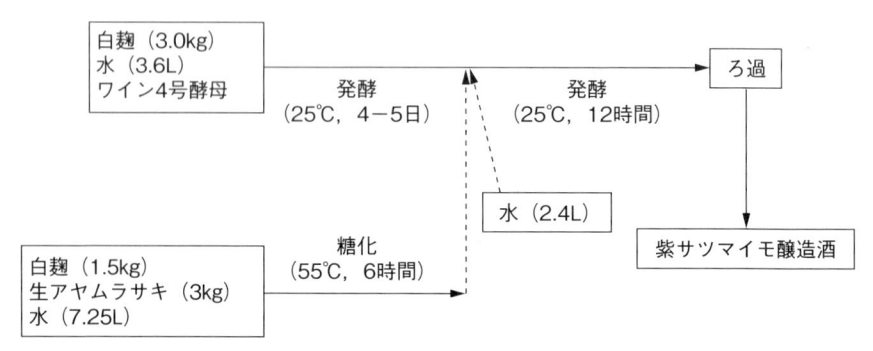

図12-10　紫サツマイモ"アヤムラサキ"発酵醸造酒「ぱーぷる」の製造工程

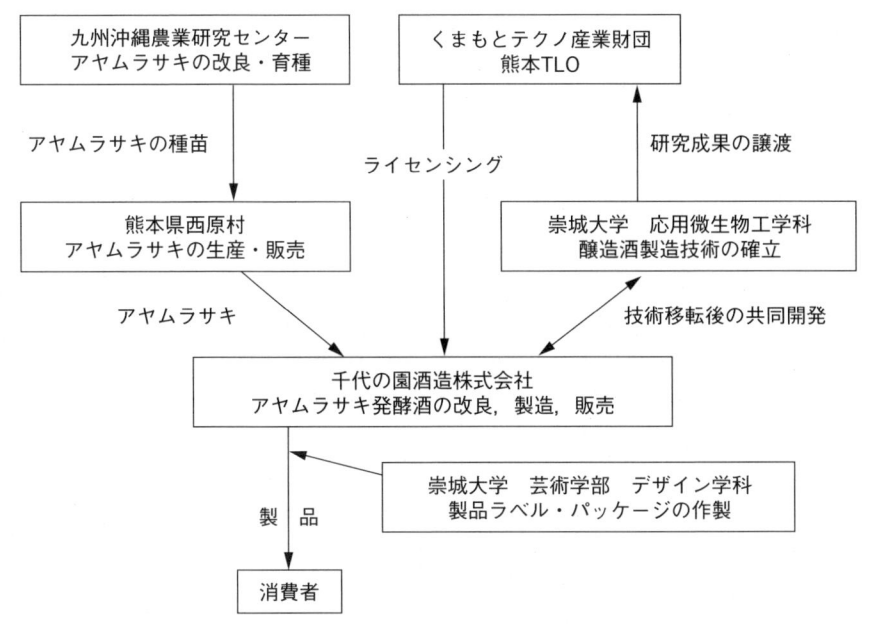

図12−11 産学官による「ぱーぷる」の開発と商品化の連携

と酒箱のデザインは崇城大学芸術学部学生の手によって完成させるなどして，産学官連携による商品ができあがった．2004年4月より熊本県限定品として発売された（巻頭口絵13参照）．このように「ぱーぷる」は熊本県産品のみを使用し，熊本県の研究者により，熊本県の企業によって誕生した地産地消品である．

文 献

1) Renaud S., de Lorgeril M.: Lancet 1992 ; 339 ; 1523−1526.
2) 大庭理一郎，三枝敬明，堀井恒：発酵酒に適するカンショの選抜と発酵酒の評価．日醸協誌 2000 ; 95 ; 207−213.
3) 大庭理一郎：赤ワイン風発酵酒への挑戦．温古知新 2000 ; 37 ; 31−39.
4) 大庭理一郎：紫サツマイモ発酵酒の開発と機能性．アントシアニン−食品の色と健康，大庭理一郎，五十嵐喜治，津久井亜紀夫編著，建帛社，2000, p190−194.
5) 三枝敬明，大庭理一郎：紫カンショを用いた発酵酒の開発．Foods & Food Ingredients J 2002 ; 201 ; 6−11.

6) 大庭理一郎, 三枝敬明：健康飲料・アントシアニン含有紫カンショ醸造酒の開発. NEW FOOD INDUSTRY 2004 ; 46 ; 17-24.
7) 三枝敬明, 堀井恒, 大庭理一郎：発酵酒の品質に及ぼす蒸煮工程の影響. 日醸協誌 2000 ; 95 ; 771-775.
8) Yoshimoto M., Okuno S., Yoshinaga M. et al : Antimutagenicity of sweet potato (*Ipomoea batatas*) root. Biosci Biotechnol Bioche 1999 ; 63 ; 537-541.
9) 津久井亜紀夫, 鈴木敦子, 小巻克巳ほか：さつまいもアントシアニン色素の組成比と安定性. 日食工誌 1994 ; 46 ; 148-154.
10) 小竹欣之輔, 畑中顕和, 梶原忠彦ほか：紫甘しょ（山川紫）の食用色素原料としての品種改良と評価方法. 日食工誌 1994 ; 41 ; 287-293.
11) 津久井亜紀夫, 鈴木敦子, 椎名隆次郎ほか：酢酸発酵のアントシアニン色素安定性に及ぼす影響. 日食工誌 2000 ; 47 ; 311-316.
12) Saigusa N., Terahara N., Ohba R. : Evaluation DPPH-radical-scavenging activity and antimutagenicity and analysis of anthocyanins of an alcoholic fermented beverage produced from cooked or raw purple-fleshed sweet potato (*Ipomoea batatas* cv. Ayamurasaki) root. Food Sci Technol Res 2005 ; 11 ; 390-394.
13) Saigusa N., Kawashima N., Ohba R. : Maintaining the anthocyanin content and improvement of the aroma of an alcoholic fermented beverage produced from raw purple-fleshed sweet potato. Food Sci Technol Res 2007 ; 13 ; 23-27.
14) 大庭理一郎, 三枝敬明：健康飲料・紫カンショ醸造酒の開発研究. BIO 九州 2004 ; 172 ; 8-12.
15) 大庭理一郎：紫芋アヤムラサキを原料とした生体機能性醸造酒. 地域資源活用食品加工総覧9巻 追録2008；農文協；2009, 印刷中.
16) 大庭理一郎, 三枝敬明：熊本オリジナル・紫イモの醸造酒. 生物工学 2009 ; 86 ; 28-29.
17) 三枝敬明, 大庭理一郎：産学官連携による紫サツマイモ発酵醸造酒の開発. 日醸造協誌 2008 ; 103 ; 750-756.

第13章 有色馬鈴薯の加工利用技術の開発

津久井 亜紀夫*

1. 馬鈴薯の語源と由来

　馬鈴薯（またはジャガイモともいう）はナス科の多年草植物であるが普通は一年草として栽培する。馬鈴薯は英語でポテトといい，その語源はインカ帝国では「パパ」といっていたが，スペイン人がヨーロッパに伝えたときは，サツマイモを表す「バタタ」が誤って用いられた。日本へは慶長3年（1598年）にオランダ人により，ジャガトラ（インドネシアの首都「ジャカルタ」）から長崎に伝えられたためジャガタラ芋と呼ばれ，後にジャガイモになった[1]。
　馬鈴薯（ジャガイモ）の学名は Solanum tuberosum ssp.tuberosum という。世界で広く栽培されている馬鈴薯は普通栽培種の4倍体で，イモの塊茎肉部は白〜淡黄色である。原産地は南アメリカのアンデス山地のペルーからチリーにかけての地域で，今でも原産地のアンデス山地では2倍体から5倍体のナス科の地下にイモをつける近縁植物が150種類以上も自生しており，4倍体の S. tuberosum ssp.andigena L.（先祖型亜種）や2倍体の S. phureja Juz. Et Buk. などがある。

2. アントシアニン含有馬鈴薯の品種と色素量

　S. tuberosum ssp.andigena L. の雑種を遺伝資源として北海道農業研究センターバレイショ栽培技術研究チーム[2]によって紫肉品種「インカパープル」および赤肉品種「インカレッド」を育成した。その後，新品種の紫肉系のキタム

---

*いも研究家（前東京家政学院短期大学教授）

表13-1 アントシアニン含有馬鈴薯の品種と特性

	形	皮色	肉色	デンプン価(%)	アントシアニン含量(mg/100g生イモ)
赤馬鈴薯					
インカレッド	楕円	淡赤	赤	11.7	154
ノーザンルビー	長楕円形	赤	赤	15.8	195
紫馬鈴薯					
インカパープル	楕円	紫	紫	20.7	230
キタムラサキ	倒卵	紫	紫	18.2	265
シャドークィーン	長楕円形	紫	濃紫	18.8	816

北海道農業研究センターで育種，調査
(月報　野菜情報-情報コーナー-2006年12月「ブランド・ニッポン」開発品種(2)より)

ラサキとシャドークィーンと赤色系のノーザンルビー（北海91号）が農林登録されている（巻頭口絵14参照，表13-1）。

3. アントシアニンの構成比率[3]

　紫馬鈴薯（インカパープル）および赤馬鈴薯（インカレッド）の塊茎から3％トリフルオロ酢酸で色素を抽出，アンバーライトXAD-7，エーテル沈殿を繰り返して精製して得られた凍結乾燥粉末アントシアニンをHPLC分析に供した（図13-1）。

　インカパープルのHPLC色素ピークは約15種類検出された。その主要なピークIP-1の構成比率は49％であり，IP-2は7％，IP-3は7％，IP-4は17％であった。インカレッドのHPLC色素ピークは約12種類検出され，主要なピークIR-1の構成比率は68％であり，IR-2は11％であった。

4. 有色馬鈴薯アントシアニンの構造

　インカパープルアントシアニン（IP-1，IP-2，IP-3，IP-4）とインカレッドアントシアニン（IR-1，IR-2）のHPLC色素ピーク成分の構造解析には^{1}H-NMR，LC/MS，中性糖の組成分析を用いて推定した。

　凍結乾燥粉末アントシアニンのHPLC分取物量について，^{1}H-NMRスペク

4. 有色馬鈴薯アントシアニンの構造　269

図13-1　馬鈴薯アントシアニンのHPLCクロマトグラム

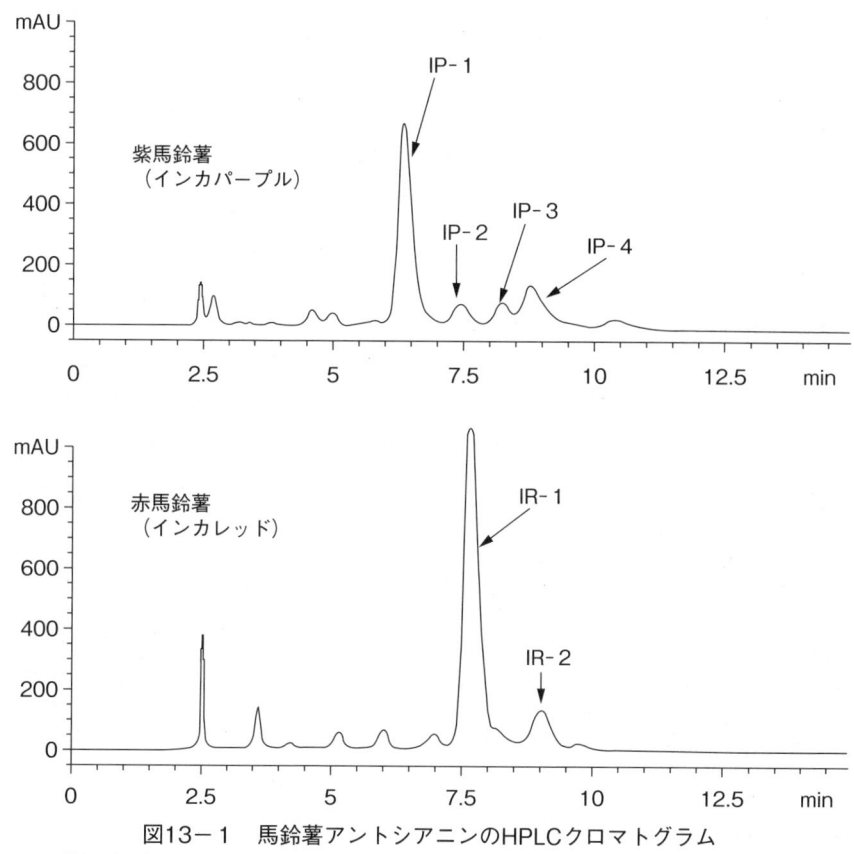

HPLC装置（島津製作所株式会社）にInertsil ODS-3（4.6mmi.d. × 250mm：GL Science Inc.）カラムを装着し，移動相はアセトニトリル／0.05％TFA（4／1）で構成した。
流速は0.8mL/minとし，色素成分（ピーク）は525nmの波長で吸収モニターした。

トルを行ったところアルカロイド様成分と考えられる不純物が検出され，これが ^{1}H-NMR解析の妨害となり構造を解析することができなかった。前処理として固相の種類および溶媒などの検討を行った。固相はポリスチレン系（Waters社製Sep-Pak PS-1）のカラムにメタノールと純水を各15mLでクリーンアップし，凍結乾燥粉末アントシアニン溶液を導入，50％メタノールで目的成分であるアントシアニンを溶出することができ，この処理によりアルカロイド系由来の夾雑物を除去することができた。その結果，凍結乾燥粉末インカパープルアントシアニン量45.1mgから固相抽出した回収試料量は20.2mg

(44.8％)であった。この回収試料量のHPLCクロマトグラムから分取した各アントシアニン量はIP-1 (15.2％)，IP-2 (10.4％)，IP-3 (7.9％)，IP-4 (8.5％)であった。凍結乾燥粉末インカレッドアントシアニン量32.5mgから固相抽出した回収試料量は22mg (67.7％)であった。この回収試料量のHPLCクロマトグラムから分取した各アントシアニン量はIR-1 (36.8％)，IR-2 (4.1％)であった。

(1) LC/MS分析

 固相抽出－乾固物の各アントシアニン量のHPLC分取物についてLC/MS分析を行った。LC測定の装置はHP1100 (Agilent Technologies社製)。カラムはInertsil ODS-3 (3.0mm i.d.×250mm)，流量は0.6mL/min，溶離液は0.01％TFA水溶液とアセトニトリルを4：1で構成し，カラム温度は40℃，検出器はフォトダイオードアレイ多波長検出器を用いイソクラテック分析を行った。質量分析計は三連四重極型質量分析計AP13000 (Applied Biosystems MDS SCIEX製)を用い，エレクトロスプレーイオン化法 (ESI) で，正イオン測定，スキャン範囲はm/z50～1500 (1.5sec/range) で行った。その結果，インカパープルアントシアニンの分子イオンピークはIP-1が933.7 m/z，IP-2が963.8 m/z，IP-3が887.5 m/z，IP-4が917.8 m/zであった。同様にインカレッドアントシアニンの分子イオンピークは，IR-1が887.7m/z，IR-2が917.5m/zであった。

(2) ^{1}H-NMR分析

 インカパープルの主要アントシアニンIP-1の^{1}H-NMRスペクトル (図13－2) では糖に由来する1.0および3.0～5.6 ppmのピークに加えて，6.3～7.6ppmにpCa～pCd，4.0と7.0～9.0ppmにピークPta～Ptfが観測された。したがって，IP-1のアントシアニンを構成している糖はグルコースとラムノース，アシル基はp-クマル酸，アグリコンはペチュニジンから構成されている。同様に，IP-2では，糖はグルコースとラムノース，アシル基はフェルラ酸，アグリコンはペチュニジンから構成されている。IP-3では，糖はグルコースとラムノース，

4. 有色馬鈴薯アントシアニンの構造　271

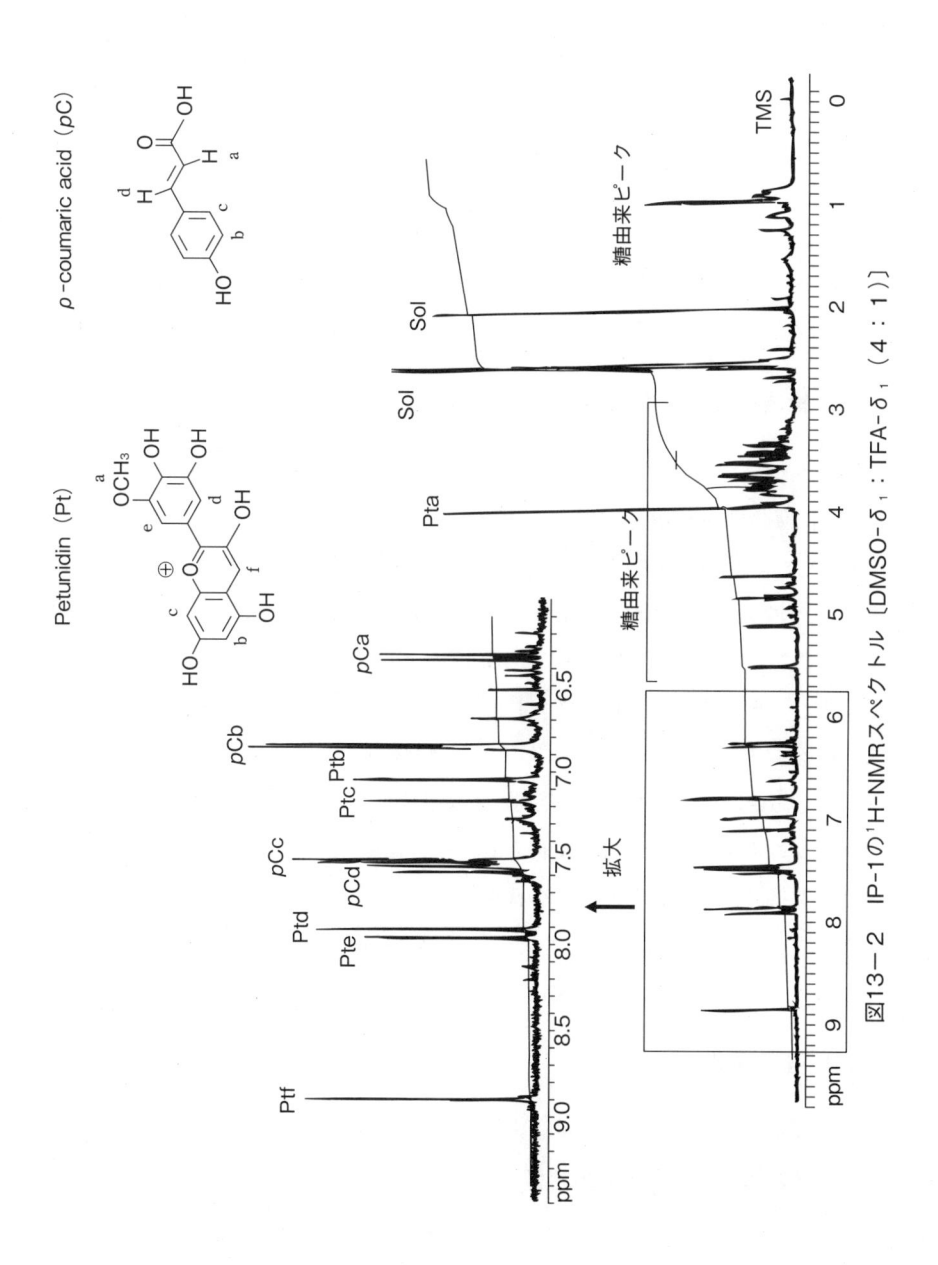

図13-2　IP-1の ^{1}H-NMRスペクトル [DMSO-δ_1：TFA-δ_1 (4：1)]

アシル基はp-クマル酸，アグリコンはペラルゴニジンから構成されている。IP-4では，糖はグルコースとラムノース，アシル基はp-クマル酸，アグリコンはペオニジンから構成されている。

インカレッドの主要アントシアニンIR-1の^{1}H-NMRスペクトルでは，グルコースとラムノースに由来する1.0および3.0〜5.6 ppmのピークに加えて，アシル基はp-クマル酸，アグリコンはペラルゴニジンから構成されている。IR-2では，糖はグルコースとラムノース，アシル基はp-クマル酸，アグリコンはペオニジンから構成されている。

(3) 構成中性糖の組成分析

インカパープルのIP-1，IP-2，IP-3，IP-4およびインカレッドのIR-1，IR-2の分取物の構成糖は，いずれもグルコースとラムノースであることが^{1}H-NMRで推定できたので，構成中性糖の組成分析を行った。各色素量1〜3 mgに2Nトリフルオロ酢酸200 μL添加し，100℃で6時間加水分解を行った。減圧乾固後精製水200 mLに溶解，0.22 μmのフィルターでろ過，ろ液をHPLC分析に供し，中性糖のHPLCクロマトグラムを図13-3に示す。また，ラムノース（Rha），リボース（Rib），マンノース（Man），アラビノース（Ara），ガラクトース（Gal），キシロース（Xyl）およびグルコース（Glc）の標準糖のクロマトグラムも示し，加水分解で得られた中性糖はラムノースとグルコースの標準糖と保持時間が一致した。この標準糖のラムノースとグルコースの検量線からグルコース量は713 ng，ラムノース量は304 ngであり，この定量値からラムノース：グルコースのモル比は1：2.1であった。

(4) 推定構造

推定構造は以下のとおりである。
1）インカパープル（紫馬鈴薯）
IP-1（ペタニン）[4-6)]：3-O-(6-O-(4-O-p-クマロイル-α-L-ラムノピラノシル)-β-D-グルコピラノシル-5-O-β-D-グルコピラノシル-ペツニジン

4．有色馬鈴薯アントシアニンの構造

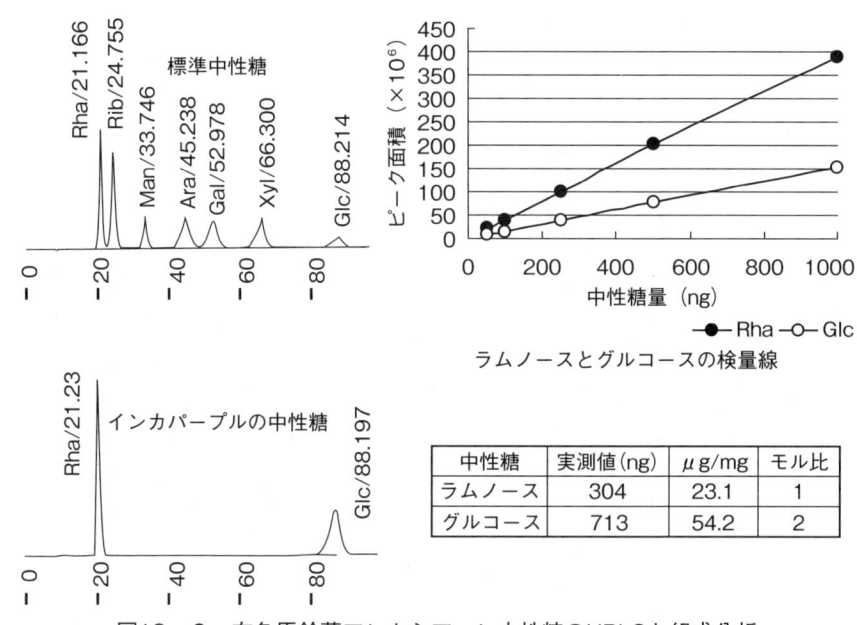

図13-3　有色馬鈴薯アントシアニン中性糖のHPLCと組成分析

（図13-4）

IP-2[6]：3-O-(6-O-(4-O-フェルロイル-α-L-ラムノピラノシル)-β-D-グルコピラノシル-5-O-β-D-グルコピラノシル-ペツニジン

IP-3[6]：3-O-(6-O-(4-O-p-クマロイル-α-L-ラムノピラノシル)-β-D-グルコピラノシル-5-O-β-D-グルコピラノシル-ペラルゴニジン

IP-4[6]：3-O-(6-O-(4-O-p-クマロイル-α-L-ラムノピラノシル)-β-D-グルコピラノシル-5-O-β-D-グルコピラノシル-ペオニジン

2）インカレッド（赤馬鈴薯）

IR-1（ペラニン）[4-6]（図13-4）：3-O-(6-O-(4-O-p-クマロイル-α-L-ラムノピラノシル)-β-D-グルコピラノシル-5-O-β-D-グルコピラノシル-ペラルゴニジン

IR-2：3-O-(6-O-(4-O-p-クマロイル-α-L-ラムノピラノシル)-β-D-グルコピラノシル-5-O-β-D-グルコピラノシル-ペオニジン

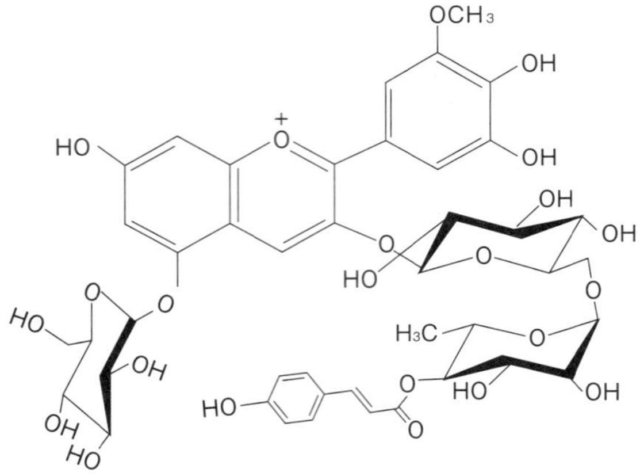

274   第13章　有色馬鈴薯の加工利用技術の開発

赤馬鈴薯（ペラニン）

紫馬鈴薯（ペタニン）

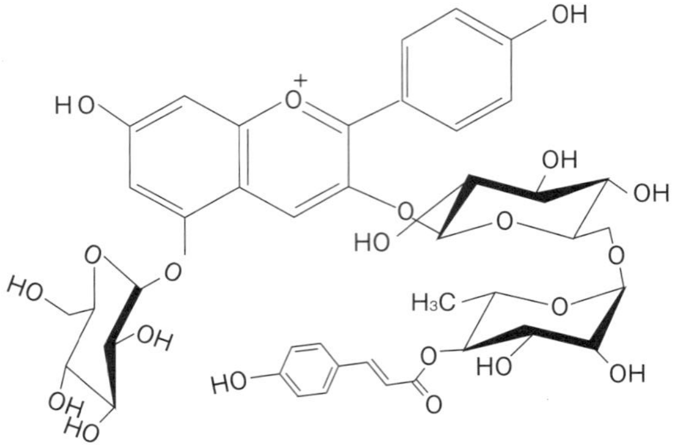

図13-4　有色馬鈴薯のアシル化アントシアニン

ペタニン
3-O-(6-O-(4-O-p-coumaroyl)-α-L-rhamnopyranosyl)-β-D-glucopyranosyl)-5-O-β-D-glucopyranosyl-petunidin
ペラニン
3-O-(6-O-(4-O-p-coumaroyl)-α-L-rhamnopyranosyl)-β-D-glucopyranosyl)-5-O-β-D-glucopyranosyl-pelargonidin

5. 有色馬鈴薯の加工利用特性

(1) アントシアニンの熱・光安定性

インカパープルおよびインカレッドのアントシアニンの熱・光安定性試験を行った。比較のために紫サツマイモ（山川紫，関系55），赤キャベツ，シソのアントシアニンを用いた。これらのアントシアニンをpH 3.16マッキルベイン緩衝液に溶解し耐熱性試験（加熱温度90℃）および耐光性試験（紫外線照射エネルギー880μW/cm^2/min）を，それぞれ24時間行い525nmの吸光度を測定し退色率％（〔（加熱前または紫外線照射前の吸光度－加熱後または紫外線照射後の吸光度）／加熱前または紫外線照射前の吸光度〕×100）を求めた（図13－5）。

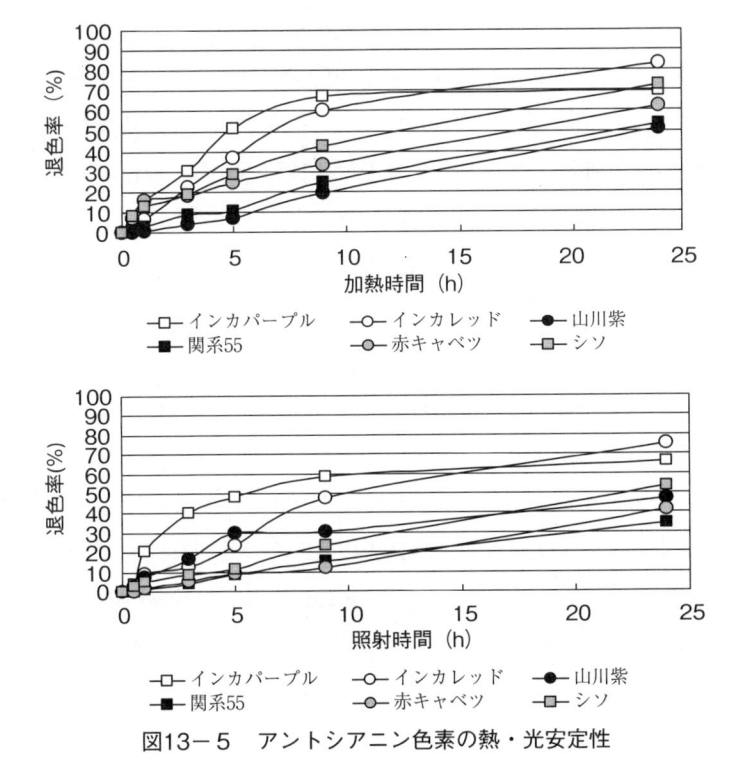

図13－5　アントシアニン色素の熱・光安定性

インカパープルおよびインカレッドの各アントシアニンとも熱や光照射による退色率は他のアントシアニンに比べ高く不安定である。これは馬鈴薯を構成している主要アントシアニンであるペタニンの構成比率が49％，ペラニンが68％で，ほぼ単一に近いアントシアンを構成しており，また，色素含有量が山川紫（680mg/100g）よりインカレッド（154mg/100g）およびインカパープル（230mg/100g）が少ないことも不安定になる要因の一つである[7]。しかし，新品種のシャドークィーン（816mg/100g）はアントシアニンの濃度も濃いためインカパープルよりは安定である。

　赤紫サツマイモは約16種類のアントシアニンが含まれているが，主要アントシアニンは8種類で構成されており，シアニジン系とペオニジン系のアントシアニンが4種類ずつ含まれている。サツマイモの品種によりアグリコンの種類によりシアニジン系とペオニジン系のどちらかに分類される。山川紫はシアニジン：ペオニジン（22：52）で構成されペオニジン系である。サツマイモの主要アントシアニンである8種類の構造の共通点は，そのアグリコンの3位にソホロースがエーテル結合し，さらにコーヒー酸がエステル結合したアシル化アントシアニンの形をしており，それぞれ4種類のうち1種類はモノアシル化アントシアニンであるが，他の3種類ずつのアントシアニンはコーヒー酸，p-ヒドロキシ安息香酸，フェルラ酸がアシル化されているジアシル化アントシアニンである[8,9]。これによりサツマイモのアントシアニンは熱や光に安定である。この理由は，芳香族有機酸を複数持つポリアシル化アントシアニンによって構成されていることから相対的に疎水性が高く，水溶液中で安定になる。これは芳香族有機酸がアグリコン平面の両端からサンドイッチ型のπ－π相互作用をしている分子会合，サンドイッチスタッキングあるいは分子内コピグメンテーションによってアグリコン平面の両側から芳香族有機酸が分子平面を合わせる形で積み重なった（スタッキング）状態になり2位炭素への水分子の求核攻撃（水和反応）を立体的に阻害するため安定になっていると考えられている[10]。

(2) 有色馬鈴薯のアルコール発酵飲料[11]

りんご天然果汁100%にインカパープルおよびインカレッドのアントシアニン（0.1mg/mL）を添加した基本培地に，*Sacchromyces ellipsoideus* OC-2の菌株を使用し，25℃で静置培養しアルコール発酵を行った（図13-6，図13-7）。比較のために紫サツマイモ（山川紫）[12, 13)]，シソ（チリメンジソ）および赤キャベツ（ルビーボール）も同様に発酵させた。発酵前の還元糖量は9〜9.5%であったが，アルコール発酵が進むにつれて還元糖量は発酵6日目に0.75〜1%に減少した（図13-6）。一方，エタノール量は発酵6日目4.5〜4.7%となった。アルコール発酵が旺盛中の6日間は二酸化炭素も盛んに発生した。この二酸化炭素の影響で紫および赤馬鈴薯だけでなく，紫サツマイモ，シソ，赤

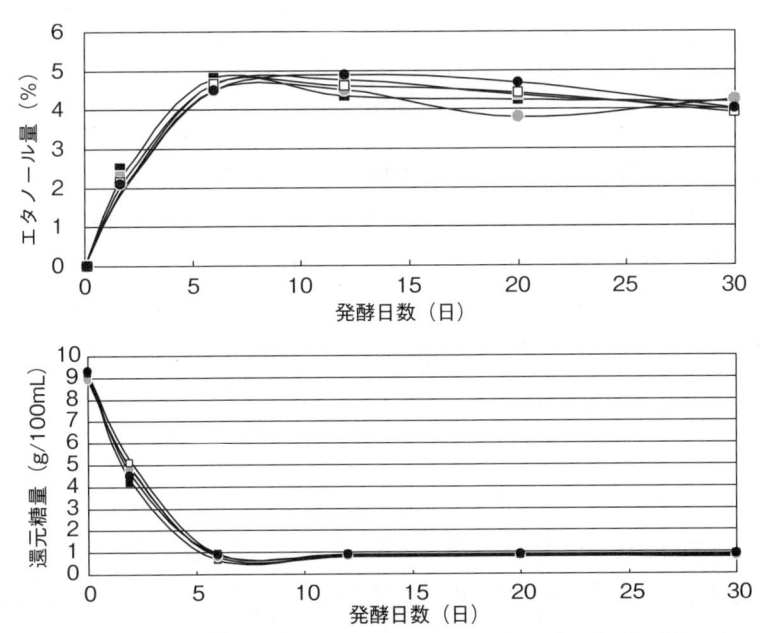

図13-6 アルコール発酵および熟成中のエタノール量と還元糖量の変化
□インカパープル ●インカレッド ■赤キャベツ □シソ ●紫サツマイモ（山川紫）
エタノール量：F-キット（J.Kインターナショナル社，製品番号176290）
還元糖量：ソモギー法

図13－7　アルコール発酵中のアントシアニンの変化

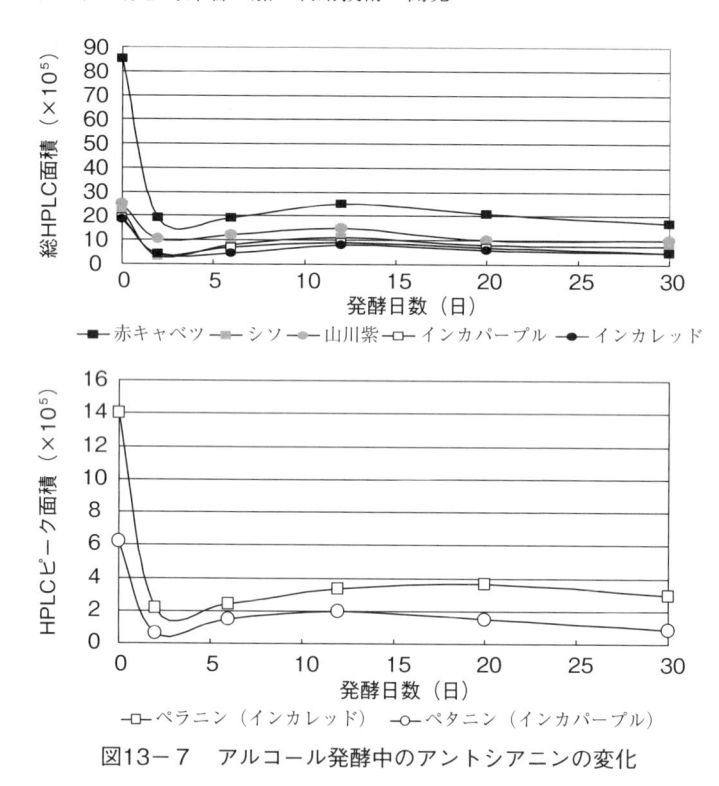

キャベツのアントシアニン溶液の吸光度（525nm）および総HPLCピーク面積は発酵2日目で急激に減少した。また，馬鈴薯の主要アントシアニンであるペタニン，ペラニンも同様に減少した（図13－7）。通常，熱や光においては芳香族有機酸を複数持つポリアシル化アントシアニンは相対的に疎水性が高く水溶液中で比較的安定であるが，非アシル化アントシアニンや脂肪族有機酸のアシル化アントシアニンは不安定になる。しかし，アルコール発酵中では二酸化炭素の影響でポリアシル化や非アシル化アントシアニンともスタッキングが維持できず親水性となりアグリコンが水和される。これは発酵により生成した二酸化炭素の影響でアグリコンのフラビリウムイオンが容易にプソイド塩基へと変化し，さらに互変異性体のカルコンへ構造変化を起こすために総HPLC面積が減少し退色したためである。発酵が終了し熟成期間に入ると，HPLCの面積が徐々に増加する傾向にある。これは分解しきれなかったプソイド塩基がフ

5. 有色馬鈴薯の加工利用特性　279

ラビリウムイオンへと一部戻るためと考えられる（図13-8）。

　また，紫および赤馬鈴薯粉末にりんご果汁を添加して，α-アミラーゼとβ-アミラーゼを用いて順次糖化後525nm の吸光度を測定すると退色率は約50％以下に減少した。しかし，残存しているアントシアニンはアルコール発酵により，さらに減少し退色しているが，できあがったアルコール発酵飲料は淡赤色および淡紫色をした色彩のよい発酵酒であった。

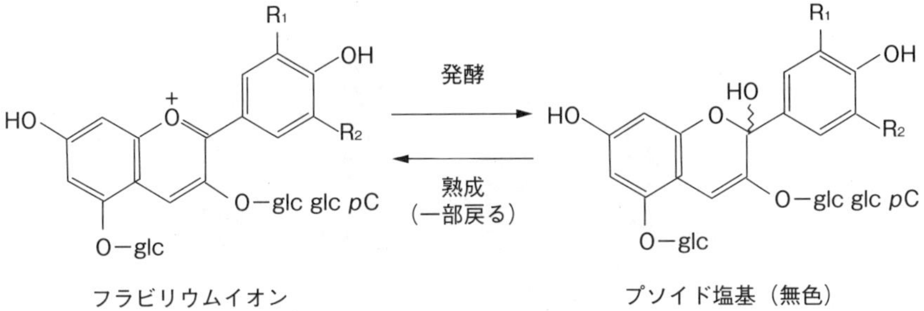

図13-8　アルコール発酵・熟成中のアントシアニンの構造変化
R_1：H，R_2：H　ペラルゴニジン（インカレッド：ペラニン）
R_1：OCH_3，R_2：OH　ペチュニジン（インカパープル：ペタニン）

(3) 馬鈴薯のカラフルジャムの製造 [14)]

1) ジャムの製造方法

　馬鈴薯ジャムの製造に用いた品種は紫馬鈴薯（インカパープル，キタムラサキ），赤馬鈴薯（インカレッド，ノーザンルビー（北海91号））を用いて製造した。

　ジャムの製造方法は馬鈴薯を水洗後，皮を剥ぎ，4～6等分に切断し20分間蒸煮，裏ごしをしてペースト状にした。このペーストに水飴を加え，水を少しずつ加えて混合し，強火で加熱した。ペーストが半透明となったころにグラニュー糖を加えて，さらに加熱攪拌を続けクエン酸とペクチンを添加させ沸騰させた。仕上げ点（Brix60°）とし直前にレモン果汁を加えて，肉詰め，脱気し製品とした。

2）馬鈴薯のアントシアニン含量と組成比

　紫および赤馬鈴薯から製造した4種類のジャムを巻頭口絵15に示した。これらジャム100gに含まれるアントシアニン量はインカレッド（IR）が18.0mg，ノーザンルビー（北海91号：HK91）が25.6mg，インカパープル（IP）が26.6mg，キタムラサキ（KM）が33.9mgであった（図13-9）。また，色調変化は図13-10に示した。生イモからペーストへの色調変化は，赤および紫馬鈴薯の

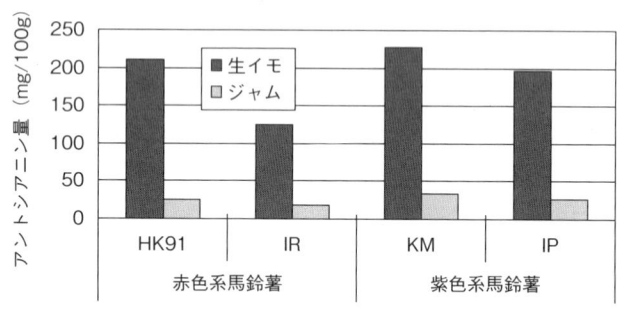

図13-9　馬鈴薯の生とジャムのアントシアニン量

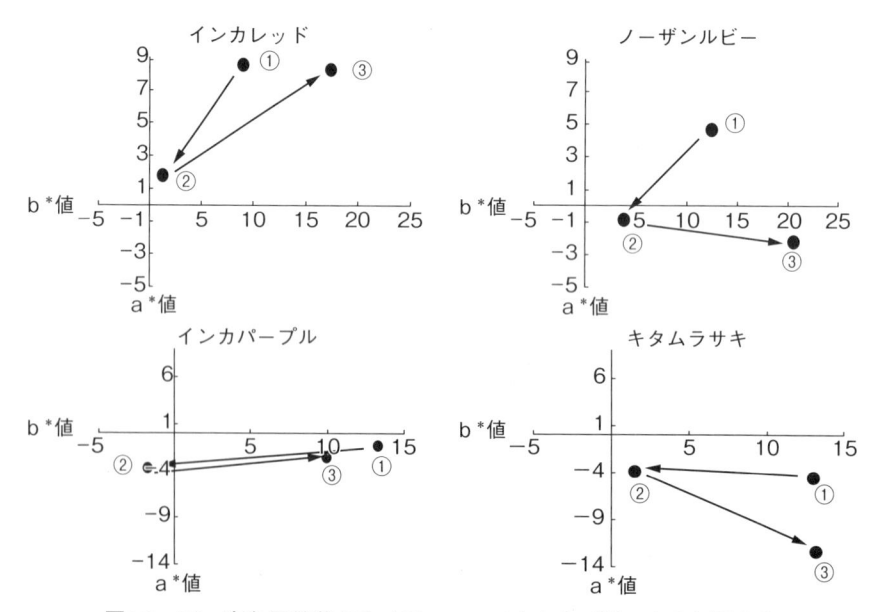

図13-10　有色馬鈴薯の生イモ，ペーストおよびジャムの色調変化
① 生イモ　② ペースト　③ ジャム

5．有色馬鈴薯の加工利用特性

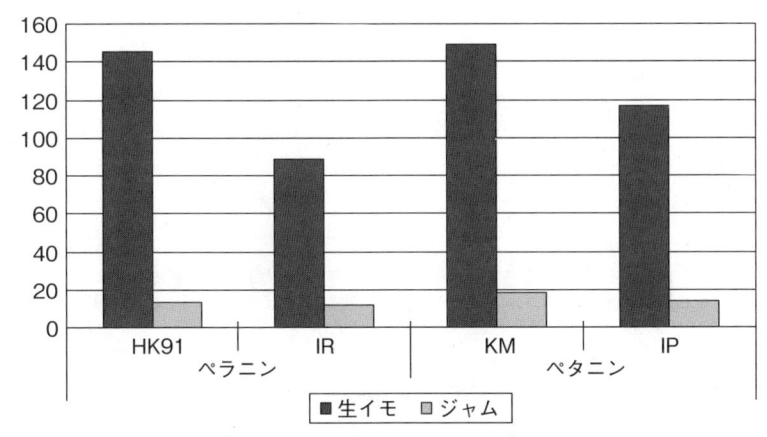

図13－11　馬鈴薯の生およびジャムの主要アントシアニン量

色調ともa*値，b*値とも負の方向へ移動し淡赤色へと変化し退色しているようであるが，赤馬鈴薯ではペーストからジャムへの色調は赤色が濃く，紫馬鈴薯では紫色が濃くなる。これはジャムにクエン酸およびレモン汁を製造時に加えると，pHが酸性側に移行し赤色が濃くなるためである。製品となったジャムのアントシアニン量の割合は生イモに対し12～13％と少ないが，できあがったジャムは，いずれのジャムも優れた色調を有していた。ジャムに含まれる主要アントシアニンのペラニン量がインカレッドでは11mg，ノーザンルビー（北海91号）では13mgであり，紫馬鈴薯の主要アントシアニンのペタニン量がインカパープルでは14mg，キタムラサキでは19mgであった（図13－11）。

　ジャムの主要アントシアニン量の割合は生イモの主要アントシアニン量とほぼ同じで主要アントシアニン量には変化がみられない。

　紫および赤馬鈴薯の生イモとジャムのアントシアニンのHPLCの全ピーク面積を100としたときの各ピーク面積の割合を図13－12に示した。横軸は保持時間ごとに検出された各ピーク（アントシアニン）である。この組成比から保持時間の高いアントシアニンは生イモよりジャムのほうがアントシアニンの割合が低く，保持時間が低いほうのアントシアニンは，逆に生より割合が高い傾向を示していた。これは生イモからジャムの製造時にアントシアニンの分解が起こりアントシアニンが低分子化したためである。

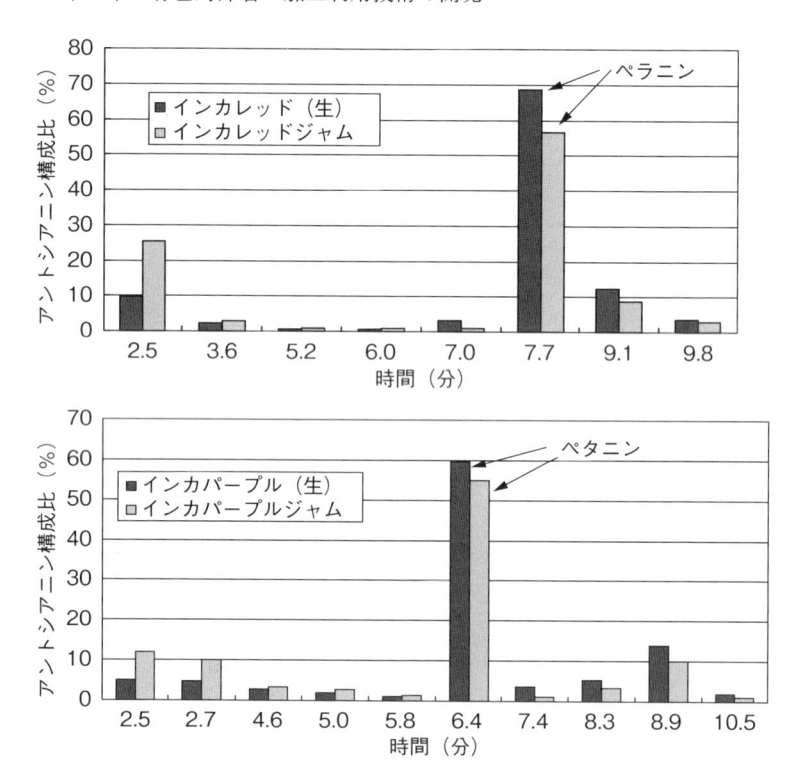

図13-12　馬鈴薯の生とジャムのアントシアニン組成比
カラム：Inertsil ODS-34（4.6i.d.×250mm, 5μm），カラム温度：30℃，
移動相：0.1%TFA水溶液／アセトニトリル＝80：20，測定波長：525nm

3）ジャムの官能検査

　紫および赤馬鈴薯から製造した4種類のジャムについてシェッフェの一対比較法により官能検査を行った。パネリストは短期大学生72人（うち男性7人）である（図13-13）。この4種類のジャムの場合は，順序を考慮すると12対の対ができるから，72人を6人ずつの12群に分け，各群にジャム試料を割り当て7段尺度で評価した。評価項目は「色」「香り」「酸味」「甘味」「総合評価」の5項目である。その結果は，図13-13に示すように「色」「香り」「酸味」「甘味」および「総合評価」の嗜好度において，赤馬鈴薯がジャムの製造に向いており，特にインカレッドの評価が優れていた。

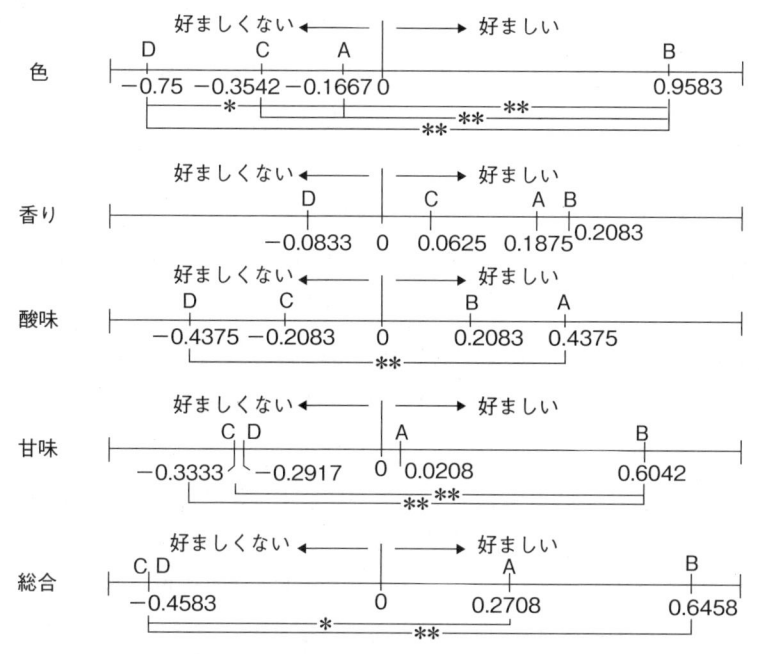

```
色      好ましくない ←   → 好ましい
         D      C    A  │                      B
       ├──┼──────┼────┼─┼──────────────────────┼──┤
       -0.75 -0.3542 -0.1667 0                0.9583
              ├────*────┤
              ├──────────**────────────┤
                      ├──────**──────────────┤

香り     好ましくない ←   → 好ましい
                      D │ C    A  B
       ├──────────────┼─┼──┼────┼─┼──────────────┤
                   -0.0833 0 0.0625 0.1875 0.2083

酸味     好ましくない ←   → 好ましい
              D     C  │     B     A
       ├──────┼─────┼──┼─────┼─────┼──────────────┤
          -0.4375 -0.2083 0 0.2083 0.4375
                        ├──────**──────┤

甘味     好ましくない ←   → 好ましい
            C D        A  │                   B
       ├────┼┼────────┼───┼───────────────────┼──┤
         -0.3333 -0.2917 0 0.0208            0.6042
                        ├──────**────**────────┤

総合     好ましくない ←   → 好ましい
           C,D          │         A            B
       ├────┼───────────┼─────────┼────────────┼─┤
         -0.4583       0        0.2708       0.6458
              ├──────────*──────────┤
                        ├──────**──────┤
```

図13-13 有色馬鈴薯ジャム間における各項目別評価尺度
* : $p<0.05$　　** : $p<0.01$
A：ノーザンルビー　B：インカレッド　C：キタムラサキ　D：インカパープル

6. おわりに

　紫および赤馬鈴薯のアントシアニンの特性を活用した食品加工を中心に述べてきた。アントシアニンの抽出はクエン酸や乳酸で容易に抽出できるが、例えば、赤キャベツ漬物"Sauer Kraut"製造法を利用することは、アントシアニンの色素製剤を得ることができる方法の一つである[15]。一般的な方法で馬鈴薯からアントシアニンを抽出したとき、^{1}H-NMRスペクトルには不純物が検出され構造解析が困難であった。それがポリスチレン系の固相抽出により構造解析が可能になった。このことから馬鈴薯のアントシアニンを色素製剤として利用するにはアントシアニン成分からアルカロイド由来の夾雑物を除去する必要がある。しかし、有色馬鈴薯をカットあるいはホール、乾燥粉末化して馬鈴薯

の色素を利用したサラダ，菓子類，コロッケ，ポテトチップなどの調理や加工に用いる場合はアルカロイド成分は量的に少なく安全であり問題ないと考える。馬鈴薯乾燥粉末を用いてアルコール発酵飲料あるいはジャムは比較的製造しやすく，容易に実用化を可能にすると考えられる。現在，色調の優れたポテトチップの製造が行われ市販されているのみであり，これから多くの加工食品の製造が期待できる。一方，紫および赤馬鈴薯に含まれるアントシアニンの生体調節作用に関する研究は，現在のところ培養ヒト胃がん細胞のアポトーシス誘発およびマウス胃がん増殖阻害効果は紫および赤馬鈴薯のアントシアニンとも男爵薯に比べ胃がん増殖が抑制される[16]。また，赤馬鈴薯アントシアニンおよび，その主要アントシアニンのペラニンが抗インフルエンザウイルス活性のあることが示されている[17]。また，馬鈴薯アントシアニンのアンジオテンシンⅠ変換酵素阻害活性は強い阻害活性を示し，特に紫馬鈴薯アントシアニンに阻害活性が高いことを認めている[18]。このように紫および赤馬鈴薯には優れた機能性のあることが報告されており，今後，ますます新規用途の開発素材として進展するものと期待できる。

　この研究は，平成16年度〜平成19年度科学研究費補助金（基盤研究（B）研究成果報告書）「有色馬鈴しょアントシアニン色素の加工利用技術の開発と機能性」の助成を受けて行われた。

文　献

1) 吉田稔：まるごと楽しむじゃがいも百科，農文協，1988，p20 - 26.
2) 森元幸：月報　野菜情報 - 情報コーナー　「ブランド・ニッポン」開発品種(2)より　- 2006年12月 -
3) 津久井亜紀夫：有色馬鈴しょと紫かんしょに含有するアントシアニン色素の安定性比較．14年度いも類に関する知識啓発事業実施報告，財団法人いも類振興会，2002
4) 石井現相，森元幸，梅村芳樹ほか：赤紫肉色ジャガイモ塊茎のアントシアニンとその含量．日食工誌　1996；43；887 - 895.

5) 林一也, 高松直, 津久井亜紀夫ほか：アントシアニン色素を含有するニュータイプの馬鈴薯. 精糖技術研究会誌 1997；45；61-69.
6) 津久井亜紀夫：紫ジャガイモアントシアニン色素について. 日本食品科学工学会第55回大会, 2008.
7) 村上智子, 椎名隆次郎, 林一也ほか：有色馬鈴しょアントシアニン色素の熱・光安定性について. 日本食品科学工学会第48回大会, 2001.
8) 津久井亜紀夫, 鈴木敦子, 小巻克己ほか：さつまいもアントシアニン色素の組成比と安定性. 日食科工誌 1999；46；146-154.
9) 津久井亜紀夫：紫サツマイモアントシアニンの加工特性（総説）. 日本食生活学会 2005；15；222-228.
10) Goto T., Kondo T. : Flower colors-structure, stability and intermolecular stacking of highly acylated anthocyanins. Yukigouseikagaku 1988；46；426-435.
11) 津久井亜紀夫, 青木智子, 長谷川真由美ほか：有色ジャガイモ色素の安定性に及ぼすアルコール発酵の影響. 日本食品科学工学会54回大会, 2007.
12) Tsukui A., Murakami T., Shiina R. et al : Effect of alcohol fermentation on the stability of purple sweet potato anthocyanins. Food Sci Technol Res 2002；8；4-7.
13) 三枝敬明, 堀井恒, 大庭理一郎：発酵酒の品質に及ぼす蒸煮行程の影響, カンショを用いた発酵酒の開発（第2報）. 日本醸造協会誌 2000；95；771-775.
14) 津久井亜紀夫, 村上智子, 林一也ほか：有色ジャガイモアントシアニン色素の加工利用特性-カラフルジャムの場合-日本食品保蔵科学会第55回大会, 2006.
15) Murakami T., Hayashi K., Tsukui A. : Study of anthocyanin pigments produced during pickled red cabbage "Sauer Kraut" production. Food Preservation Science 2005；37；161-166.
16) Hayashi K., Hibasami H., Murakami T. et al : Induction of apoptosis in cultured stomach cancer cells potato anthocyanins and its inhibitory effects on growth of stomach cancer in mice. Food Sci Technol Res 2006；12；22-26.
17) Hayashi K., Mori M., Matsutani Knox Y. et al : Anti influenza virus activity of a red-fleshed potato anthocyanin. Food Sci Technol Res 2003；9；242-244.
18) 村上智子, 四十九院成子, 林一也ほか：有色馬鈴しょに含まれるアントシアニン色素のアンジオテンシンI変換酵素（ACE）阻害活性について. 日本食品科学工学会第51回大会, 2004.

終章　アントシアニン研究の将来展望

津志田　藤二郎[*]

1. はじめに

　アントシアニンは花を彩る色素として多くの科学者を魅了しているが，日本の研究者は紫ツユクサのコンメリン色素の単離とその色の発現機構の解明や青いバラの開発に成功するなど，その科学の発展に大きく貢献し世界から高い評価を得ている。こうした植物分野における科学の発展に加え，アントシアニンはわが国で提案された食品の生体調節機能に関わる機能性成分の一つとして，生活習慣病のリスク低減などが期待され，大きな関心が寄せられているが，この生体調節機能の分野においても日本の研究者が牽引車となり世界をリードしている現状にある。

　わが国は，2007年に世界の先陣を切って高齢者人口が21％を超える超高齢社会に突入した。また，国立社会保障・人口問題研究所によると，今後2050年までに，わが国の人口は現在の8割程度に減少するものと予想されており，高齢者はもとより国民一人一人の健康を守るための技術開発に対する社会的関心が高まっている。この国民の健康を守るために，乱れつつある生活習慣を正しく導くための「食と健康の科学」に対する重点的な取り組みと，その成果を正しく活用するための仕組みを構築することが重要である。

　アントシアニンは，フラボノイドに属する抗酸化成分であるが，本書で記載したとおり多くの生理的機能性を示すことが明らかになっており，その摂取に伴いメタボリックシンドロームや生活習慣病の低減が期待されることから，ここでは高齢化に伴い特に健康への関心が高いわが国における利用を念頭に置き

---

[*]宮城大学食産業学部フードビジネス学科

今後の研究を展望する。

2. アントシアニンの機能性発現メカニズムの解明

　本書に記載したとおり，アントシアニンは抗酸化性（第5章）や視覚改善機能（第6章），メタボリックシンドローム予防（第7章），がん予防（第8章）などの生理的機能性を示すことが動物細胞や実験動物を用いた研究によって明らかにされ，それら機能性発現メカニズムについても，それぞれの章において最新の状況を適切に解説している。

　例えば，アントシアニンは炎症性のサイトカインの発現に関与する核内転写因子 NF-κB の阻害作用を示す点[1]は他のフラボノイドと一致するが，脂肪細胞においては PPARγ（ペルオキシゾーム増殖活性化レセプター）の活性化を行わずにアディポネクチン産生を促進する[2]などの特徴を持っていることなどがわかっている。メタボリックシンドロームの低減は各種の生活習慣病予防のために極めて重要であると認識されるようになっているが，種々の素材から抽出されたアントシアニンには，中性脂肪やコレステロールを低下する作用が確認され，最近は図終-1に示したエネルギー代謝の制御に関わるネットワークの中で，脂肪酸やコレステロールの異化作用の促進に関与するPPARα[3]やLXR[4]などの転写因子をアントシアニンが活性化するとの報告が出され，その制御機構の解明が注目されている。

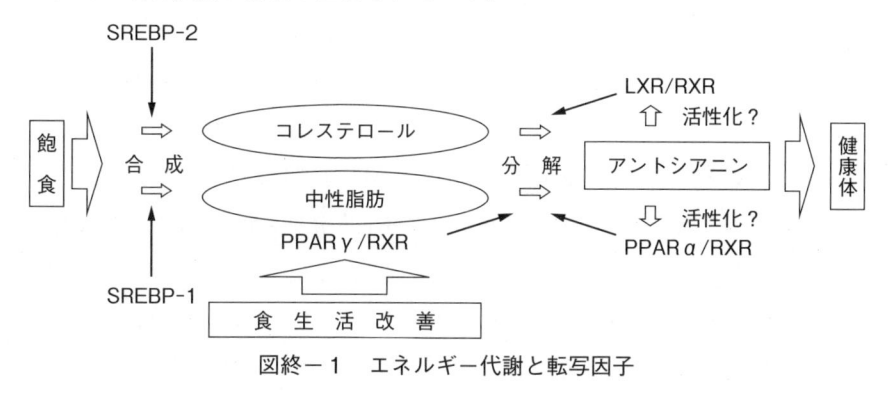

図終-1　エネルギー代謝と転写因子

フラボノイドの機能性発現メカニズムについては，緑茶の EGCG が他より一歩進んでおり，EGCG は細胞膜の 67LR（ラミニンレセプター）に結合し，その情報伝達機構を介してがん細胞増殖抑制やマスト細胞におけるヒスタミン遊離阻害作用を示すことが立花ら[5]によって明らかにされているので，アントシアニンについてもそのような受容体があるのかどうかも含め，機能性発現に関する分子メカニズムの詳細な解明が待たれる。

3. アントシアニン代謝分解物の生理的機能の解明

フラボノイドの多くは，配糖体が腸管内でアグリコンに変換された後に吸収され，部分的に水酸基がメトキシ化されるものの，水溶性の高いグルクロン酸や硫酸抱合体として体内を循環し排泄されることがわかっているが，アントシアニンは単純な配糖体のみならずアシル化配糖体でさえも，その多くが天然に存在するままの状態で腸管から吸収され血液中に出現することがわかっている。アントシアニン配糖体は極めて水溶性が高いため，他のフラボノイドのように，高率で抱合体に変換される必要性はないのかもしれない。アントシアニンの腸管吸収の仕組みはまだ未解明で，体内への吸収率はそれほど高いものではない。最近，フィチン酸がアントシアニンの腸管吸収率をヒトにおいてもかなり高めるとの結果[6]が得られるなど，摂取した形態のまま血中に移行する腸管吸収の仕組みを解明するための糸口が見いだされつつあるので，その進展に期待したい。一方，アントシアニンの血中濃度は他のフラボノイド類に比べて低いにもかかわらず，高い生理活性が認められることに関する矛盾の解明も待たれており，津田らはシアニジン-3-グルコシドでは，配糖体よりもその分解物であるプロトカテキュ酸が血中に8倍多く存在すると報告[7]している。このようなシアニジン3-グリコシド類からのプロトカテキュ酸の生成については，ナポリ大学の P. Vitaglione ら[8]も確認しており，さらに J. Fleschhut ら[9]は腸内細菌（実験ではヒト糞便由来細菌を使用）が関与して図終−2のような経路で分解されるものと推定している。この経路によると，ペラルゴニジンとその

図終-2　アントシアニンの腸内細菌などによる生体内分解産物

　配糖体からはp-ヒドロキシ安息香酸，シアニジンとその配糖体からはプロトカテキュ酸，ペオニジンとその配糖体からはバニリン酸，ペチュニジンとその配糖体からは3-O-メチル没食子酸，マルビジンとその配糖体からはシリンガ酸，デルフィニジンとその配糖体からは没食子酸が生じることになる。これら代謝物の生体影響についてはまだ研究が不足しており，統一した分析方法の開発と合わせ，今後の課題になっている。

　わが国の腸内細菌に関する研究は世界をリードしており，整腸作用を示す乳酸菌やヨーグルトなどは特定保健用食品の主要な商品になっている。今後は，アントシアニンに限らず，多くの食品成分の腸管内代謝物の体内への移行とその生体への影響に関する研究に関心が寄せられるものと考えられる。

4. ヒト試験による機能性の検証

アントシアニンを含有するサツマイモジュースの肝機能改善作用や血圧上昇抑制作用については第11章に記載されている。また，第6章にはカシス由来アントシアニンの暗所順応性および眼（精）疲労の改善作用の詳細が記載されている。しかし，こうしたアントシアニンの機能性に関するヒト試験はまだまだ不足している。

アントシアニンには動物実験や動物培養細胞実験により，① 循環器系疾患のリスク低減に関わるLDL酸化抑制作用や泡沫細胞（マクロファージ）からのコレステロール引き抜き作用，血管内皮細胞の炎症抑制作用，血小板の活性を介した血栓形成の阻害作用，② 認知症などのリスク低減に関与する脳神経機能障害の抑制，学習能向上作用，移植した線条体ドーパミン神経系の生存維持効果，③ がんの発症リスク低減に関与する抗腫瘍作用やがん細胞へのアポトーシス誘導作用，血管新生阻害作用，ピロリ菌に対する抗菌作用など多くの生理的な機能性が報告されており，それら一つひとつの機能について，ヒトでの真摯な実証試験の実施が待たれている。

5. おわりに

花の色から食品の色へとわが国のアントシアニンに関する研究がその広がりを見せている。農産物についてみると，アントシアニンについては本書第11章に記載されているとおり紫サツマイモに関する取り組みが最も早くかつ産業化に成功しているが，それとほぼ同時期にブルーベリー栽培にむけた組織的な取り組みも行われ，1994年には日本ブルーベリー協会が設立された。最近では，わが国の主食である米についてもアントシアニンを含有する「朝紫」，「おくのむらさき」などの品種開発が行われ，さらに北海道では「インカレッド」や「インカパープル」，「ノーザンルビー」，「キタムラサキ」，「シャドークィーン」

など，果肉にもアントシアニンを蓄積したジャガイモ品種が育成・栽培されるなど，健康に寄与する可能性を持つアントシアニンを含有する農産物・食品の開発が盛んに行われるようになった。

　食品の機能性に関する研究は，科学技術の進歩を背景として生まれた概念であり，我々は今後この分野の発展により，様々な生活習慣病のリスク低減など，大きな恩恵を得ることができるものと思われる。アントシアニンは我々の生活空間を彩る色として心の健全性に寄与するとともに，抗酸化性を示す食品成分の一つとして高齢化が進展する社会の健康維持・向上に大きく貢献するものとしてその有効な活用が期待される。

文　献

1) Karlsen A. et al : J Nutr 2007 ; 137(8) ; 1951.
2) Tsuda T. : J Agric Food Chem 2008 ; 56(3) ; 642.
3) Seymour E.M. et al : J Med Food 2008 ; 11(2) ; 252.
4) Xia M. et al : J Biol Chem 2005 ; 280(44) ; 36792.
5) Tachibana H. et al : Nat Struc Mol Biol 2004 ; 11(4) ; 380.
6) Matsumoto H. et al : J Agrc Food Chem 2007 ; 55(6) ; 2489.
7) Tsuda T. et al : FEBS Lett 1999 ; 449(3) ; 179.
8) Vitaglione P. et al : J Nutr 2007 ; 137(9) ; 2043.
9) Fleschhut J. et al : Eur J Nutr 2006 ; 45(1) ; 7.

索　引

＜ア＞

青いケシ ················ 66
赤カブ色素 ············ 148
赤キャベツ ······ 275, 277
アグリコン ·············· 2
アサイー ················ 39
アジサイ ········ 64, 65, 66
アシルCoAシンセターゼ1
　················ 140
アシル化アントシアニン
　····9, 32, 145, 189, 232, 278
アスパラギン酸アミノトランスフェラーゼ ····· 100
アディポサイトカイン
　················ 133, 134
アディポネクチン
　················ 134, 135
アディポネクチン受容体
　···················· 135
アドレナリン ·········· 122
アポトーシス ····· 103, 168
アヤムラサキ発酵醸造酒
　···················· 264
アラタニン類 ············ 14
アラニンアミノトランスフェラーゼ ·········· 100
アルカロイド様成分 ··· 269
アルコール発酵 ······· 277
アンギオテンシンⅠ変換酵素阻害作用 ·········· 231
アンシアニン合成 ······ 69
アンジオテンシノーゲン
　···················· 134
アンジオテンシンⅡ ··· 134
暗順応 ················ 112
暗順応閾値 ············ 125
暗順応曲線 ············ 125
暗順応光覚閾値 ········ 115

安全性 ················ 119
アントシアニジン ··· 2, 32
アントシアニン
　············ 32, 69, 74
アントシアニンが使用されている食品 ········ 221
アントシアニン色素の機能性 ···················· 225
アントシアニン退色制御法
　···················· 254
アントシアニンの安全性
　···················· 224
アントシアニンの合成
　···················· 68
アントシアニンの構成比率
　···················· 268
アントシアニンの色調
　···················· 216
アントシアニンの市場規模
　···················· 213
アントシアニンの種類
　···················· 212
アントシアニンの製造法
　···················· 223
アントシアニンの分析法
　···················· 224
アンヒドロ塩基 ········ 14
イソクロロゲン酸 ····· 232
一細胞科学 ············ 53
一酸化窒素 ············ 122
一般飲物添加物 ······· 209
遺伝子多型 ············ 136
色価測定法 ············ 210
インカパープル
　············ 267, 272, 276
インカレッド
　············ 267, 273, 276
インスリン抵抗性
　············ 134, 135
埋め込み効果 ············ 25

ウリジン3-リン酸 ······ 100
エイムス変法 ·········· 261
疫学調査 ·············· 154
液胞pH ···53, 54, 63, 66, 67
エタノール ············ 277
エルダーベリー ········ 34
炎症 ·················· 136
炎症性サイトカイン ··· 137
エンドセリン ·········· 127
エンドセリン-1B ······ 122
オプシン ·············· 126

＜カ＞

角膜 ·················· 193
加工利用技術 ·········· 267
カシス ············ 34, 184
カシスアントシアニン
　···················· 118
仮性近視 ·············· 119
学校近視 ·············· 119
褐色脂肪細胞 ·········· 133
カテコール構造 ········ 24
ガラクトサミン ········ 99
カルコン類 ············ 14
加齢性黄斑変性症 ····· 109
眼圧 ·············· 115, 127
肝機能改善効果 ······· 234
眼血流 ················ 115
還元糖量 ·············· 277
がん細胞転移 ····· 155, 157
眼精疲労 ·········· 115, 123
がんの化学予防 ······· 153
カンパニン ············ 15
眼疲労 ················ 123
既存添加物 ············ 209
既存添加物自主規格 ··· 211
キタムラサキ ·········· 267
吸光度 ················ 278
吸収 ·················· 179
吸収部位 ·············· 189

強膜‥‥‥‥‥‥‥‥ 193
キラル会合 ‥‥‥‥ 57, 58
近視 ‥‥‥‥‥‥‥‥ 119
金属イオンの影響 ‥‥ 218
金属錯体‥‥‥‥‥‥‥ 52
金属錯体説 ‥‥‥‥‥ 50
近点作業 ‥‥‥‥‥‥ 122
屈折‥‥‥‥‥‥‥‥‥ 111
屈折値 ‥‥‥‥‥ 111, 120
クランベリー ‥‥‥‥ 34
グリセロール3-リン酸アシルトランスフェラーゼ
‥‥‥‥‥‥‥‥‥ 141
グルクロン酸抱合体‥‥ 183
グルコース6-ホスファターゼ‥‥‥‥‥‥‥ 147
グルコーストランスポーター4 ‥‥‥‥‥‥ 146
グルタチオン関連酵素
‥‥‥‥‥‥‥‥‥ 102
クレペリン検査 ‥‥‥ 120
クローベリー ‥‥‥‥ 34
黒米アントシアニン‥‥ 148
クロロゲン酸 ‥‥‥‥ 232
血圧上昇抑制 ‥‥‥‥ 148
血圧上昇抑制効果 ‥‥ 235
血液脳関門 ‥‥‥‥‥ 193
血液房水関門
‥‥‥‥‥ 113, 115, 193
血液網膜関門 ‥‥‥‥ 193
血糖値上昇抑制効果‥‥ 236
血流流動性改善効果‥‥ 236
ケモカイン ‥‥‥‥‥ 137
ゲンチオデルフィン ‥‥ 58
光覚‥‥‥‥‥‥‥‥‥ 111
光覚閾値‥‥‥‥ 112, 124
虹彩 ‥‥‥‥‥‥ 110, 193
抗酸化活性 ‥‥‥‥‥ 231
抗酸化性 ‥‥‥‥‥‥ 14
高脂肪食 ‥‥‥‥‥‥ 139
合成着色料 ‥‥‥‥‥ 207
構成中性糖の組成分析
‥‥‥‥‥‥‥‥‥ 272

抗変異原作用 ‥‥‥‥ 231
抗変異原性テスト ‥‥ 261
コーヒー酸 ‥‥‥‥‥ 276
後腹膜脂肪 ‥‥‥‥‥ 140
コピグメンテーション
‥‥‥‥‥‥‥ 52, 276
コピグメント説 ‥‥‥ 51
互変異性体のカルコン
‥‥‥‥‥‥‥‥‥ 278
コンプレックスアントシアニン ‥‥‥‥‥‥‥ 9
コンメリニン
‥‥‥‥‥ 51, 52, 54, 57

＜サ＞

サイクリン依存性キナーゼ
‥‥‥‥‥‥‥‥‥ 138
再構築 ‥‥‥‥‥‥‥ 54
細胞内微小電極法
‥‥‥‥‥‥ 53, 63, 66
作用機序 ‥‥‥ 113, 121, 126
サルビア ‥‥‥‥‥‥ 57
酸化LDL ‥‥‥‥‥‥ 148
酸化ストレス ‥‥ 93, 138
酸化抑制 ‥‥‥‥‥‥ 231
サンドイッチ型疎水性スタッキング ‥‥‥‥ 15
サンドイッチスタッキング
‥‥‥‥‥‥‥‥‥ 276
ジアシル化アントシアニン
‥‥‥‥‥‥‥‥‥ 276
シアニジン‥‥ 2, 32, 75, 142
シアニジン3-グルコシド
‥‥‥‥‥‥‥‥‥ 139
シアニジン系 ‥‥‥‥ 276
四塩化炭素 ‥‥‥‥‥ 98
ジオプトリー ‥‥‥‥ 120
視覚改善機能 ‥‥‥‥ 108
視覚機能 ‥‥‥‥‥‥ 108
視覚のプロセス ‥‥‥ 109
弛緩作用 ‥‥‥‥‥‥ 121
色覚 ‥‥‥‥‥‥‥‥ 111
視機能 ‥‥‥‥‥ 110, 118

シクロオキシゲナーゼ-2
‥‥‥‥‥‥‥‥‥ 102
自己会合 ‥‥‥‥ 51, 52, 58
視細胞 ‥‥‥‥‥‥‥ 116
視神経乳頭 ‥‥‥‥‥ 127
シス-レチナール ‥‥‥ 126
自然発症高血圧ラット
‥‥‥‥‥‥‥‥‥ 148
シソ ‥‥‥‥‥‥ 275, 277
指定添加物 ‥‥‥‥‥ 208
シネラリン類 ‥‥‥‥ 15
脂肪酸シンセターゼ‥‥ 140
脂肪族有機酸 ‥‥‥‥ 278
脂肪組織 ‥‥‥‥‥‥ 134
シャドークィーン ‥‥ 276
ジャムの官能検査 ‥‥ 282
ジャムの製造方法 ‥‥ 279
シュード塩基 ‥‥‥ 11, 14
熟成‥‥‥‥‥‥‥‥‥ 277
順応速度 ‥‥‥‥‥‥ 112
醸造酒 ‥‥‥‥‥‥‥ 248
小胞体ストレス ‥‥‥ 138
食酢 ‥‥‥‥‥‥‥‥ 238
食品添加物 ‥‥‥‥‥ 207
食品添加物公定書 ‥‥ 210
食品添加物等の規格基準
‥‥‥‥‥‥‥‥‥ 208
食品添加物の規格基準
‥‥‥‥‥‥‥‥‥ 210
食品添加物の指定及び使用基準改正に関する指針
‥‥‥‥‥‥‥‥‥ 224
食品用着色料 ‥‥‥‥ 207
食用色素 ‥‥‥‥‥‥ 26
助色素説 ‥‥‥‥‥‥ 51
視力 ‥‥‥‥‥‥ 111, 115
神経保護効果 ‥‥‥‥ 103
水和 ‥‥‥‥‥‥‥‥ 278
水和反応 ‥‥‥‥ 18, 276
ストレス負荷ラット‥‥ 237
ストロベリー ‥‥‥‥ 34
生活習慣病 ‥‥‥‥‥ 14
精巣上体脂肪 ‥‥‥‥ 140

成長因子 ················ 165
関係 ················· 275
組織内分布 ············ 190
染着性 ················ 220
ソホロース ············ 276
空色西洋アサガオ
 ················ 59, 62, 64

＜タ＞

多アシル化アントシアニン
 ················ 58, 64
タール色素 ············ 207
体脂肪蓄積抑制 ········ 138
代謝 ················· 179
退色 ·················· 18
退色率 ················ 275
大腸がん ············· 155
大腸発がん抑制効果 ··· 225
体内吸収 ·············· 232
耐熱性試験 ············ 275
耐光性試験 ············ 275
チオバルビツール酸反応物
 ················· 99
着色料 ················ 207
着色料表示 ············ 212
中性水溶液中での安定性
 ················· 15
腸間膜脂肪 ············ 133
調節 ············· 111, 114
調節痙攣 ·············· 119
超分子金属錯体 ········ 51
チョウマメ ····· 60, 62, 64
チョウマメ花 ·········· 15
チリメンジソ ········· 277
ツユクサ ··········· 51, 54
テルナチン類 ·········· 15
デルフィニジン ··· 2, 32, 75
電子スピン共鳴 ········ 94
天然食用色素 ·········· 238
天然着色料の使用基準
 ················ 211
天然添加物 ············ 207
動脈硬化抑制 ·········· 148

トーヌス性近視 ········ 121

＜ナ＞

内臓脂肪症候群 ········ 132
ナスニン ·············· 95
二酸化炭素 ············ 277
二重スタッキング ······ 18
二重盲検 ········· 114, 125
日本食品添加物協会 ··· 211
乳がん ············ 155, 157
ニュートリゲノミクス
 ················ 141
熱安定性 ·············· 218
ネモフィラ ············ 57
ノーザンルビー ········ 268

＜ハ＞

配糖体 ················· 2
ハイビスカス ·········· 35
白色脂肪細胞 ·········· 133
ハスカップ ············ 34
パソコン作業 ·········· 119
発酵酒 ················ 279
発泡酒 ················ 238
花の色 ················ 74
パラコート ············ 96
馬鈴薯のカラフルジャム
 ················ 279
馬鈴薯粉末 ············ 279
非アシル化アントシアニン
 ············· 252, 278
光安定性 ·············· 218
光トランスダクション
 ················ 116
ビジュアル・アナローグ
 ················ 124
ビタミンA ············ 108
ビティシン ············ 11
ヒト胃がん細胞 ··· 158, 159
ヒトグリア芽細胞腫細胞
 ············· 158, 160
ヒト口腔がん細胞
 ············· 158, 159

ヒト子宮がん細胞
 ············· 158, 160
ヒト脂肪細胞 ········· 141
ヒト食道扁平上皮がん細胞
 ············· 158, 159
ヒト前骨髄性白血病細胞
 ············· 158, 160
ヒト前立腺がん細胞
 ············· 158, 160
ヒト大腸がん細胞
 ············· 158, 159
ヒト単球性白血病細胞
 ············· 158, 160
ヒト乳がん細胞 ··· 158, 160
ヒト肺がん細胞 ··· 158, 160
ヒトボランティア臨床試験
 ················ 231
皮膚がん ········· 155, 157
肥満・糖尿病抑制効果
 ················ 225
ピラノアントシアニン
 ················· 11
ビルベリー ············ 34
ビルベリーアントシアニン
 ················ 111
疲労度 ················ 123
フィチン酸 ············ 196
フェルラ酸 ······· 270, 276
プソイド塩基 ······ 2, 278
ブラックベリー ········ 34
フラビリウムイオン
 ············· 14, 278
フラビリウム型 ········ 2
フラベノール体 ········ 69
フラボノイド ····· 75, 122
フラボノイド3',5'水酸化
 酵素 ················ 75
フラボノール ·········· 77
フラボン ·············· 77
フリッカー ············ 115
フリッカー値 ········· 111
ブルーベリー ····· 34, 141
プルーン ·············· 35

プロスタグランジンE-2
　………………… 102
プロスタノイド ……… 122
プロトカテキュ酸 …… 182
プロトシアニン
　………………… 55, 56, 57
プロトプラスト …… 53, 66
分子イオンピーク …… 270
分子会合 ………… 52, 56
分子内コピグメンテーション
　………………… 51, 52
ペオニジン ……… 32, 272
ペオニジン系 ………… 276
ペタニン …… 274, 276, 278
ペチュニジン …… 32, 270
ヘブンリーブルーアントシアニン ………… 59, 62
ペラニン …… 274, 276, 278
ペラルゴニジン
　……………… 32, 75, 272
ボイセンベリー ……… 97
芳香族カルボン酸 ……… 9
ポリアシル化アントシアニン ………… 15, 78, 278

<マ>

マグヌス法 …………… 121
マクロファージ ……… 137
マルビジン …………… 32
水分子の求核攻撃 …… 276
味噌 …………………… 241
脈絡膜 ………………… 193
無蒸煮工程 …………… 251
紫サツマイモ
　……… 145, 248, 275, 277
紫サツマイモジュース
　………………………… 240
紫サツマイモチップス
　………………………… 241
紫サツマイモの選抜法
　………………………… 242
紫トウモロコシ ……… 39
紫トウモロコシ色素 … 139

紫ヤム ………………… 15
メタボリックシンドローム
　………………… 15, 132
メタロアントシアニン
　……… 51, 54, 55, 57, 58, 64
メチル化体 …………… 183
網膜 …………… 110, 193
網膜血流 ……………… 127
網膜色素上皮細胞 …… 117
網膜電位 ……………… 111
毛様体 ………………… 193
毛様体筋
　……… 110, 119, 121, 122
モノアシル化アントシアニン …………………… 276
モノデアシルゲンチオデルフィン ……………… 62
モノメッリクアントシアニン ……………………… 9

<ヤ>

夜間視力 ………… 112, 124
ヤグルマギク
　……………… 50, 52, 55, 56
山川紫 ……… 275, 276, 277
有色馬鈴薯 …………… 267
有色馬鈴薯のアルコール発酵飲料 ……………… 277
有色馬鈴薯の加工利用技術
　………………………… 275
誘導性酸化窒素シンセターゼ ……………………… 102

<ラ>

ラジカル消去 ………… 94
ラジカル消去活性 …… 231
ラジカル消去活性測定法
　………………………… 260
ラズベリー …………… 34
ラット乳がん細胞
　………………… 158, 160
リポフスチン ………… 117
硫酸抱合体 …………… 184

緑内障 ………………… 127
臨床試験 ………… 112, 114
リンドン ………… 58, 64
ルテイン ……………… 109
ルビーボール ………… 277
レチノール結合タンパク質4
　………………………… 146
レッドカラント ……… 34
レプチン ……………… 134
ロイコ体 ……………… 69
ロドプシン
　……… 111, 113, 115, 126

<欧文>

2型糖尿病 …………… 143
2,2'-azo-bis (amino propane) hydrochoride ……… 100
525nm ………………… 278
6-O-caffeoylsophorose
　………………………… 145
8-Hydroxy 2-deoxyguanosine …… 97
A2E …………… 115, 117
AAPH ………………… 100
ALT …………………… 100
AMPキナーゼ …… 136, 147
AP-1 …………………… 162
Apo-Eノックアウトマウス
　………………………… 148
AST …………………… 100
C3G …………………… 139
Caco-2細胞 …………… 102
cGMP-PDE …… 115, 116
c-Jun ………………… 162
Clone9細胞 …………… 102
COX-2 ………… 102, 166
Cyanidin-3-glucoside
　………………… 180, 183
DNAマイクロアレイ … 141
DPPH ………………… 260
DPPHラジカル消去 …… 22
ERG …………………… 111
ERK …………… 137, 162

ESR ················· 94
Glut4 ················ 146
HBA ················· 62
^{1}H-NMR分析 ·········· 270
iNOS ············ 102, 168
Interleukin(IL)-6 ····· 142
JNK ················· 162
KK-A^{y}マウス ·········· 143
Köhlrausch屈曲点 ····· 124
LC/MS分析 ············ 270
liver receptor homolog-1
 ···················· 143
LRH-1 ··············· 143
MAPキナーゼ ···· 137, 161
MAPキナーゼホスファ
 ターゼ-1 ··········· 137
MCP-1 ··············· 137
MEK ················· 162
MKP-1 ··············· 137
monocyte chemoattractant
 protein-1 ··········· 137
MS ··················· 42
NADPH-P450還元酵素
 ····················· 96
NADPHオキシダーゼ
 ···················· 148
NF-κB ··············· 165
NMR ·················· 42
NO ············· 102, 122
PAI-1 ··············· 134
Pelargonidin 3-glucoside
 ···················· 184
peroxisome proliferators-
 activated receptor
 ···················· 143
PGE$_2$ ··········· 102, 122
pH説 ············· 50, 63
pHによる色調変化 ···· 216
plasminogen activator
 inhibitor ··········· 134
PPARα ··············· 136
PPARγ ··············· 143
p-クマル酸 ············ 270

p-ヒドロキシ安息香酸
 ···················· 276
RBP4 ················ 146
Rutinoside ············ 184
Sacchromyces ellipsoideus
 OC-2 ················ 277
SEKI ················· 162
TBARS ················ 99
THP-1マクロファージ
 ···················· 102
thiobarbituric acid
 reactive substance ··· 99
TNF-α ··············· 134
tumor necrosis factor
 ···················· 134
T白血病細胞 ····· 158, 160
VAS ················· 124
VDT ················· 107
VMA ················· 112
YGM ·················· 15
α-アミラーゼ ·········· 279
α-グルコシダーゼ ····· 144
α-グルコシダーゼ阻害作
 用 ·················· 231
β-アミラーゼ ·········· 279
β-カロテン ············ 261

[編著者]

津田 孝範（つだ たかのり）	中部大学応用生物学部食品栄養科学科
須田 郁夫（すだ いくお）	独立行政法人農業・食品産業技術総合研究機構産学官連携センター
津志田藤二郎（つしだとうじろう）	宮城大学食産業学部フードビジネス学科

[著 者]（執筆順）

寺原 典彦（てらはら のりひこ）	南九州大学健康栄養学部食品健康学科
熊澤 茂則（くまざわ しげのり）	静岡県立大学食品栄養科学部栄養学科
吉田 久美（よしだ くみ）	名古屋大学大学院情報科学研究科
近藤 忠雄（こんどう ただお）	名古屋大学大学院情報科学研究科
田中 良和（たなか よしかず）	サントリー㈱R&D推進部植物科学研究所
五十嵐喜治（いがらし きはる）	山形大学農学部生物資源学科
平山 匡男（ひらやま まさお）	新潟薬科大学応用生命科学部食品科学科
侯 徳興（こう のりおき）	鹿児島大学農学部生物資源化学科
松本 均（まつもと ひとし）	明治製菓㈱食料健康総合研究所機能研究センター
香田 隆俊（こうだ たかとし）	三栄源エフ・エフ・アイ㈱第三事業部
大庭理一郎（おおば りいちろう）	崇城大学特任教授
津久井亜紀夫（つくい あきお）	いも研究家（前東京家政学院短期大学教授）

アントシアニンの科学
―生理機能・製品開発への新展開―

2009年（平成21年）4月30日　初版発行

編著者　津田　孝範
　　　　須田　郁夫
　　　　津志田藤二郎

発行者　筑紫　恒男

発行所　株式会社 建帛社
　　　　KENPAKUSHA

〒112-0011　東京都文京区千石4丁目2番15号
　　　　　　TEL（03）3944-2611
　　　　　　FAX（03）3946-4377
　　　　　　http://www.kenpakusha.co.jp/

ISBN 978-4-7679-6142-2　C3047　　　　　中和印刷／プロケード
©津田・須田・津志田ほか，2009．　　　　Printed in Japan
（定価はカバーに表示してあります）

本書の複製権・翻訳権・上映権・公衆送信権等は株式会社建帛社が保有します。
JCLS　〈㈱日本著作出版権管理システム委託出版物〉
本書の無断複写は著作権法上での例外を除き禁じれれています。複写される
場合は，㈱日本著作出版権管理システム（03-3817-5670）の許諾を得て下さい。